AF464065

LES ARBRES DE LA VILLE DE PARIS

TRAITÉ DES PLANTATIONS D'ALIGNEMENT ET D'ORNEMENT

DANS

LES VILLES ET SUR LES ROUTES DÉPARTEMENTALES

INSTALLATIONS — CULTURE — TAILLE — ÉLAGAGE
ENTRETIEN — REMPLACEMENT
RENDEMENT — DÉPENSES — LÉGISLATION

Par A. CHARGUERAUD
Professeur d'Arboriculture de la Ville de Paris

OUVRAGE ORNÉ DE 333 GRAVURES

PUBLIÉ AVEC L'AUTORISATION
ET SOUS LES AUSPICES DE LA PRÉFECTURE DE LA SEINE

PARIS
J. ROTHSCHILD, ÉDITEUR
13, RUE DES SAINTS-PÈRES, 13

1896

Les Haras et les Remontes. — Prix des chevaux, Etalons de pur sang ; la production chevaline en France, par le baron DE VAUX — Introduction par EDMOND HENRY, *Membre du Conseil supérieur des Haras.* Un volume . . . . **1** fr.

A Cheval, par le baron DE VAUX. — Etude des races françaises et étrangères, au point de vue du cheval de selle, de course, de chasse, de trait, d'armes. — Préface par le colonel CHAVERONDIER. Ouvrage orné de 40 chromos et 40 illustrations par le capitaine AUBERT, CARAN-D'ACHE, DE CLERMONT-GALLERANDE, DE CONDAMY, LÉON COUTURIER, CRAFTI, DESMOULINS, GRAMMONT, GUIGNARD, GUILLAUME, JOB, PILLE, RALLI, etc. — 3ᵉ édition. — Très beau volume de 300 pages sous couverture de luxe. Prix : **15** fr.; demi-reliure à coins . . . . . **20** fr.

Les Ecoles de Cavalerie, par le baron DE VAUX. — L'Ecole militaire. Versailles. Saint-Germain. Saint-Cyr. — Saumur. — Etude historique de l'équitation en France, méthodes et portraits DE GRISON, NEWCASTLE, PLUVINEL, LA GUÉRINIÈRE, DE NESTIER, D'AUVERGNE, DE BOIS D'EFFRE, BOHAN, D'ABZAC, D'AURE, BAUCHER. — Préface par le Prince ROLAND BONAPARTE. — Illustrations par ABBEMA, BAC, BERNE-BELLECOUR, BOMBLED, CARAN D'ACHE, CÉCILE CHENNEVIÈRES, CHALON, CHAPERON, CLERMONT GALLERANDE, DE CONDAMY, DETAILLE, CONSUELO FOULD, DANIEL FRANKLIN, GRANDJEAN, GUILLAUME, JEANNIOT, JOB, MADELEINE LEMAIRE, JEANNE MAZELINE, ORANGE, JULES ROUFFET, ROYBET, TIRET-BONONIET. — Un fort volume in-8 sur papier de luxe (sous presse, paraîtra en mars 1896).

Ecuyers et Ecuyères. — Histoire des cirques d'Europe (1680-1891), par le baron DE VAUX. Avec une étude sur l'Equitation savante, par MAXIME GAUSSEN. Préface par HENRI MEILHAC. — Introduction par VICTOR FRANCONI. Ouvrage de Luxe orné de 280 illustrations et portraits tirés hors texte sur carte bleutée, 3ᵉ édition, **20** fr.; relié . . . . **25** fr.

Dressage méthodique du Cheval de Selle, d'après les derniers enseignements de F. BAUCHER. — Recueillis par un de ses élèves, M. le général baron FAVEROT DE KERBRECH (*ancien écuyer de l'Empereur Napoléon III, chargé du dressage des chevaux de selle de S. M.*). — Un volume de luxe grand in-8, orné de vignettes et d'un portrait de F. BAUCHER. Prix . . . . **7** fr. **50**

L'Elevage du pur Sang en France, par S.-F. TOUCHSTONE. — Guide pratique de l'Eleveur, donnant les performances, les *pedigrees* et les prix de saillie des étalons appartenant à l'Etat et aux particuliers. Un fort volume grand in-8, **25** fr. — La 2ᵉ année (1894), formant également un volume in-8, avec 4 planches ; relié . . . . **12** fr.

L'Amazone au manège et à la promenade. — Traité illustré de l'Equitation des dames, par F. MUSANY. — Ouvrage de luxe avec 206 vignettes dessinées par FRÉDÉRIC RÉGAMEY. Sous couverture, papier imitation maroquin. Prix. . . . . **10** fr

Comment choisir un Cheval? — Connaissances pratiques sur l'anatomie, l'extérieur, les races ; principes pour essayer les chevaux de selle et d'attelage, par le comte DE MONTIGNY (*ancien Inspecteur général des Haras*). Un volume avec 130 vignettes, 3ᵉ édition. — Relié. . **5** fr.

Comment dresser un Cheval? — Connaissances pratiques d'hippologie, dressage du cheval de selle, principes d'attelage, extérieur, maréchalerie, hygiène, etc., par le comte DE MONTIGNY. Un volume avec 80 vignettes. — Relié, **5** fr. Les deux volumes *Choix* et *Dressage* pris ensemble. . . . . **8** fr.

Le Cheval et son Cavalier. — Traité illustré d'hippologie et d'équitation, *pour hommes et pour dames ;* école pratique pour la connaissance, la conservation et l'amélioration du cheval de course, de chasse et de guerre, par le comte DE LAGONDIE. Un fort volume en deux parties imprimées sur papier teinté, orné de nombreuses vignettes, 6ᵉ édition. — En reliure de luxe. . . . . **7** fr. **50**

Traité d'Equitation de haute école. — *L'Art équestre.* — 1ʳᵉ partie, avec 177 vignettes. Iconographie des allures et changement d'allures, par E. BARROIL. — Préface par le capitaine RAABE. 2ᵉ partie, avec 85 vignettes. Dressage raisonné du cheval par E. BARROIL. — Introduction du commandant BONNAL. Les deux parties ensemble en un volume. **24** fr.

LES ARBRES DE LA VILLE DE PARIS

TRAITÉ DES PLANTATIONS

DANS LES VILLES ET SUR LES ROUTES DÉPARTEMENTALES

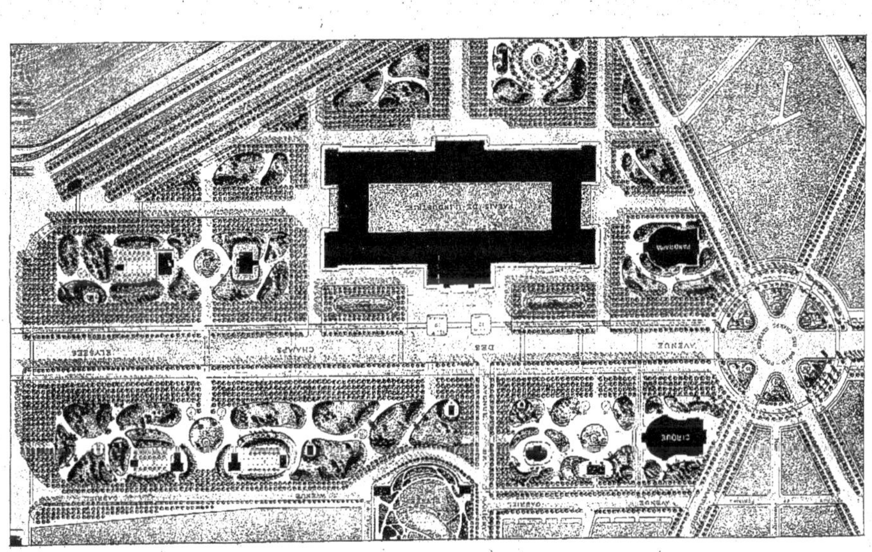

PLANTATIONS DES CHAMPS-ÉLYSÉES.

LES ARBRES DE LA VILLE DE PARIS

TRAITÉ DES PLANTATIONS D'ALIGNEMENT ET D'ORNEMENT

DANS

LES VILLES ET SUR LES ROUTES DÉPARTEMENTALES

INSTALLATIONS — CULTURE — TAILLE — ÉLAGAGE
ENTRETIEN — REMPLACEMENT
RENDEMENT — DÉPENSES — LÉGISLATION

Par A. CHARGUERAUD
Professeur d'Arboriculture de la Ville de Paris

OUVRAGE ORNÉ DE 333 GRAVURES

PUBLIÉ AVEC L'AUTORISATION
ET SOUS LES AUSPICES DE LA PRÉFECTURE DE LA SEINE

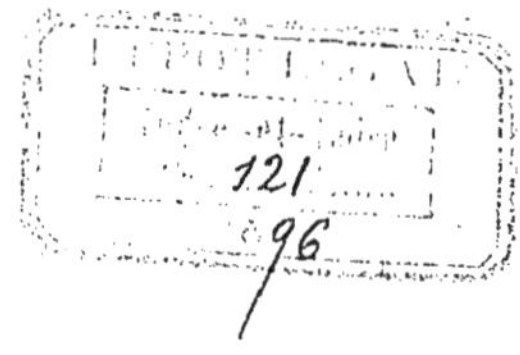

PARIS
J. ROTHSCHILD, ÉDITEUR
13, RUE DES SAINTS-PÈRES, 13

1896

ERRATA

Page 121. — 16me ligne : 1re lettre *f* manque.

Page 169. — Fig. 180 : Cerambix, au lieu de C*a*rambix.

Page 203. — 22me ligne, 1re lettre : *F* manque.

Page 215. — 3me ligne : C*o*rdiformes au lieu de C*a*rdiformes.

Page 229. — 4me ligne : Planer*a* au lieu de Planèr*e*.

Page 284. — Fig. : Place *Voltaire* au lieu de Place du *Prince-Eugène*.

Page 296. — Fig. Scie à main : n° *248* au lieu de *148*.

A LA MÉMOIRE

DE

M. A. ALPHAND

Membre de l'Institut

Inspecteur général des Ponts et Chaussées

Directeur des Travaux de la Ville de Paris.

Directeur général

des Travaux de l'Exposition de 1889.

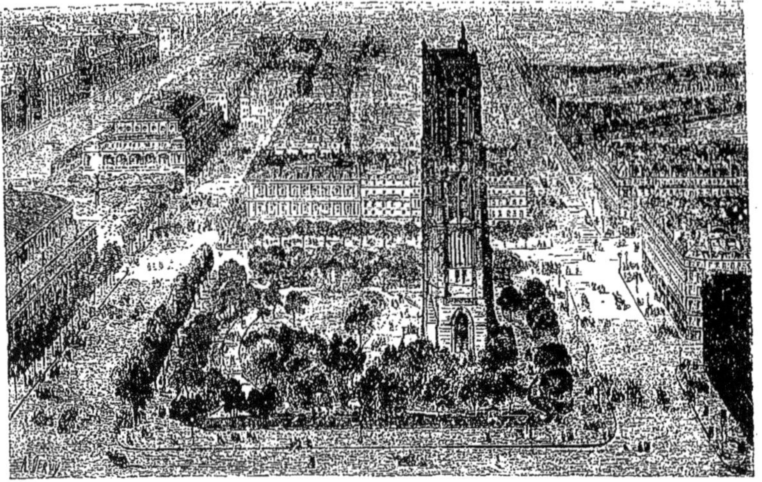

SQUARE DE LA TOUR SAINT-JACQUES.

TABLE DES MATIÈRES

PREMIÈRE PARTIE

LES PLANTATIONS D'ALIGNEMENT

CHAPITRE Ier

LES PLANTATIONS D'ALIGNEMENT

CHAPITRE II

INSTALLATION

§ I. — DISPOSITIONS GÉNÉRALES.

CHAPITRE III

PLANTATIONS

CHAPITRE VII

COUT DE L'INSTALLATION DES PLANTATIONS D'ALIGNEMENT.

CHAPITRE VIII

SOINS GÉNÉRAUX A DONNER AUX PLANTATIONS D'ALIGNEMENT DANS LES VILLES SUIVANT LES DIFFÉRENTES ÉPOQUES DE L'ANNÉE.

CHAPITRE IX

ARBRES A UTILISER DANS LES PLANTATIONS D'ALIGNEMENT ET D'ORNEMENT.

DEUXIÈME PARTIE

LES PLANTATIONS SUR LES ROUTES

CHAPITRE Ier

PLANTATIONS ÉCONOMIQUES SUR LES ROUTES.

CHAPITRE II

PLANTATION D'ARBRES FRUITIERS

TROISIÈME PARTIE

PROMENADES ET PLANTATIONS

CHAPITRE Ier

OUTILS ET INSTRUMENTS

CHAPITRE II

PROMENADES, PLANTATION ET JARDINAGE.

(Extrait du cahier des charges et bordereaux des prix de quelques travaux de jardinage, entretien des pelouses, plantation, et de fournitures s'y rattachant.)

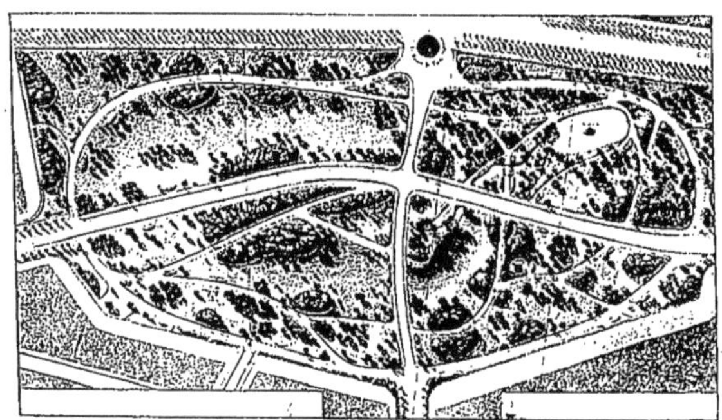

Vue du Parc Monceau.

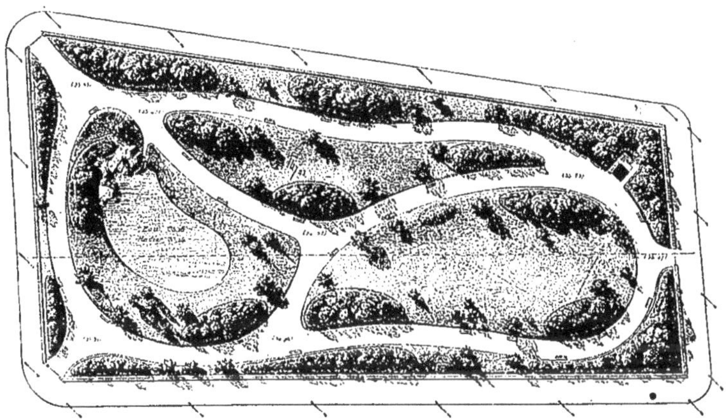

Square du Temple.

PREMIÈRE PARTIE

LES PLANTATIONS

D'ALIGNEMENT

LES PLANTATIONS
DE LA VILLE DE PARIS

CHAPITRE PREMIER

LES PLANTATIONS D'ALIGNEMENT

Leur But, leur Utilité. — On donne le nom de plantations d'alignement et d'ornement aux plantations d'arbres faites dans les villes en bordure des principales voies de communications, les rues, avenues, boulevards, quais ; sur les places, promenades, mails, etc., et, en dehors des villes, en bordure des routes, chemins, canaux, etc.

L'utilité de ces sortes de plantations dans les villes est incontestable au point de vue de l'hygiène, de l'ornementation et du bien-être. Il ne peut en effet exister aucun doute sur les bienfaits qui résultent de la présence des arbres dans les villes pour l'assainissement de l'air.

Quant à l'ornementation, on peut dire que les belles promenades, avenues, etc., plantées d'arbres en bon état, contribuent pour une part considérable à l'ornementation, à la beauté des villes ; elles sont l'une des gloires de Paris, qui, sous ce rapport, n'a rien à envier aux autres capitales du monde entier (fig. 1, *voir en face le titre*, et fig. 2). Enfin ces plantations procurent un bien-être des plus appréciables par l'ombrage salutaire et agréable qu'elles donnent pendant les grandes chaleurs de l'été.

On voit d'ailleurs ces sortes de plantations se répandre de plus en plus, et dans l'aménagement des villes nouvelles, en Amérique, par exemple, on prévoit les dispositions et emplacements convenables, utiles pour faciliter la bonne installation de nombreuses promenades et avenues plantées d'arbres, qui sont, à vrai dire, indispen-

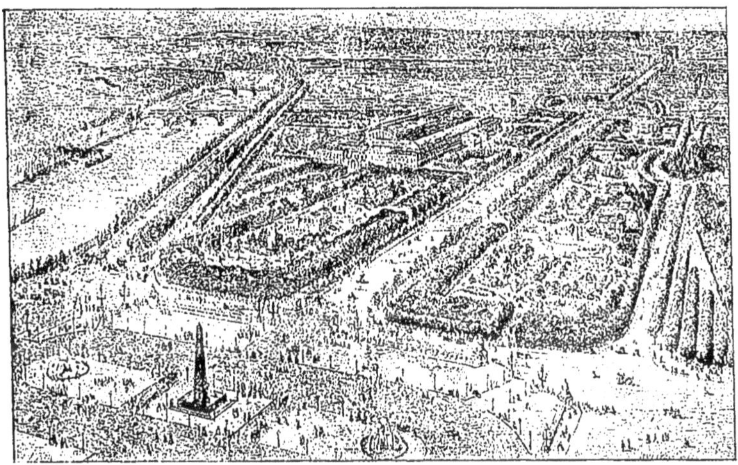

Fig. 2. — Champs-Élysées. — Vue à vol d'oiseau. (Avenue des Champs-Élysées, les quais, la Seine.)

sables pour la salubrité et par conséquent l'avenir des grandes cités, en même temps qu'elles en sont incontestablement un des principaux ornements (fig. 3).

Dans les villes en général et dans Paris en particulier, les conditions ordinaires qui résultent du milieu même dans lequel ces plantations doivent vivre, sont peu favorables à un beau développement et une longue durée en bon état de ces arbres ; aussi ne saurait-on prendre tous les soins nécessaires pour le choix judicieux des meilleures essences à planter et pour l'exécution des travaux d'installation de ces plantations, afin de toujours leur donner le plus et le mieux possible, selon les circonstances, toutes les conditions les plus favorables pour leur développement et leur longue durée en bon état de végétation.

Fig. 3. — Boulevard Richard-Lenoir.

CHAPITRE II

INSTALLATION

§ I. — DISPOSITIONS GÉNÉRALES.

Études et Travaux préparatoires. — L'installation des plantations d'alignement dans les villes doit être faite et entretenue par un personnel spécial ayant les connaissances techniques et pratiques nécessaires, formant un service autonome.

Les dispositions générales pour l'établissement des plantations doivent être prises de telle sorte que les promenades et voies plantées soient bien réparties, afin qu'elles concourent le plus et le mieux possible à l'ornementation des villes tout en permettant la circulation facile et agréable. Elles doivent être faites d'après un plan d'ensemble bien étudié en toute connaissance de causes.

Les principales voies doivent communiquer entre elles, relier entre eux les principaux quartiers, les jardins, les squares et les principales places, etc. (fig. 4).

Les travaux d'installation comprennent l'étude de l'emplacement, la préparation du sol, le choix de l'essence ou des essences, la plantation et, selon le besoin, la pose des grilles, des corsets et des drainages.

Étude du Sol et de l'Emplacement extérieur. — Cette étude consiste à reconnaître si le sol de l'emplacement sur lequel doit avoir lieu l'installation est, par sa nature, son étendue, profondeur et largeur, favorable ou non à la bonne végétation des arbres, et à apprécier les conditions locales extérieures : largeur de la voie, du trottoir ; la hauteur des maisons ou des constructions en bordure

Fig. 4. — Place de l'Arc-de-Triomphe. — Ses plantations et celles des avenues adjacentes.

desquelles se trouveront les arbres; l'orientation même en raison de la lumière, surtout de l'action directe du soleil, suffisante ou non, plus ou moins prolongée, et enfin toutes les causes susceptibles de constituer un milieu plus ou moins favorable ou défavorable à la végétation et qui devront déterminer la nature des travaux à exécuter et le choix d'essences spéciales bien appropriées selon les conditions locales.

Assez généralement dans les villes et particulièrement dans Paris, par suite des travaux de constructions, de nivellements, de déblais ou remblais, le sol naturel n'existe plus sur les emplacements destinés aux plantations ; il est alors nécessaire de constituer, par des apports de terre, le terrain sur lequel on doit planter.

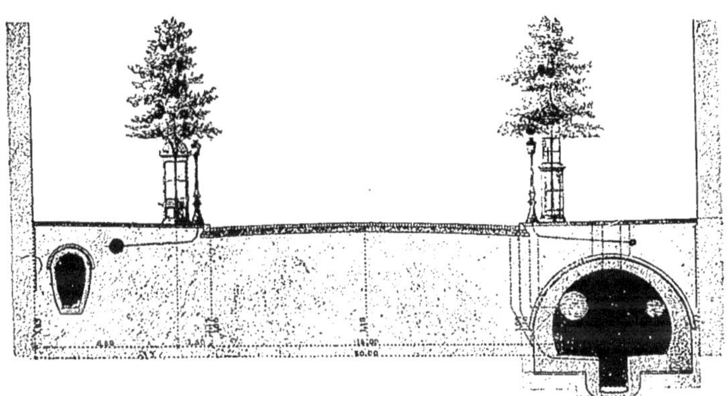

Fig. 5. — Boulevard Sébastopol. — Coupe montrant les canalisations souterraines.

Le sol naturel de Paris est dans son ensemble plutôt calcaire, caillouteux, siliceux. Le sous-sol est également calcaire, formant un tuf dur, peu perméable ; sur quelques points, on rencontre de l'argile plastique.

On doit reconnaître l'état du sol de l'emplacement, s'assurer de sa nature, de son épaisseur, par des fouilles ou sondages faits à des distances assez rapprochées et jusqu'à la profondeur voulue (1^m,30 à 1^m,80) pour bien reconnaître aussi la nature du sous-sol et son degré de perméabilité.

La nature des terrains contigus à l'emplacement destiné à la plantation doit également être reconnue.

Des fouilles ou sondages pratiqués il doit résulter les constatations suivantes : ou le sous-sol est reconnu favorable à la végétation des arbres, ou il est reconnu plus ou moins insuffisant par sa nature ou son étendue, ou complètement insuffisant ; le sous-sol est constaté perméable ou non.

Cette connaissance a une grande importance pour qu'on puisse faire judicieusement les travaux d'installation, puis déterminer et régler les soins de culture qui devront être donnés subséquemment aux arbres plantés.

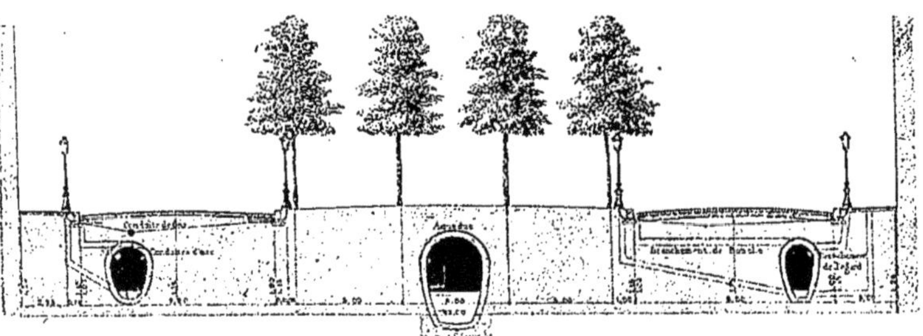

Fig. 6. — Boulevard des Batignolles. — Coupe montrant les canalisations souterraines, égouts, conduites d'eau, de gaz, etc.

Enfin il faut prévoir et déterminer les emplacements des constructions utiles à faire dans le sol et le sous-sol pour l'installation des égouts, des conduites d'eau, de gaz, etc. (fig. 5), afin que ces constructions puissent être faites et entretenues sans que les travaux nécessaires puissent être préjudiciables aux arbres voisins. L'étude faite, ces précautions bien prises ont une importance considérable pour la bonne venue et la longue durée en bon état des plantations dans les villes (fig. 6).

Emplacement extérieur. — L'emplacement extérieur sera surtout étudié, considéré, au point de vue de la largeur de la voie, de la hauteur des maisons, de l'orientation, des conditions climatériques locales et des considérations esthétiques.

Sol convenable. — Le sol a une action prépondérante sur la végétation.

Un sol convenable pour les plantations d'alignement, pour assurer leur durée suffisante, doit présenter les deux conditions essentielles suivantes : être favorable à la végétation par sa nature, c'est-à-dire sa composition minérale et organique, et suffisant comme étendue.

Le sol qui, au point de vue de la composition minérale, convient le mieux pour les arbres en général et particulièrement pour ceux recommandés comme essences d'alignement est celui qui est constitué par une bonne terre appelée communément terre franche, terre normale, terre à blé, terre de Vitry (aux environs de Paris).

Fig. 7. — Arbre dans sa tranchée de plantation.

Cette terre franche est généralement de couleur jaune-brun ; elle doit être assez meuble, bien homogène, douce au toucher. Sa composition minérale est argilo-siliceuse, ou silico-argileuse, c'est-à-dire qu'elle est de consistance moyenne ; elle n'est ni trop forte ni trop argileuse, compacte, collante lorsqu'elle est humide, trop dure lorsqu'elle est sèche, ni trop légère, c'est-à-dire trop siliceuse, trop friable, manquant alors de consistance. Elle contient peu de calcaire.

Une terre trop argileuse, trop forte, est défavorable parce que, lorsqu'elle est saturée d'eau, elle devient imperméable à l'eau et à l'air ; lorsqu'elle se dessèche, elle acquiert une dureté excessive et se fend.

Une terre trop siliceuse, trop légère, est défavorable parce qu'elle laisse échapper trop rapidement l'humidité nécessaire pour entretenir la végétation ; elle ne fournit pas un maintien suffisant aux grands arbres.

Les terres trop calcaires sont généralement des plus défavorables aux arbres : elles absorbent assez facilement l'eau, mais se dessèchent vite, et elles décomposent rapidement les engrais ; elles se délitent, se soulèvent sous l'influence des gelées.

Enfin il faut éviter d'employer comme fond de terre le terreau de couche ou de maraîchers, car, alors même que ce terreau serait bon, riche en substances nutritives au moment de son emploi, il s'épuise très rapidement et constitue alors un sol trop siliceux, qui

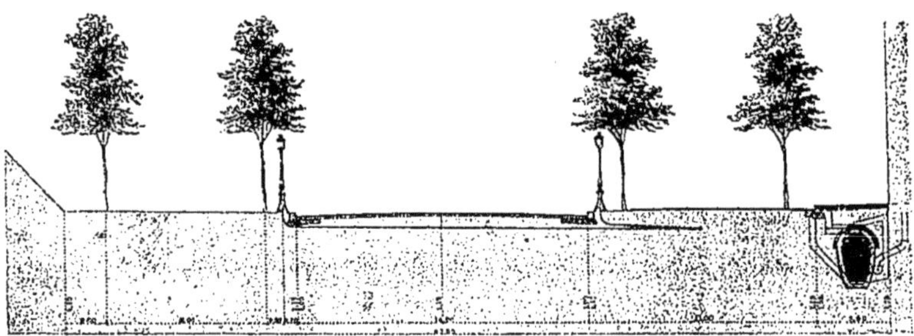

Fig. 8.— Route Militaire.— Coupe montrant les installations souterraines.

n'est pas susceptible d'entretenir longtemps la végétation des arbres en bon état.

Une bonne terre franche, contenant les principes nutritifs utiles, de consistance moyenne, est certainement la meilleure et la plus durable; elle constitue, pour la généralité des arbres, un milieu favorable pour l'accomplissement des fonctions végétales : elle est, par suite de sa composition minérale, perméable à l'eau et à l'air dans des proportions convenables à la végétation ; elle conserve assez longtemps l'humidité nécessaire à l'entretien de la végétation.

L'expérience démontre que la terre la plus généralement favorable à la végétation de la plupart des arbres est formée d'environ :

65 % de sable siliceux ;
20 % d'argile;
5 % de sable calcaire ;
10 % de terreau ou humus organique.

D'autre part, on admet qu'un sol de fertilité moyenne, à l'état sec, contient habituellement pour 1,000 grammes :

1 à 2 grammes d'azote ;
1 à 2 — d'acide phosphorique ;
1 à 2 — de potasse ;
4 à 6 — de chaux.

Lorsqu'une terre de cette nature se trouvera dans toute l'étendue de l'installation sur une surface et une épaisseur suffisantes, et lorsqu'elle sera entretenue en état convenable au point de vue de l'humidité nécessaire et de la circulation de l'air, reposant sur un sous-sol perméable, ce sera celle qui pourra donner aux différentes essences d'arbres d'alignement les meilleures conditions pour une végétation satisfaisante et une très longue durée d'existence en bon état.

Fig. 9. — Boulevard Saint-Germain. — Coupe montrant les constructions et installations dans le sol et le sous-sol, à proximité des plantations.

Étendue de Terrain. — L'étendue de terrain dont doivent disposer les arbres doit être en rapport avec le développement connu des essences plantées, car les racines s'étendent habituellement proportionnellement au développement de la charpente des arbres.

Pour les installations en lignes simples, lorsque les arbres doivent être plantés aux distances convenables, habituelles, la terre de bonne qualité devra exister sur toute la longueur de l'installation, sur une largeur de 4 mètres et 1 mètre au moins de profondeur.

Dans certains cas, l'épaisseur de bonne terre pourra être un peu moindre, si, par suite des conditions locales, les arbres peuvent

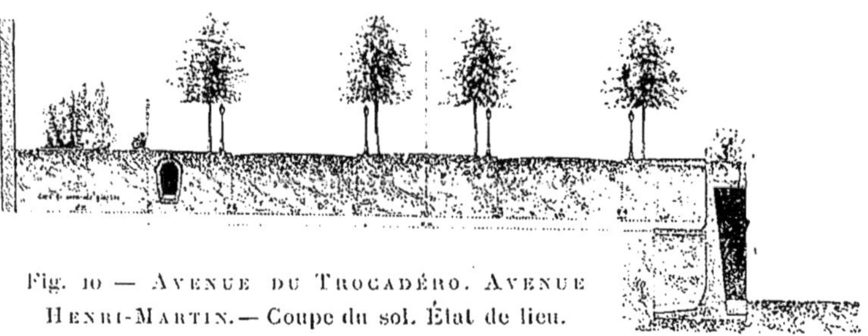

Fig. 10 — Avenue du Trocadéro. Avenue Henri-Martin. — Coupe du sol. État de lieu.

étendre leurs racines en dehors de la tranchée de plantation, y trouvant encore une terre ou au moins un milieu favorable.

Lorsque le sous-sol sera reconnu imperméable, il sera utile de donner à la tranchée de plantation une profondeur de $1^m,50$.

Pour les plantations d'arbres isolés, la tranchée de bonne terre devra avoir au moins une étendue carrée de 4 mètres de côté et une profondeur de $1^m,20$ à $1^m,50$, selon le besoin, pour assurer une végétation d'assez longue durée.

Toutefois, il est bien évident qu'il sera toujours avantageux pour la végétation des arbres et surtout pour leur plus longue durée en bon état d'augmenter l'étendue de terre végétale indiquée, qui n'est qu'un minimum pour les grands arbres.

Les plantations sur terrains en déblais sont généralement les moins favorisées, à cause de la mauvaise nature du sol, souvent imperméable, qui entoure la plantation. Sur les terrains en remblais, au contraire, les conditions sont généralement meilleures, car le plus souvent les racines des arbres trouvent en dehors de la tranchée, dans ces remblais constitués de détritus et matériaux divers, un milieu pénétrable encore favorable à leur développement.

Dans Paris, pour des considérations d'un ordre économique et aussi parfois pour des causes matérielles locales, on ne donne aux tranchées et aux trous individuels que 3 mètres de largeur et 1 mètre de profondeur, quelquefois même moins encore.

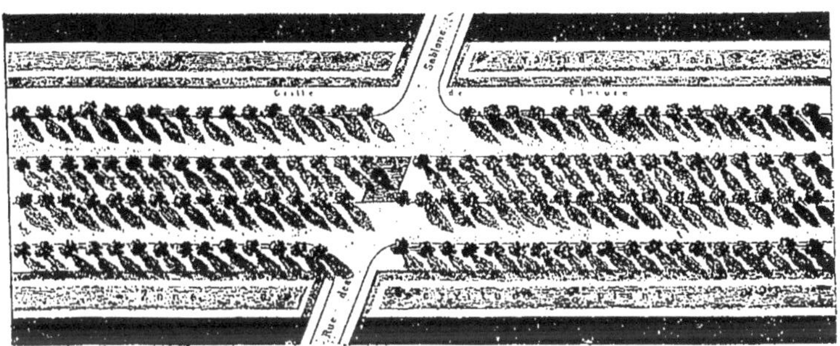

Fig. 11. — Avenue du Trocadéro. Avenue Henri-Martin. Plan. Allée centrale cavalière.

Il est bien certain que, chaque fois qu'on pourra augmenter ces dimensions et atteindre celles indiquées plus haut et même les dépasser, les arbres présenteront une plus belle végétation et auront une plus longue durée en bon état.

Pour l'installation de ces sortes de plantations dans les villes, il y a toujours avantage pour le présent et économie pour l'avenir à faire de suite tout le nécessaire pour assurer leur réussite et leur longue durée.

Sous-sol. — Le sous-sol des plantations d'alignement doit être envisagé au point de vue de la profondeur à laquelle il se trouve, c'est-à-dire de l'épaisseur de la terre végétale qui le recouvre, de sa nature minérale et de son état perméable ou non.

Dans Paris, le sous-sol naturel est plutôt calcaire et, sur quelques points, argileux; le plus souvent il est de nature très complexe, étant constitué par des remblais de matériaux divers; on doit surtout considérer son influence sur la végétation selon qu'il est perméable ou imperméable. En général, les sous-sols constitués de remblais perméables un peu siliceux, permettant l'écoulement de l'eau, la circulation de l'air et l'allongement des racines en dehors de la

Fig. 12. — Avenue Friedland. — Plantation de platanes.

tranchée de plantation, sont plus favorables à une bonne végétation de longue durée que ceux qui sont durs, calcaires ou argileux.

On peut reconnaître avec une exactitude suffisante pour les besoins l'état plus ou moins perméable du sol et du sous-sol par le déversement d'une quantité connue d'eau à une profondeur déterminée, et en tenant note du temps nécessaire pour l'absorption.

Si, par suite de l'imperméabilité du sous-sol à la profondeur nécessaire, on constate ou on redoute un excès d'humidité stagnante, un défaut de circulation d'air, on devra faire les travaux de drainage utiles pour assainir le sol en assurant l'écoulement de l'excès d'eau en dehors de la tranchée de plantation et l'aération permanente du sol.

Conditions que doit réunir un Sol pour être favorable. — En résumé, pour qu'un sol soit favorable à la végétation, il faut que la terre qui le constitue réunisse les conditions suivantes :

1. — La terre doit être composée de manière à pouvoir constituer un milieu favorable aux fonctions de la végétation.

2. — Elle doit contenir et céder aux arbres les principes nutritifs nécessaires.

Fig. 13. — Avenue Carnot. — Plantation de *Paulownias*.

3. — Elle doit exister sur une étendue et profondeur suffisantes.

4. — Elle doit toujours être dans l'état voulu au point de vue de l'humidité nécessaire et de la circulation de l'eau et de l'air.

5. — Enfin, elle ne doit rien contenir de nuisible à la végétation : substances, liquides, gaz, etc.

Une terre réunissant ces conditions, entretenue dans un état d'humidité et d'aération convenables, reposant sur un sous-sol perméable, présentera les meilleures conditions désirables pour les plantations d'alignement.

Établissement du Sol de la Plantation.— La préparation du sol doit être faite en raison de la constatation de l'état et de la nature du terrain de l'emplacement destiné à la plantation.

1. — Ou le sol est reconnu favorable.

2. — Ou il est en partie défavorable, et des amendements et des fumures peuvent le rendre favorable.

Fig. 14. — Place des Vosges.

3. — Ou il est complètement de mauvaise nature et doit être remplacé.

Dans Paris particulièrement, là où le sol naturel n'existe plus, on ne peut espérer de succès qu'à la condition de planter en terre rapportée en tranchée préparée dans toute la longueur de l'installation sur une largeur de 4 mètres et une profondeur de $1^m,20$ à $1^m,30$ (fig. 7).

Si le sol destiné à l'installation est reconnu favorable et suffisant dans toute l'étendue et profondeur nécessaire, il sera toujours d'une très bonne opération pour la plantation d'en faire le défoncement, à moins que ce sol n'ait été nouvellement défoncé et travaillé.

Si la terre est reconnue partiellement mauvaise et doit être par

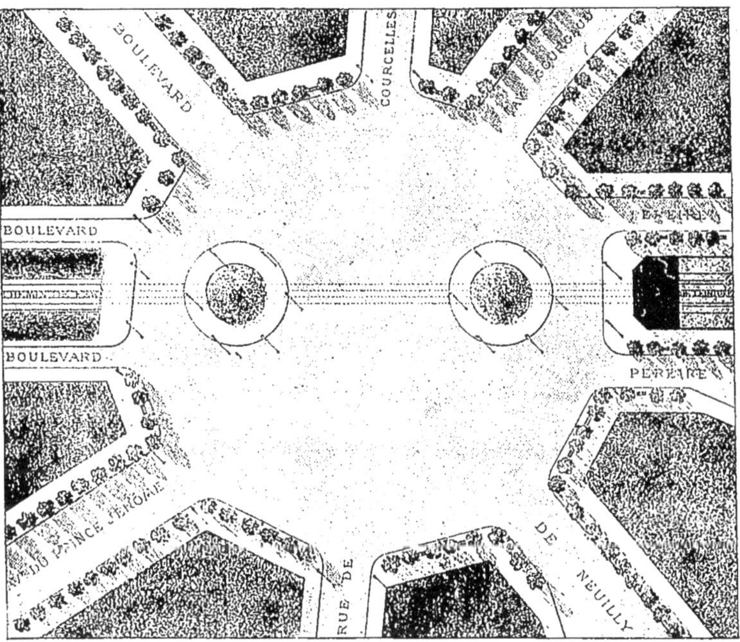

Fig. 15. — Place Courcelles.

conséquent en partie remplacée, on fera la défonce de la tranchée sur toute la longueur et profondeur nécessaire en extrayant la terre reconnue mauvaise. Ensuite on fera l'apport utile de bonne terre d'amendement ou d'engrais, qui devra être réparti assez également sur toute la tranchée, de façon à assurer une végétation régulière.

Si la terre est reconnue complètement de mauvaise nature sur toute l'étendue de l'installation projetée, on devra en faire l'enlèvement et lui substituer la bonne terre franche recommandée.

Il est essentiel, en faisant ce travail, de s'assurer que toute la terre nouvelle apportée est bien celle voulue qui convient dans l'état et les conditions indiquées.

Le sol doit être réglé en raison de son foisonnement, en prévoyant le tassement, qui est de environ 10 à 12 centimètres pour 1 mètre d'épaisseur.

Fig. 16. — Arbre de 20 mètres de hauteur. *Platane* (dimensions et proportions voulues).

Époque de Préparation. — Les travaux de défoncement et d'apport de terre doivent être faits en bonne saison, pendant l'été, et toujours plusieurs mois avant l'époque de plantation, afin que le tassement du sol soit à peu près définitif au moment où il conviendra de procéder à la plantation.

Les terres travaillées par les mauvais temps de pluies ou de gelées restent longtemps dans un état défavorable à la végétation.

État de Lieu. — En procédant à l'installation des plantations d'alignement dans les villes particulièrement, où les conditions de végétation peuvent être très différentes à des distances peu éloignées, pour des causes diverses nombreuses, il est indispensable de faire un état de lieu, de tenir note exactement de l'état et de la nature du sol de l'emplacement et du terrain contigu (fig. 8), du sous-sol et des constructions souterraines à proximité pour les égouts, conduites d'eau, de gaz, d'électricité, etc., etc., des conditions particulières d'installation dans lesquelles les plantations sont faites et, d'une manière générale, de tout ce qui peut influencer la végétation (fig. 9) ; de constituer enfin les archives des plantations. Ces notes seront très utiles à consulter par la suite pour fournir des indications ou des renseignements nécessaires pour l'application rationnelle des soins de culture, particulièrement des arrosages, fumures ou engrais, et aussi des tailles et élagages, en raison du développement plus ou moins vigoureux des arbres, et enfin pour prévoir leur plus ou moins longue durée probable en bon état (fig. 10 et 11).

Fig. 17. — Arbre de 12 mètres de hauteur. *Tilleul argenté.* (Dimensions et proportions voulues.)

Conditions de Réussite. — Les conditions principales qui déterminent la meilleure réussite possible des plantations, c'est-à-dire la reprise régulière des arbres, leur développement vigoureux, puis leur formation, leur entretien et leur longue durée en bon état, peuvent se résumer ainsi : installation bien faite en toute connaissance de cause, en raison de l'emplacement extérieur et de la nature du sol pour réunir les conditions favorables nécessaires à la végétation; des soins bien donnés à des essences judicieusement choisies.

§ II. — CHOIX DES ESSENCES.

Causes qui déterminent le Choix. — Les principales causes qui doivent déterminer le choix des essences à planter sur des emplacements étudiés, connus, sont:

1. — La largeur de la voie ou de l'emplacement;
2. — La nature et l'étendue du sol;
3. — Les conditions particulières locales à remplir.
4. — Les considérations d'ordre esthétique.

Les arbres à très grand développement seront choisis pour les voies larges en tenant compte de la nature et de l'étendue du sol.

Les différentes conditions particulières locales à remplir qui peuvent se présenter sont :

Les dimensions qu'on désire voir atteindre aux arbres ou ne pas dépasser, en raison de la hauteur des maisons ou de l'étendue de l'emplacement;

La forme qu'on désire ou qu'on veut leur imposer, en raison de la vue à ménager, de l'étendue de l'ombrage à obtenir et selon qu'il convient d'avoir un couvert épais ou léger ; enfin selon qu'on cherche un effet ornemental particulier qui peut être mieux obtenu, ou plus facilement, par une essence que par une autre.

Fig. 18. — Arbre de 5 mètres de hauteur. *Robinia parasol.* (Dimensions et proportions voulues.)

On peut dire que chaque essence d'arbre a l'aspect, le port, la physionomie qui lui sont propres (fig. 12).

La beauté d'ensemble des plantations d'alignement dans les villes résulte aussi de la diversité suffisante des essences bien appropriées aux différents emplacements et toujours judicieusement choisies avec toute connaissance des causes (fig. 13).

Caractères généraux que doivent présenter les Essences à employer. — Les considérations précédentes admises, le but à atteindre étant surtout l'ornementation, on doit être guidé dans le choix des essences par ce fait que les conditions essentielles que doivent présenter ces plantations seront obtenues si les arbres sont bien portants et assez variés.

Fig. 19. — Arbres taillés en forme régulière, dite à la Française. (Dimensions et proportions voulues.)

Les essences à choisir devront donc être d'abord d'une rusticité, d'une résistance au froid bien reconnue pour la localité ; elles devront aussi être robustes, vigoureuses, afin de pouvoir résister aux conditions particulières défavorables dans lesquelles ces plantations se trouvent trop généralement placées.

Elles devront être agréables surtout par la beauté de leur forme, de leur port et de leur feuillage; les fleurs augmenteront beaucoup l'ornementation. Elles devront avoir une végétation assez rapide, au moins dans leur jeunesse.

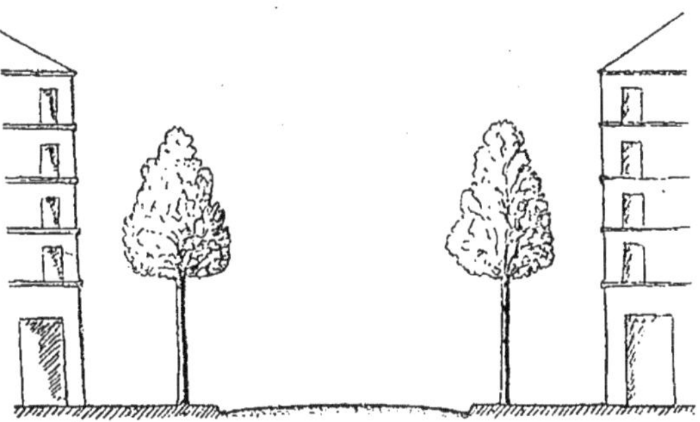

Fig. 20. — Plantation sur trottoirs de 5 mètres de largeur, la chaussée ayant 10 mètres de largeur.

Enfin elles ne devront présenter aucun inconvénient particulier ou d'exigences spéciales, pour la nature ou l'état du sol, le défaut de vigueur ou de rusticité, de l'odeur des fleurs ou de la présence des fruits, etc., etc.

Enfin une dernière considération, qui a une grande valeur, est qu'il faut chercher une variation suffisante dans l'ensemble des voies plantées, rues, avenues, places (fig. 14), ronds-points (fig. 15), afin d'éviter la monotonie qui résulterait de la présence trop répétée d'une même essence.

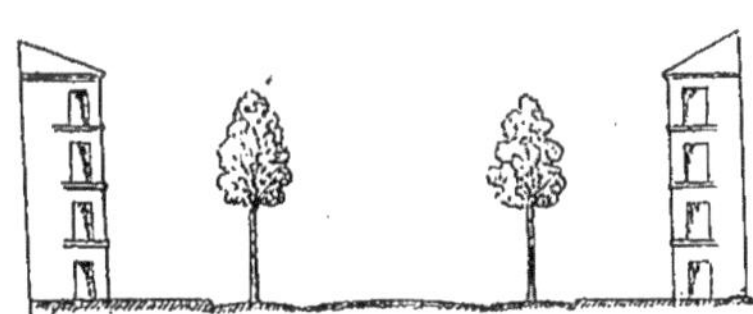

Fig. 21. — Plantation sur contre-allées limitant la chaussée : contre-allées, 4 mètres; trottoirs, 5 mètres; chaussée, 10 mètres.

En résumé, on doit toujours être guidé, pour le choix des essences, en vue du but déterminé à atteindre, par la connaissance suffisante du sol et des conditions locales extérieures.

Si l'emplacement est favorable à la végétation par la nature et l'étendue du sol, par la situation extérieure suffisamment large et bien éclairée, on n'aura pour ainsi dire que l'embarras du choix parmi les essences variées recommandées qui pourront prendre, ou auxquelles on pourra imposer les formes et dimensions voulues.

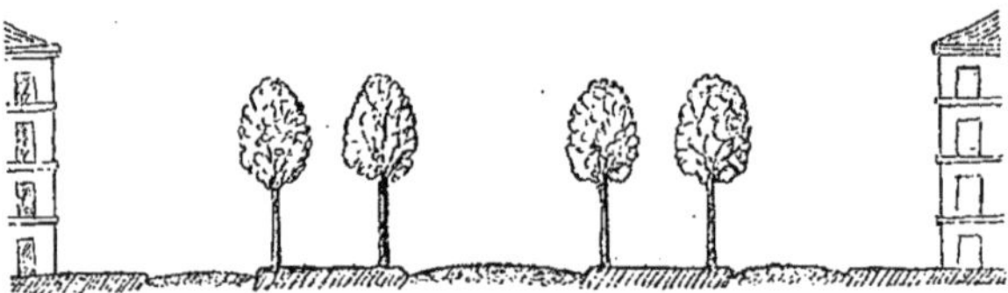

Fig. 22. — Plantation en lignes doubles sur contre-allées latérales divisant la chaussée. Allées latérales plantées, 8 mètres ; Chaussée centrale, 10 mètres ; Chaussées latérales, 6 mètres ; Trottoirs, 5 mètres.

Afin d'éviter les nombreuses opérations de taille et d'élagage, toujours préjudiciables aux arbres et qui leur donnent souvent un aspect disgracieux, il convient de ne planter les essences à très grand développement que sur les emplacements assez étendus, réellement en rapport avec le développement des arbres (fig. 16).

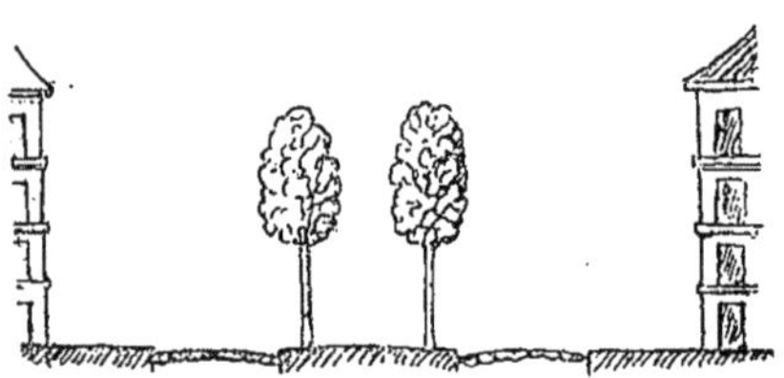

Fig. 23. — Plantation sur plateau central. Plateau central, 8 mètres ; chaussées latérales, 6 mètres ; trottoirs, 5 mètres.

On choisira pour les très grands emplacements, pour la plantation faite sur plateau central ou sur les trottoirs ayant 8 à 10 mètres de largeur, là où on pourra laisser atteindre aux arbres 15 à 20 mètres de hauteur et plus lorsque le sol sera reconnu suffisant, les ormes, les platanes, puis, pour des dimensions un peu moindres, les marronniers, les vernis du Japon, les robinias ou acacias communs, les sophoras, les noyers noirs.

Pour les emplacements restreints, sur les trottoirs n'ayant que

5 ou 6 mètres de largeur, là ou les arbres ne devront pas dépasser environ 12 à 15 mètres, on choisira les essences à développement moindre, les érables, les tilleuls argentés (fig. 17), le marronnier rouge et le *Robinia monophylla*.

Si les arbres ne doivent pas dépasser 8 à 10 mètres de hauteur, on choisira, selon la nature du sol, le robinia de Besson, le catalpa, le sorbier hybride, l'érable champêtre.

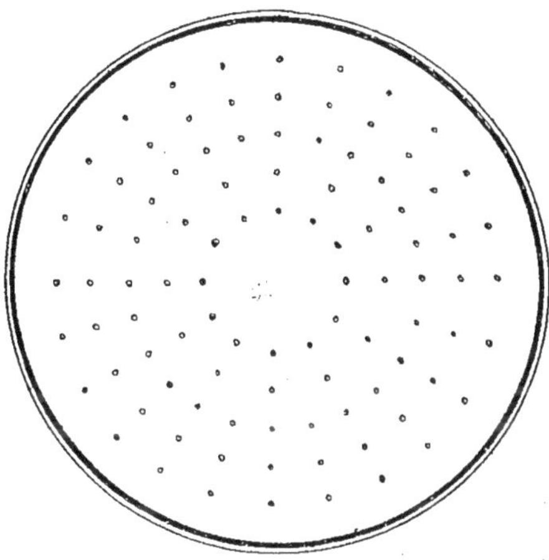

Fig. 24. — Plantation sur rond-point. Disposition des arbres en lignes concentriques et en lignes droites.

Si on ne veut pas atteindre ces dimensions et si on veut seulement des arbres de 5 à 8 mètres de hauteur, on choisira le robinia parasol (fig. 18), le *Catalpa Bungei*, l'érable boule, l'*Ulmus umbraculifera* en sujets greffés à la hauteur convenable.

Si les arbres doivent être soumis à une forme régulière, dite à la française, on plantera de préférence des ormes, des tilleuls de Hollande et aussi l'érable plane et le sycomore (fig. 19).

On utilise aussi quelquefois le marronnier et même le platane, mais ces essences se prêtent moins bien à ces formes.

Enfin, selon que, à cause de l'emplacement ou par préférence, il conviendra d'avoir des arbres prenant une forme naturelle spéciale, soit en pyramide, en ovoïde ou en cime élargie ou arrondie, plutôt qu'une autre, on choisira l'essence dont le développement naturel se rapproche le plus de la forme désirée.

(Voir plus loin la liste des arbres avec leur description.)

Prévision des Plantations. — Pour l'installation, de même que pour assurer le bon entretien des plantations d'alignement dans les villes, il est nécessaire, en vue de l'exécution de ces travaux, d'élever en pépinière, de préparer et former spécialement avec les soins voulus en temps utile, plusieurs années à l'avance, les jeunes arbres d'essences choisies, variées, destinés à ces plantations. Des arbres âgés d'essences variées devront également être préparés pour la plantation au chariot.

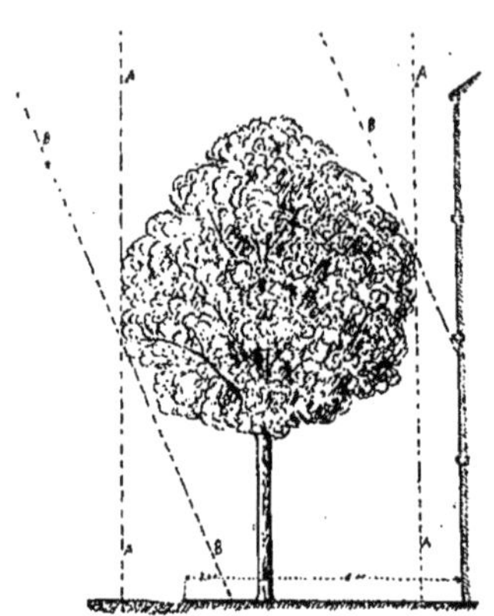

Fig. 25. — Ombre projetée par un arbre au milieu du jour, à Paris, au solstice d'été. — A, ligne de plantation dirigée du sud au nord. B, ligne de plantation dirigée de l'est à l'ouest.

Sans ces précautions, on s'expose à n'avoir pas, au moment opportun pour les installations nouvelles ou même les remplacements, les essences voulues dans l'état qui convient et en quantité suffisante.

Actuellement une des causes du peu de diversité dans les arbres plantés dans Paris provient de ce que les essences susceptibles d'être utilisées ne se trouvent pas toujours en pépinière, dans l'état voulu, en quantité nécessaire au moment opportun.

D'autre part, bien des essences utilisables ne sont pas assez connues.

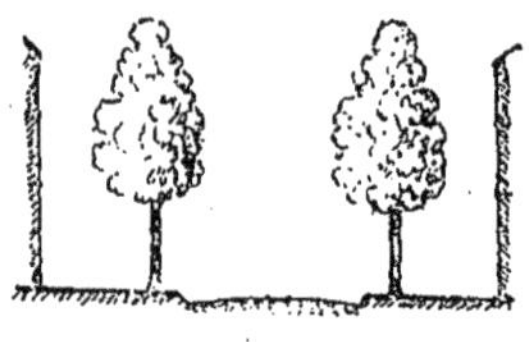

Fig. 26. — Voie de 20 mètres de largeur : trottoirs, 6 mètres × 2 = 12 mètres; chaussées, 8 mètres. Hauteur des maisons, 10 mètres; hauteur des arbres, 12 mètres; distance des arbres aux maisons, 5 mètres.

§ III. — DISPOSITION DES PLANTATIONS SUR LES VOIES.

Emplacement des Arbres. — Les plantations d'alignement ne doivent être installées que sur les emplacements et les voies assez larges pour que les arbres puissent bien se développer sans nuire aux habitations en interceptant l'air et la lumière ni sans gêner la circulation (fig. 20).

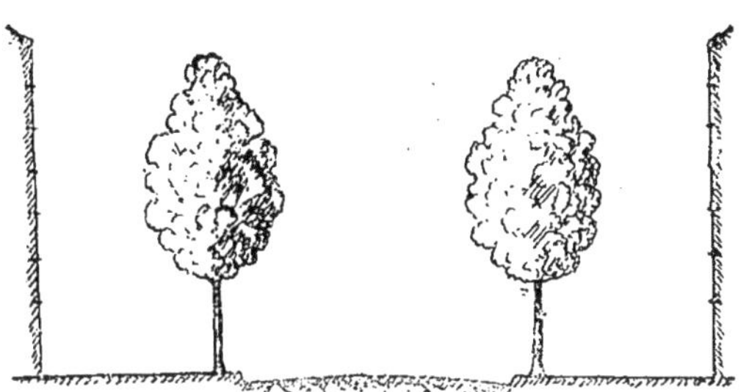

Fig. 27. — Voie de 40 mètres de largeur : trottoirs, 12 mètres × 2 = 24 mètres ; chaussée, 16 mètres. Hauteur des maisons, 20 mètres ; hauteur des arbres, 18 mètres ; distance des arbres aux maisons, 10 mètres.

Elles sont habituellement faites sur les trottoirs ou les contre-allées latérales qui limitent la chaussée (fig. 21 et 22), enfin sur les places, plateaux (fig. 23), ronds-points (fig. 24). Elles doivent être faites, disposées en vue de l'ornementation, qu'on doit toujours rechercher, et de manière à obtenir lemieux possible l'ombrage agréable voulu sans entretenir un excès d'humidité.

L'étendue variable de l'ombre projetée par les arbres ou les maisons, en raison de leur hauteur, peut être appréciée, connaissant l'angle d'inclinaison des rayons solaires aux différentes heures du jour et aux différentes époques de l'année (fig. 25).

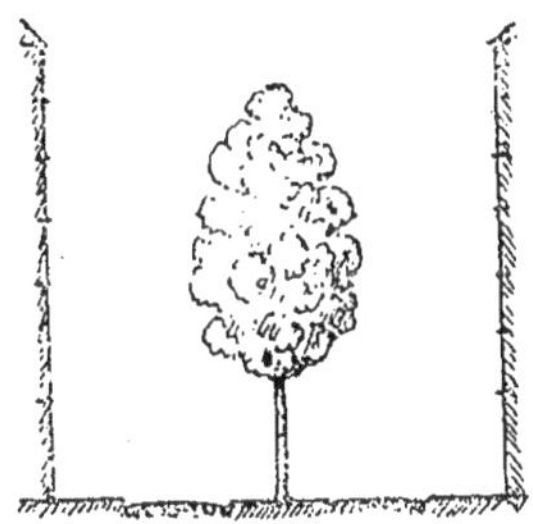

Fig. 28. — Voie de 20 mètres de largeur. Plateau central planté, 4 mètres ; chaussées latérales, 5m × 2 = 10 mètres ; trottoirs, 3m×2 = 6 mètres. Hauteur des maisons : 20 mètres.

Largeur des Voies. Hauteur des Constructions. — A Paris, la hauteur des maisons ne peut dépasser 20 mètres dans les rues de 10 mètres de large.

Dans les rues de moins de 8 mètres de large, l'élévation est limitée à 12 mètres.

A Londres, la hauteur des maisons est limitée à 24 mètres pour les rues larges de plus de 15 mètres.

Dans les rues où la largeur est moindre, la hauteur des maisons ne doit pas dépasser la largeur de la rue.

Pour que les arbres d'alignement puissent se trouver dans une situation assez favorable au point de vue de la lumière pour se développer régulièrement sans se dégarnir ou s'étioler, on pourrait établir comme règle que les voies bordées sur les deux côtés par des constructions d'une hauteur de 10 à 20 mètres devraient avoir une largeur de 20 mètres (fig. 26) pour les constructions de 10 mètres de hauteur et une largeur de 40 mètres pour les constructions de 20 mètres de hauteur (fig. 27).

Fig. 29. — Inclinaison des arbres plantés trop près (3 mètres) de maisons très hautes (20 mètres) dans la direction de l'est à l'ouest.

Dans certains cas, on peut encore avoir des arbres en assez bon état dans des voies relativement étroites par rapport à la hauteur des maisons ; il convient alors d'installer la plantation sur un plateau central divisant la chaussée en deux partie (fig. 28).

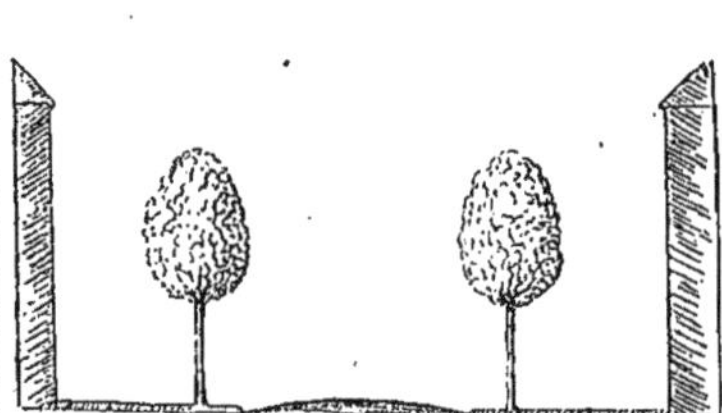

Fig. 30. — Arbres ayant 10 mètres de hauteur, se trouvant à 6 mètres de maisons hautes de 12 mètres.

Orientation. — L'influence ou l'action de l'orientation est à considérer en raison de la hauteur des maisons et de la largeur des voies.

L'orientation du nord au sud est la moins défavorable, les deux lignes latérales d'arbres recevant à peu près également l'action de la lumière.

Dans les voies dirigées de l'est à l'ouest, les arbres de la ligne du côté du sud sont dans une situation moins favorable que ceux de la ligne opposée ; la tige et les branches prennent une direction oblique, à cause de l'ombre projetée au milieu du jour par les maisons (fig. 29).

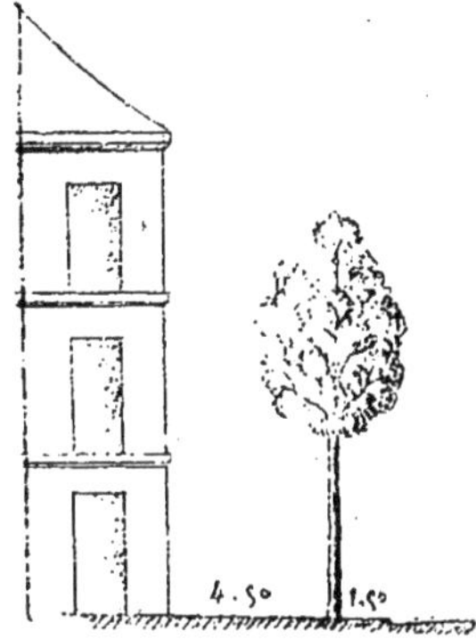

Fig. 31. — Arbre planté à 1m,50 de la bordure d'un trottoir de 6 mètres.

Distance des Maisons. — La distance nécessaire comme éloignement des maisons pour établir une plantation d'arbres d'alignement dans des conditions favorables de venue et durée en bon état doit être en rapport avec la hauteur des maisons. Cette distance devrait être égale à la moitié de la hauteur des maisons : pour des constructions ayant 12 mètres de hauteur, les arbres devraient être éloignés de 6 mètres (fig. 30).

A cette distance, il sera facile de maintenir l'extrémité des branches latérales assez éloignée des maisons, environ 2 mètres, pour ne pas intercepter l'air et la lumière aux habitations, et aussi de conserver aux arbres le développement régulier en bon état de leur charpente. « Dans tous les cas, il doit toujours y avoir au moins 1 mètre de distance entre l'extrémité des branches et les maisons. »

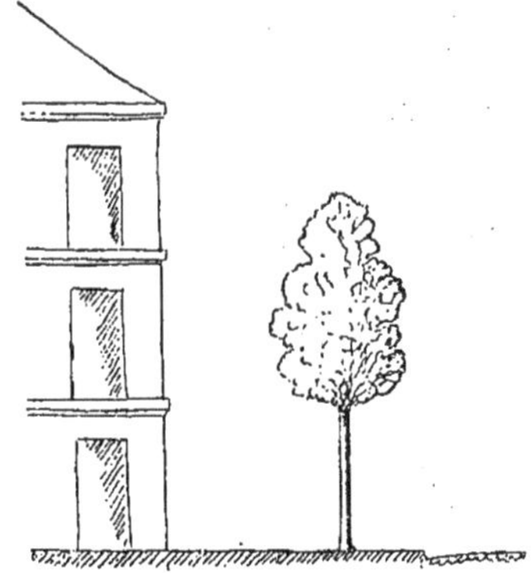

Fig. 32. — Arbre planté à 2 mètres de la bordure d'un trottoir de 8 mètres.

Distance de la Bordure du Trottoir. — La distance utile du pied des arbres à la bordure du trottoir est de 1 mètre, pour éviter les blessures trop nombreuses, fréquentes, provenant de la circulation en bordure de la chaussée. Cette distance de 1 mètre peut avantageusement (chaque fois que la largeur du trottoir le permettra) être portée à $1^m,50$ (fig. 31), même 2 mètres (fig. 32). A cette distance, le remplacement des arbres âgés est plus facile sans endommager la chaussée ; de plus, les arbres se trouveront mieux au centre de leur tranchée de plantation, qui doit avoir 4 mètres au moins de largeur. Les arrosages peuvent être donnés plus avantageusement, et la ligne de feu (gaz) se trouve bien dégagée.

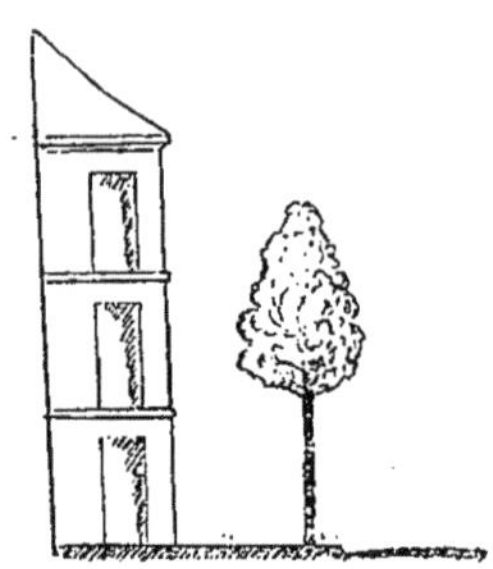

Fig. 33. — Arbre planté à 1 mètre de la bordure d'un trottoir de 3 mètres.

En général, dans Paris, où les constructions sont hautes, on ne plante pas d'arbres d'alignement sur les voies dont les trottoirs ont moins de 4 mètres de largeur, et la chaussée 6 mètres.

Ces arbres sont alors plantés à 3 mètres de distance des maisons et à 1 mètre de la bordure du trottoir (fig. 33).

On ne peut guère faire de plantations d'arbres sur les trottoirs qui ont moins de 3 mètres de largeur, et encore dans ce cas doit-on avoir soin de choisir les essences à petit développement, telles que le robinia parasol (fig. 34), l'érable champêtre, ou des essences auxquelles on pourra appliquer une taille annuelle énergique pour les maintenir dans de petites dimensions ou les soumettre à une forme spéciale régulière, soit en rideaux, soit en marquise simple (fig. 35).

Fig. 34. — Plantation d'arbres à petit développement sur trottoir de 3 mètres.

Sur certains emplacements particuliers, là où, par exemple, les constructions en bordure sont uniformément basses, ne dépassent pas 6 à 8 mètres de hauteur, il est possible, si la chaussée est assez large, alors même que les trottoirs sont très étroits, de planter des arbres à très grand développement (fig. 36).

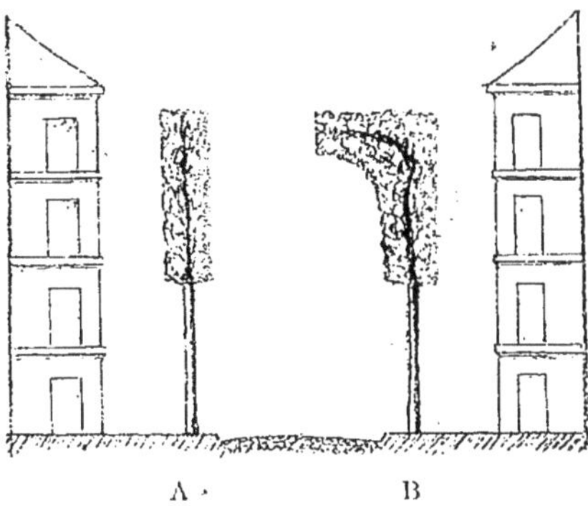

Fig. 35. — Arbres taillés en formes régulières pour petits emplacements. « En rideau — en marquise simple. »

Les tiges de ces arbres seront alors élevées de manière que leur charpente commence assez haut pour ne pas nuire aux habitations [1].

Distance de Plantation entre les Arbres. — Étant donné que ce que l'on veut obtenir, c'est, avec l'ombrage nécessaire, l'ornementation voulue et durable, la distance de plantation à réserver entre les arbres plantés en alignement doit être fixée en raison des causes principales suivantes :

1. — La connaissance du développement normal de la forme et des dimensions habituelles des essences choisies ou en raison de la forme spéciale qu'on veut leur imposer ;

2. — La nature et l'étendue du sol de la plantation ;

Fig. 36. — Arbre à tige nue élevée devant constructions basses et trottoir étroit.

1. — Voir plus loin le chapitre sur la *Jurisprudence horticole*.

3. — Le nombre de lignes d'arbres parallèles contiguës.

Il est bien certain, en effet, que les arbres plantés doivent, pour se trouver dans des conditions favorables, pouvoir disposer d'un emplacement suffisant, comme étendue de sol et de milieu extérieur, en rapport avec le développement connu normal ordinaire des essences choisies.

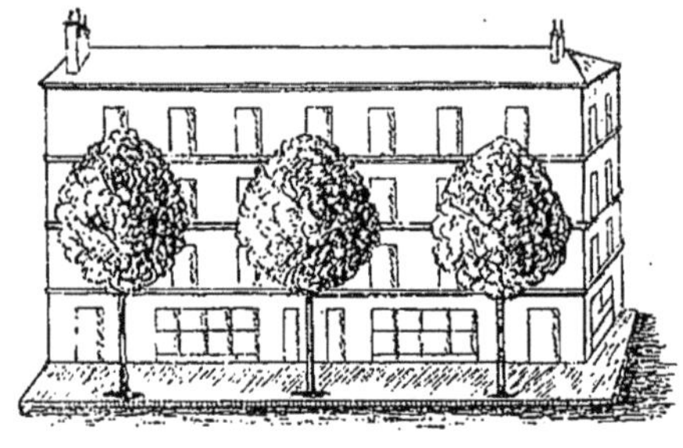

Fig. 37. — Arbres ayant 8 mètres de hauteur totale, plantés à 6 mètres de distance sur la ligne.

Les platanes auront besoin de plus de surface que l'érable plane.

Ces mêmes essences prendront un développement moindre dans un sol médiocre que dans un très bon sol fertile.

Les arbres fastigiés à rameaux érigés peuvent être plantés un peu plus rapprochés que les arbres à rameaux étalés; toutefois, il faut toujours observer l'écartement nécessaire pour laisser aux racines l'étendue de sol utile à leurs fonctions.

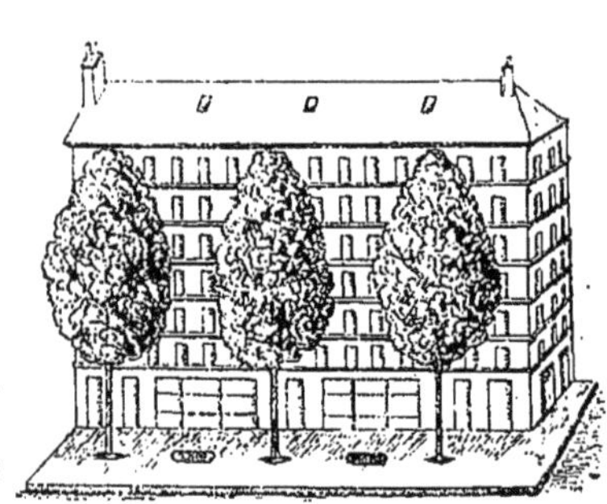

Fig. 38. — Arbres ayant 14 mètres de hauteur totale, plantés à 8 mètres de distance sur la ligne. — « Grilles recouvrant les cuvettes intercalaires. »

Enfin, si on veut maintenir bas certains arbres de grandes dimensions, empêcher l'allongement en hauteur de la charpente, il conviendra de leur donner un emplacement plus grand pour leur faciliter un développement plus étendu en largeur.

Les arbres doivent être plantés aux distances convenables, selon les essences, pour pouvoir acquérir librement leur développement ordinaire, tout en conservant leur forme habituelle qui les caractérise ; enfin, ils doivent occuper suffisamment l'emplacement qui leur est attribué (fig. 37).

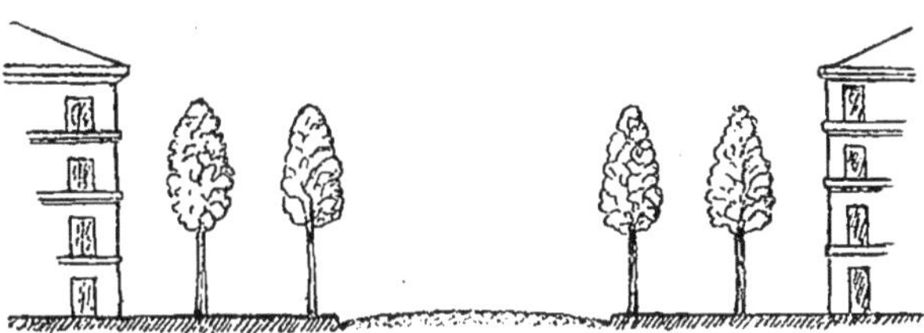

Fig. 39. — Plantation en lignes doubles sur trottoirs de 14 mètres de largeur. 1re ligne à 6 mètres des maisons ; 2e ligne à 12 mètres des maisons et à 2 mètres de la bordure du trottoir.

Pour les plantations faites sur une seule ligne, les distances utiles varient généralement entre 5 et 10 mètres, selon les essences choisies et la nature et l'épaisseur du sol. Dans quelques cas, les formes spéciales imposées, ou les proportions particulières voulues, peuvent nécessiter des distances différentes.

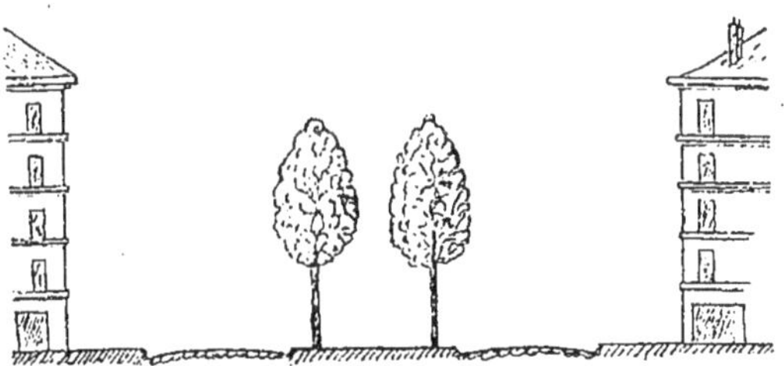

Fig. 40. — Voie de 38 mètres de largeur totale. Plantation sur plateau central ayant 10 mètres de largeur.

Les proportions ordinairement convenables pour les arbres généralement plantés en alignement, se formant en tête, sont les suivantes : les branches latérales doivent pouvoir s'étendre sur une largeur qui égale environ la moitié de la longueur de la tige mesurée à partir de leur point d'insertion. Ce qui fait que pour les platanes par exemple, qui devront avoir 12 à 14 mètres de hauteur totale, ayant 4 mètres de tige nue et 8 à 10 mètres de charpente, ces platanes devront être espacés de 8 mètres les uns des autres, pour laisser l'espace nécessaire (4 mètres) à l'allongement des branches latérales (fig. 38).

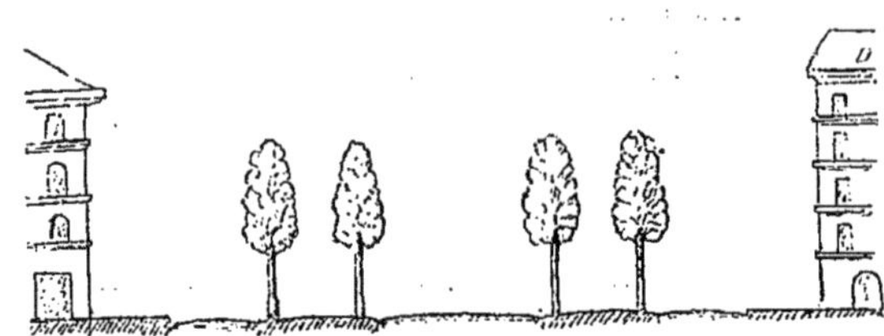

Fig. 41. — Voie de 42 mètres de largeur totale. Plantation sur plateaux latéraux ayant 7 mètres de largeur.

Pour faciliter aux arbres d'alignement généralement employés de prendre et de conserver les proportions élégantes convenables entre leur dimension en hauteur et leur étendue en largeur, il convient le plus souvent d'observer les règles suivantes.

DISTANCE DE PLANTATION A OBSERVER ENTRE LES ARBRES SELON LES ESSENCES EN RAISON DE LA HAUTEUR QU'ILS PEUVENT ATTEINDRE

HAUTEUR DES ARBRES	DISTANCES DE PLANTATION
Arbres de 20 mètres de hauteur.	Distance 12 mètres.
— 16 — —	— 10 —
— 12 — —	— 8 —
— 8 — —	— 6 —
— 6 — —	— 4 —

Distance de Plantation à observer entre les Arbres plantés sur plusieurs Lignes parallèles contiguës. — Dans les plantations en lignes simples, isolées, les racines et les branches des arbres peuvent le plus souvent s'étendre librement dans la direction perpendiculaire à la ligne de plantation, ce qui constitue un avantage et permet de fixer une distance de plantation qui pourrait être défavorable dans d'autres conditions.

Dans les plantations sur plus de deux lignes parallèles, les arbres des lignes intérieures ont leur espace limité aussi bien dans le sol par les racines que, extérieurement, par les branches des arbres voisins ; ils se trouvent donc dans une situation moins favorable que les arbres des lignes extérieures. Pour remédier en partie à cet inconvénient, il convient d'augmenter les distances de plantation en raison des causes déterminantes.

DISTANCE DE PLANTATION SUR UNE LIGNE, DEUX LIGNES, TROIS LIGNES ET PLUS, DANS UN SOL CONVENABLE

NOM des arbres	Sur une ligne	Sur deux lignes	Sur trois lignes et plus
Platane.	8m,00	10m,00	12m,00
Marronnier.	7m,00	8m,75	10m,50
Érable	6m,00	7m,50	9m,00
Virgilia..	5m,00	6m,25	7m,50
Robinier parasol. .	4m,00	5m,00	6m,00

NOTA. — Voir la liste générale des arbres pour l'indication de la distance de plantation pour chaque essence.

On a souvent des tendances à planter trop rapproché dans le but de produire plus promptement de l'effet.

Ce mode d'opérer est très regrettable, car, si des plantations très rapprochées font plus d'effet de suite, si elles donnent plus tôt de l'ombrage, leur durée en bon état est beaucoup moindre que celles des plantations faites aux distances voulues. Leur entretien est très difficile. Les arbres plantés trop rapprochés se nuisent l'un et l'autre; ils se développent et se forment mal, s'étiolent, se dégarnissent rapidement de la base et dépérissent bientôt.

Toutefois, dans quelques cas particuliers, lorsqu'une plantation au chariot n'est pas possible et qu'il sera nécessaire d'avoir en peu d'années une jeune plantation faisant de suite un peu d'effet, on pourra planter des jeunes arbres à la distance rapprochée voulue pour qu'il soit possible d'en enlever un entre deux, et que les arbres laissés aient alors la distance utile définitive. Ce dédoublement, ayant été prévu au moment de la plantation, pourra se faire sans inconvénient, c'est-à-dire que les arbres se trouveront bien exactement à la place qu'ils doivent occuper.

Ce dédoublement devra se faire alors que les rameaux des jeunes arbres commenceront à se joindre, et les jeunes sujets enlevés pourront constituer de suite une plantation nouvelle d'arbres déjà forts et en bon état.

Dans Paris, un arrêté préfectoral fixe les plantations d'arbres en alignement selon les règles suivantes, pour l'emplacement et le nombre de lignes, la distance des maisons et la bordure du trottoir en raison de la largeur des voies et avenues.

PLANTATION SUR TROTTOIRS OU CONTRE-ALLÉE

LARGEUR des voies boulevards avenues	LARGEUR des chaussées entre les bordures	LARGEUR des trottoirs ou contre-allée	NOMBRE de lignes d'arbres	DISTANCE des maisons	DISTANCE de la chaussée
Mètres	Mètres	Mètres			
26 à 28	12	7 à 8	1	5,50 à 6,50	1,50
30 à 34	14	8 à 10	1	6,50 à 8,50	1,50
36 à 38	12 à 13	12 à 12,50	2	5 à 5,50	1,50
40	14	13	2	6,50	1,50

Plantations en Lignes doubles ou plus nombreuses.— Ces plantations ne peuvent se faire que lorsque les trottoirs ont la largeur nécessaire pour que les lignes d'arbres se trouvent à la distance voulue des maisons et de la bordure du trottoir et aient entre elles un intervalle d'au moins 5 mètres (fig. 39).

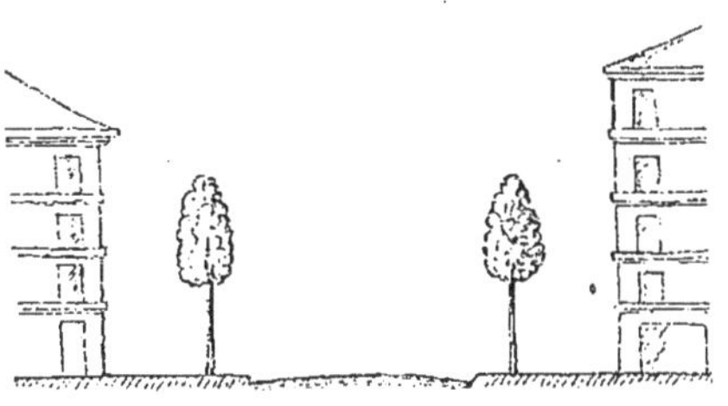

Fig. 42. — Voie de 28 mètres de largeur. Chaussées, 8 mètres ; trottoir, 10 mètres.

L'intervalle nécessaire est variable en raison de la vigueur de l'essence choisie, du nombre de lignes parallèles, et aussi selon la longueur de l'avenue en raison de la perspective voulue.

Nombre de Lignes d'Arbres.— Le nombre de lignes d'arbres qui peuvent être plantées est déterminé par les causes principales suivantes :

1° La largeur totale de la voie (fig. 40 et 41) ;

2° La largeur des trottoirs ou emplacements sur lesquels on veut installer ces plantations, selon qu'elles seront faites en carrés ou en quinconces ;

Fig. 43. — Voie de 83 mètres de largeur totale. Quai de la Conférence « Cours La Reine » : trottoir bordant les maisons, 3 mètres ; chaussée longeant ce trottoir, 10 mètres ; trottoir cavalier, 12 mètres ; chaussée, 13 mètres ; terre-plein planté de 3 lignes d'arbres, 22 mètres ; chaussée côté du quai, 15 mètres ; trottoir longeant la berge de la Seine, 8 mètres.

3° Dans quelques cas selon l'essence qu'on veut planter et enfin la nature du sol.

Les voies susceptibles d'être plantées ont parfois des largeurs très différentes (fig. 42 et 43).

La largeur d'une avenue formée par des arbres doit être en

rapport avec la hauteur des arbres et la longueur de l'avenue.

Les proportions convenables qu'il convient d'observer pour la plantation des arbres en raison de la longueur et de la largeur des

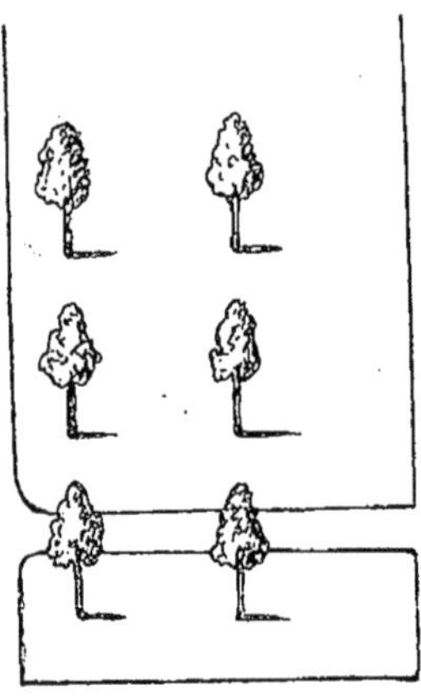

Fig. 44. — Plantation en carré. Accès perpendiculaire à la voie.

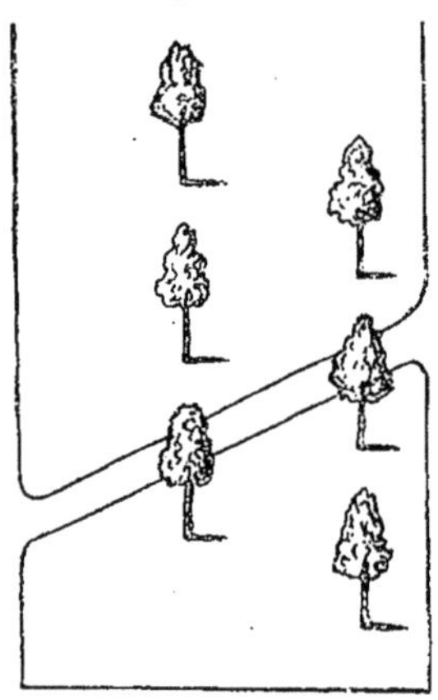

Fig. 45. — Plantation en quinconce. Accès oblique à la voie.

avenues sont les suivantes, qui sont généralement reconnues comme produisant le meilleur effet :

AVENUES

Longueur	*Largeur*
De 100 à 200 mètres	De 10 à 15 mètres
— 200 à 400 —	— 15 à 18 —
— 400 à 600 —	— 18 à 22 —
— 1.000 —	— 25 à 30 —
— 2.000 —	— 30 à 40 —
— 5.000 —	— 50 à 100 —

La distance de plantation entre les arbres sur les lignes ne doit pas excéder la largeur de l'avenue formée par la plantation.

Plantation en Carrés et en Quinconces. — La plantation en carré pour les lignes parallèles d'arbres d'alignement est celle qui convient le mieux à sa destination, car c'est celle qui permet le mieux à la vue de traverser ces sortes de plantations; de plus, elle permet plus facilement l'accès des voitures aux entrées des habitations (fig. 44 et 45).

La disposition en quinconce peut être parfois employée avanta-

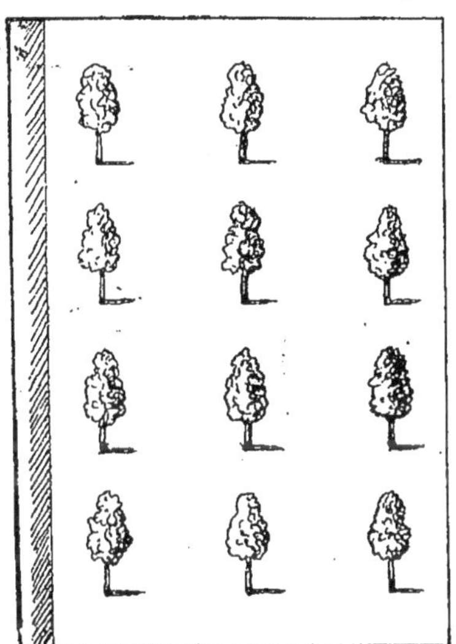

Fig. 46. — Plantation en carrés à 10 mètres, 20 mètres entre les deux lignes extérieures d'arbres.

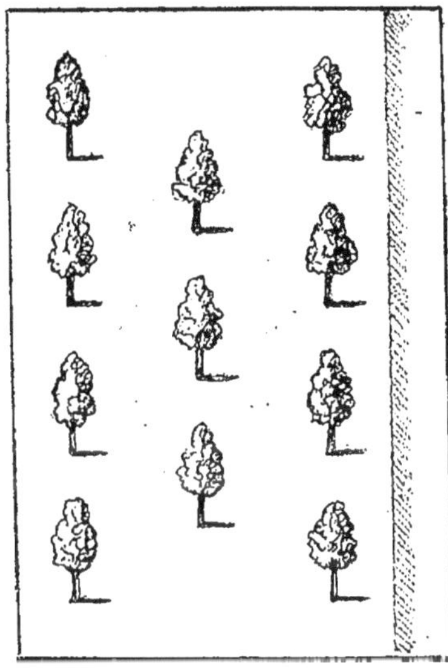

Fig. 47. — Plantation en quinconce, les arbres à 10 mètres l'un de l'autre. 17m,50 environ entre les deux lignes extérieures d'arbres.

geusement pour les plantations sur les places de formes irrégulières ou sur les plateaux dont la largeur est un peu restreinte pour une plantation en carré pour un nombre de lignes déterminées.

Dans ce cas, la disposition en quinconce ou en échiquier pourra permettre le nombre de lignes voulues en utilisant plus complètement toute la surface du terrain, tout en laissant entre les arbres l'écartement désiré (fig. 46 et 47).

Plantations sur Places, Plateaux, Ronds-Points. — Le choix des essences pour ces différents emplacements doit être déterminé par la nature du sol, l'étendue de l'emplacement et selon qu'on voudra laisser aux arbres leur forme naturelle ou leur imposer une forme spéciale.

Toutefois le choix des essences devra être particulièrement fait en vue de l'ornementation. Dans certains cas, l'architecture des bâtiments ou constructions qui avoisinent les places ou les ronds-points peuvent déterminer le choix d'arbres prenant des formes particulières en harmonie ou en opposition avec le genre de constructions.

Devant les constructions peu élevées à toits plats, on choisira de préférence des essences prenant une forme fastigiée ou pyramidale (fig. 48).

Devant les constructions à toits aigus élancés, on plantera de préférence des arbres prenant une forme en boule ou en cime arrondie (fig. 49).

Autant que possible, les plantations sur places, ronds-points, devront être en essences différentes de celles qui composent les plantations des voies d'accès à ces places, ronds-points.

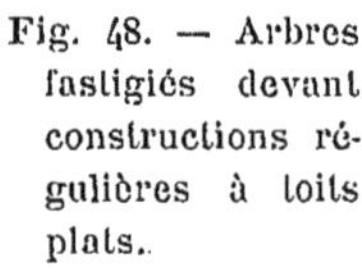

Fig. 48. — Arbres fastigiés devant constructions régulières à toits plats.

Plantation en Essence unique ou mélangée. — Considérés au point de vue de la régularité de la plantation, de sa durée en bon état, les arbres plantés sur une même ligne doivent être de même espèce ou variété.

Les lignes formées d'essences intercalées, mélangées, alternées, produisent le plus souvent un effet disgracieux à cause de l'irrégularité qui se manifeste toujours plus ou moins dans le développement de ces essences différentes, soit comme époque de végétation, soit comme dimensions.

Le changement d'essence dans les lignes très longues peut être motivé par une rue transversale (fig. 50), une place, un changement dans la direction ou le profil.

Lorsque l'emplacement de la plantation comporte plus de deux lignes parallèles, il peut être parfois d'un très heureux effet décoratif de planter les lignes centrales en essences différentes des lignes parrallèles latérales.

Les lignes centrales et les lignes latérales pourront être plantées, selon les circonstances et le but à atteindre, en essences à végétation dissemblable par les dimensions et les formes ou présentant des coloris différents par leurs fleurs ou leur feuillage et susceptibles de produire de très heureux effets d'harmonies ou de contrastes.

Fig. 49. — Arbres ayant une forme arrondie devant constructions à toits pointus irréguliers.

Exemple de Plantation sur Plateau central

ARBRES DE FORMES ET DIMENSIONS DIFFÉRENTES (fig. 51)

Plantation sur quatre lignes

1 { Les deux lignes centrales : *Platanes.*
— — latérales : *Érable plane.*

2 { Les deux lignes centrales : *Populus pyramidalis.*
— — latérales : *Tilia argentea.*

3 { Les deux lignes centrales : *Ulmus pyramidalis.*
— — latérales : *Ulmus umbraculifera.*

4 { Les deux lignes centrales : *Robinia fastigiata.*
— — latérales : *Robinia umbraculifera.*

Plantation sur trois lignes (fig. 52)

5 { Ligne du centre : *Ulmus campestris.*
Lignes latérales : *Robinia Bessoniana.*

6 { Ligne du centre : *Fraxinus monophylla.*
Lignes latérales : *Sophora Sinensis.*

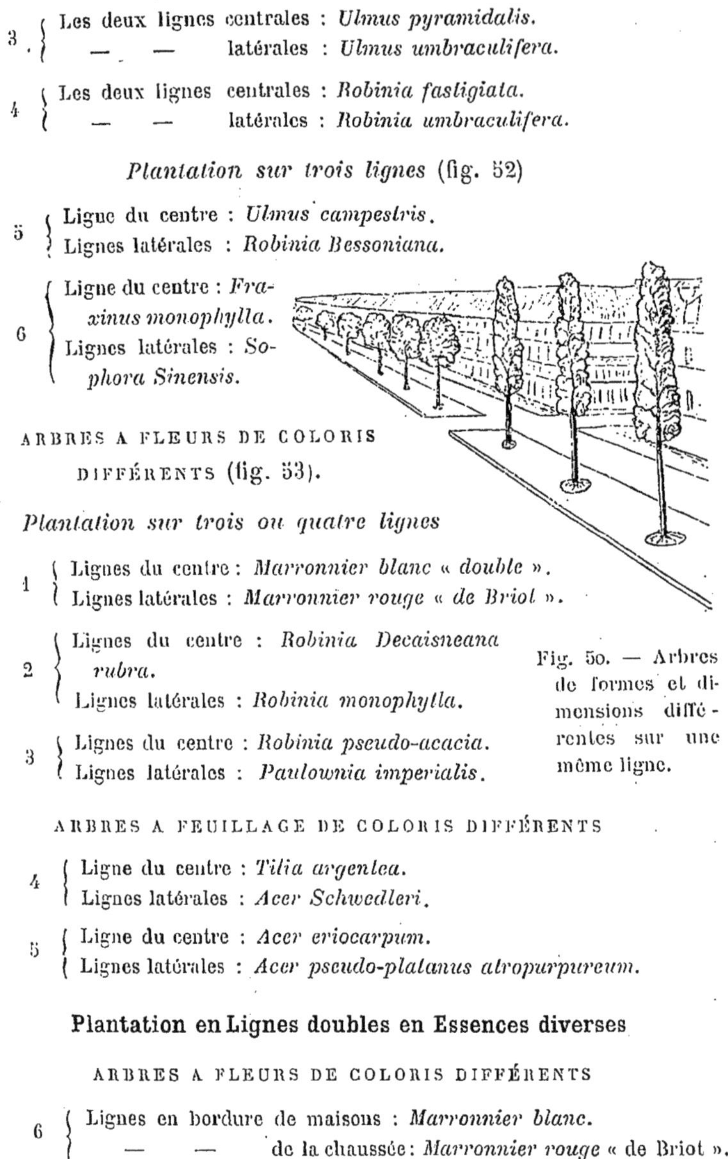

Fig. 50. — Arbres de formes et dimensions différentes sur une même ligne.

ARBRES A FLEURS DE COLORIS DIFFÉRENTS (fig. 53).

Plantation sur trois ou quatre lignes

1 { Lignes du centre : *Marronnier blanc* « *double* ».
Lignes latérales : *Marronnier rouge* « *de Briot* ».

2 { Lignes du centre : *Robinia Decaisneana rubra.*
Lignes latérales : *Robinia monophylla.*

3 { Lignes du centre : *Robinia pseudo-acacia.*
Lignes latérales : *Paulownia imperialis.*

ARBRES A FEUILLAGE DE COLORIS DIFFÉRENTS

4 { Ligne du centre : *Tilia argentea.*
Lignes latérales : *Acer Schwedleri.*

5 { Ligne du centre : *Acer eriocarpum.*
Lignes latérales : *Acer pseudo-platanus atropurpureum.*

Plantation en Lignes doubles en Essences diverses

ARBRES A FLEURS DE COLORIS DIFFÉRENTS

6 { Lignes en bordure de maisons : *Marronnier blanc.*
— — de la chaussée : *Marronnier rouge* « de Briot ».

NOTA. — Cette disposition produirait un très heureux effet sur l'Avenue des Champs-Elysées.

7 { Lignes en bordure de maisons : *Robinia pseudo-acacia.*
— — de la chaussée : *Paulownia imperialis.*

ARBRES A FEUILLAGE DE COLORIS DIFFÉRENTS

8 { Lignes en bordure de maisons : *Tilia argentea.*
— — de la chaussée : *Acer Schwedleri.*

§ IV. — PRÉPARATION EN PÉPINIÈRE.

Les jeunes arbres destinés aux plantations d'alignement dans les villes, pour présenter toutes les meilleures conditions voulues, doivent être élevés et préparés spécialement en pépinière en vue de cette destination.

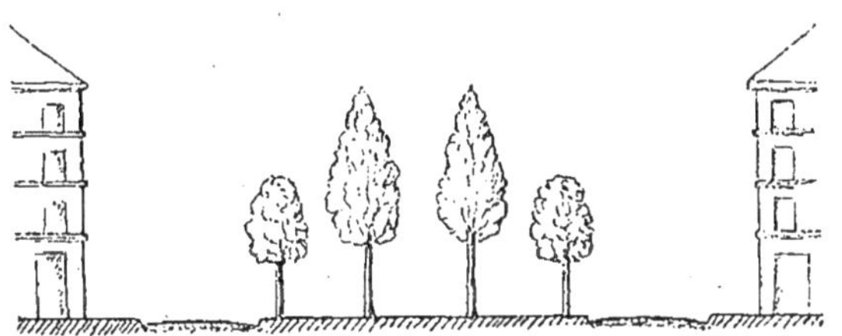

Fig. 51. — Plantation sur plateau central (4 lignes d'arbres). Deux essences de formes et dimensions différentes.

Ces jeunes arbres auront subi plusieurs transplantations et les opérations nécessaires de raccourcissements progressifs et de suppressions successives des branches inférieures pour favoriser l'élévation voulue de leur jeune tige et le commencement de la formation de leur charpente (fig. 54).

Ils devront être, pendant les deux dernières années au moins qui précèdent leur enlèvement de la pépinière, espacés les uns des autres de 2 mètres, de manière à pouvoir être réellement bien constitués dans toutes leurs parties : racines, tige, jeune charpente, au moment de leur mise en place définitive.

Si toutes les opérations ont été bien faites, les jeunes sujets se trouveront alors en parfait état pour leur destination.

Choix des Sujets. — Après le choix de l'essence, qui doit être bien fait pour l'emplacement, en raison des causes générales et locales, bien reconnues, appréciées, particulièrement en raison du sol et de la situation extérieure, le choix des jeunes sujets bien constitués, en bon état, a une très grande importance pour la reprise et l'avenir même de la plantation.

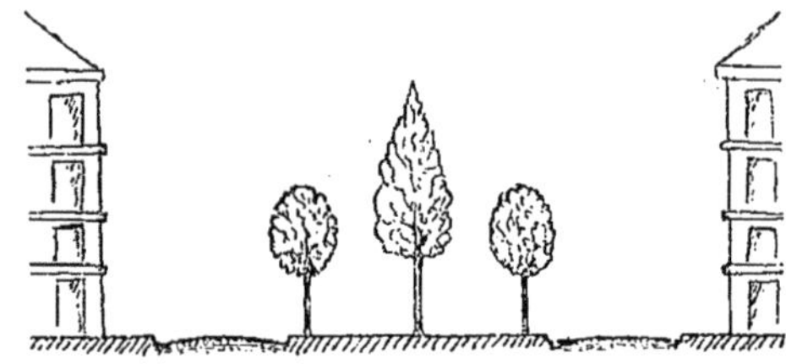

Fig. 52. — Plantation sur plateau central (trois lignes d'arbres). Deux essences de formes et dimensions différentes.

État des jeunes Sujets. — Leur état général devra être la représentation d'une bonne végétation.

Racines. — Les jeunes arbres choisis devront avoir des racines nombreuses, ramifiées, de grosseur moyenne, et s'étendant horizontalement ou obliquement.

Fig. 53. — Voie de 72 mètres de largeur totale: « Avenue des Champs-Élysées (à Paris) ». Trottoirs, 22 mètres ; chaussée, 28 mètres ; plantations en lignes doubles latérales ; arbres de dimension un peu différente et à fleurs de coloris différents ; 1er rang, longeant la chaussée : marronnier rouge de Briot ; 2e rang : marronnier blanc à fleurs doubles.

Cet état particulier des racines, favorable à la reprise, résulte des transplantations utiles que ces arbres ont dû subir en pépinière.

Les mêmes essences non transplantées ont des racines peu nombreuses, grosses, longues, s'enfonçant quelquefois verticalement dans le sol, pivotantes et par conséquent présentant des conditions beaucoup moins favorables pour faciliter la reprise.

Tige. — Ils doivent avoir une tige droite, saine, lisse, de la hauteur voulue, sans branches fortes, sans plaies ni nodosités, d'une grosseur bien proportionnée à la longueur, plus grosse vers la base « formant la queue de billard ».

Charpente. — Les jeunes branches latérales qui commencent la charpente du jeune arbre devront être bien régulièrement réparties sur la tige, à partir de la hauteur voulue, soit 3m,50 environ, bien équilibrées entre elles, et bien en rapport, comme développement, grosseur et longueur, avec le prolongement de la tige, qui devra toujours être prédominant.

Dimensions et Age des Sujets. — Les meilleures dimensions ordinaires que doivent présenter les jeunes arbres à choisir pour ces sortes de plantations sont une hauteur de 5 mètres environ et une grosseur de tige de 18 à 24 centimètres de circonférence, mesurée à 1 mètre au-dessus du sol, et de 20 à 26 centimètres, mesurée à la base au ras du sol, au-dessus du collet.

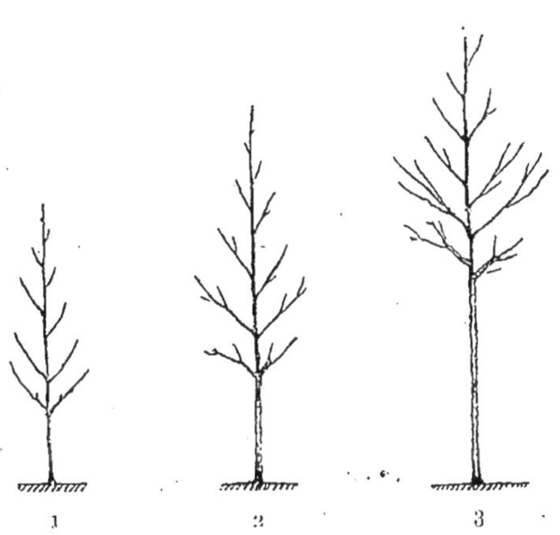

Fig. 54. — Jeunes sujets à différents âges, en bon état : 1. Baliveau de deux ans ; 2. Baliveau de trois ans ; 3. Jeune tige de quatre ans.

A hauteur égale, les paulownias, les marronniers, les vernis, les cédrelas, les pterocaryas, les peupliers, devront avoir une tige plus forte que les platanes, les ormes, les érables, les tilleuls et les sophoras, et enfin ceux-ci que les chênes, les noyers noirs, les robinias et les planeras.

Les jeunes arbres dans cet état sont ordinairement âgés de six à huit ans (fig. 55 et 56).

Une plantation d'alignement faite avec des arbres plus jeunes, moins développés, ne produit pas suffisamment d'effet de suite. Les arbres à tige plus élevée et moins grosse sont généralement des sujets étiolés, mal conformés, qui ne conviennent pas pour ces plantations.

Des arbres plus âgés, plus forts, déplantés à racines nues, reprennent souvent moins facilement, à cause des difficultés plus grandes d'arrachage et de replantation.

Sujets greffés. — Lorsque l'essence choisie, espèce ou variété, aura été multipliée par la greffe, on devra de préférence choisir des sujets greffés au ras du sol, afin d'avoir plus sûrement des tiges régulières et plus solides, car souvent sur les sujets greffés à haute tige on remarque, à partir de l'emplacement où a eu lieu la greffe, un grossissement différent, quelquefois très sensible, qui devient disgracieux en raison de la différence de vigueur du sujet et du greffon (fig. 57 et 58). Ces arbres ont une tendance à se couronner ; enfin quelquefois le décollement de la greffe se produit sous l'influence de vents violents.

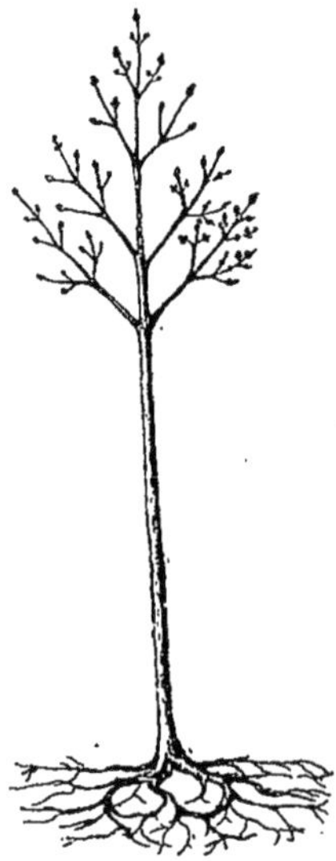

Fig. 55. — Jeune marronnier de six à huit ans, en très bon état au moment de sa plantation.

Toutefois, certaines essences formant difficilement ou très lentement une tige droite de hauteur suffisante, on pourra exceptionnellement utiliser des arbres greffés à haute tige, à hauteur convenable, à la condition que les essences greffées seront bien de même vigueur, ou à peine moins vigoureuses que les sujets sur lesquels elles seront greffées. Exemple : le *Tilia euchlora* sur *Tilia mollis*, et le marronnier de Briot sur marronnier blanc. Les sujets greffés en écusson sont préférables à ceux greffés en fente.

Sujets non greffés. — Il est très important, pour avoir une plantation aussi régulière et uniforme que possible, de s'assurer en pépinière, pendant la végétation, lorsque les arbres sont en feuilles, que tous les sujets de l'espèce ou variété voulue pour la plantation d'une voie appartiennent bien tous exactement par l'ensemble de leurs caractères extérieurs à cette espèce ou variété et non à des formes quelquefois très dissemblables entre elles comme aspect général : port, feuillage, vigueur et même aussi époque de végétation, ainsi qu'il s'en rencontre souvent, surtout dans les ormes, les tilleuls, les platanes, les marronniers, lorsque ces arbres proviennent de semis non sélectionnés en vue de leur destination.

Toutefois les sujets provenant de semis sont ceux qui fourniront généralement plus facilement la plus belle végétation.

Sujets à proscrire. — Il ne faut pas choisir, pour planter comme arbres d'alignement, les sujets trouvés trop rapprochés en pépinière, ceux dont les tiges sont grêles (fig. 59), étiolées ou courbées, ayant une écorce durcie, des plaies ou des nodosités, ceux dont la jeune charpente est mal commencée par des branches latérales mal placées, trop basses, formant verticille, trop fortes par rapport au prolongement de la tige, ceux qui proviennent de recépages de sujets trop âgés, enfin ceux dont les racines sont réduites à un pivot à peine ramifié par suite du défaut de transplantation, ou insuffisantes par suite du mauvais arrachage, ou en mauvais état, desséchées, noircies, ayant souffert depuis leur extraction (fig. 60).

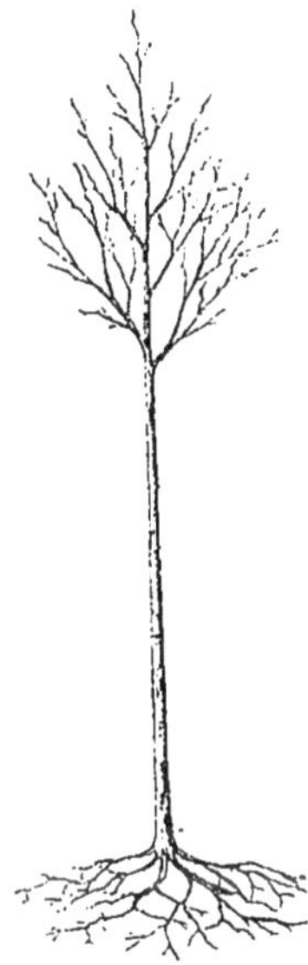

Fig. 56. — Jeune platane de six à sept ans, en très bon état, au moment de sa plantation.

§ V. — DÉPLANTATION. — ARRACHAGE.

Les sujets choisis devront avoir été déplantés avec tous les soins voulus, c'est-à-dire qu'on aura dû ouvrir une tranchée circulaire d'un diamètre suffisant, environ $1^{m},50$ pour ces jeunes arbres, pour avoir le plus possible toutes les racines en bon état. La tranchée doit avoir les dimensions largeur et profondeur suffisantes, et les racines doivent être bien dégagées pour que l'enlèvement de l'arbre puisse être fait sans effort pour le détacher du sol.

Il ne faut pas faire l'arrachage des arbres par tractions violentes verticales ou inclinées, parce que par ce procédé on risque de casser les racines ou d'en déchirer l'écorce. On constate que l'arrachage a été bien fait lorsque les racines sont longues, ramifiées, saines, sans blessures.

État favorable du Sol pour la Déplantation. — Il est toujours préférable de procéder à l'arrachage des arbres lorsque le sol est un peu humide : l'opération alors se fait mieux, plus facilement, et les arbres se trouvent en bien meilleur état que lorsqu'ils sont arrachés le sol étant sec.

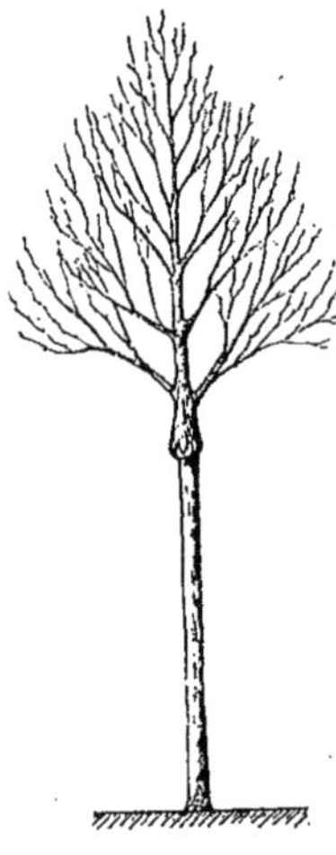
Fig. 57. — Tilleul argenté greffé sur tilleul de Hollande.

Il conviendrait donc dans le cas d'arrachage obligé à une époque fixée, si le sol est reconnu trop sec, de faire un arrosage préalable.

Transport. — Les jeunes arbres doivent être transportés de la pépinière ou lieu d'arrachage au lieu de la plantation avec toutes les précautions voulues pour éviter le cassement des branches et des racines, les contusions et les écorchures aux tiges, enfin pour qu'ils puissent arriver en bon état et sans avoir eu à souffrir des intempéries depuis le moment de l'extraction jusqu'au moment de la plantation.

Précautions à prendre. Mise en jauge. Plantation provisoire. — Dans les travaux de transplantation, il arrive quelquefois que, pour des causes diverses, tous les arbres ne peuvent être replantés aussitôt leur arrachage ou aussitôt qu'ils sont reçus.

Ces arbres, qui ne peuvent être replantés immédiatement, doivent être mis en jauge autant que possible dans un sol bien meuble. Ce travail de mise en jauge doit être fait avec toutes les précautions et soins utiles : on procède immédiatement à l'habillage des racines seulement, réservant l'habillage de la charpente pour le moment de la plantation ; la jauge ou tranchée doit être ouverte assez large et profonde pour recevoir et abriter, sans les blesser, toutes les racines pendant le temps nécessaire. Les arbres sont placés bien verticalement les uns auprès des autres, en évitant qu'il y ait enchevêtrement de leurs racines ni de leurs branches, de manière enfin qu'ils puissent être déjaugés sans danger de bris ou blessures pour leurs racines ou leurs branches.

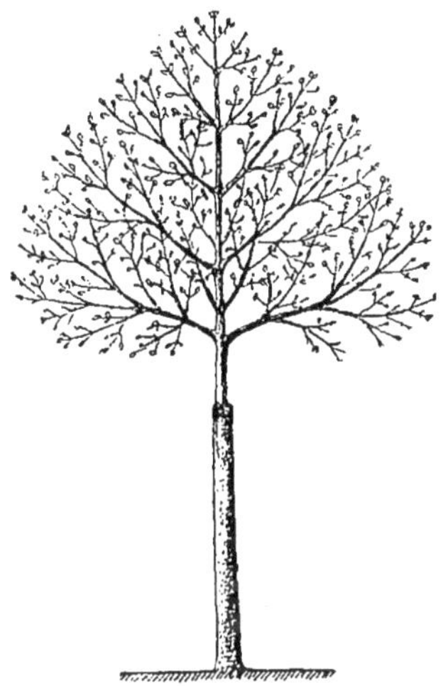

Fig. 58. — Marronnier rouge greffé sur marronnier blanc.

Soins aux Arbres atteints par les Intempéries étant déplantés. — Si les arbres à planter ont eu à subir des intempéries, soit qu'ils se trouvent un peu desséchés par suite d'un séjour trop prolongé à l'air, ou qu'ils se trouvent atteints par la gelée, on devra, pour ceux qui seront un peu desséchés, qui auront leur écorce ridée, les placer à l'abri au nord, puis les recouvrir de paillassons ou de toiles, et les asperger d'eau plusieurs fois par jour, jusqu'à ce qu'on ait remarqué le gonflement normal de leurs tissus, leur écorce redevenant pleine.

Quant aux arbres atteints par la gelée, il faut éviter le plus possible toute manipulation de ces arbres, car dans cet état leurs branches et leurs racines se cassent avec la plus grande facilité ; les chocs, même peu violents, sur l'écorce déterminent des plaies par suite de la décomposition du tissu meurtri pendant la gelée.

On devra, avec toutes les précautions nécessaires, mettre ces arbres gelés à l'abri du froid, sous un hangar, ou les couvrir de paillassons ou de feuilles sèches, et ne les planter que lorsque le dégel sera bien complet.

CHAPITRE III

PLANTATIONS

§ I. — EXÉCUTION DE LA PLANTATION.

Une plantation très bien faite assure en grande partie la reprise de l'arbre et sa bonne végétation ; on ne saurait donc trop exécuter ce travail avec tous les soins et les précautions nécessaires.

Époques. — Pour les arbres à feuilles caduques, l'époque favorable pour la transplantation commence à l'arrêt de la végétation, à la chute des feuilles, jusqu'au moment où la végétation recommence, au printemps. Pendant cette période, le travail de la plantation doit s'exécuter par un temps favorable dans une terre saine, lorsqu'il ne gèle pas ; il faut aussi éviter de planter par un temps trop humide, parce qu'alors le travail s'exécute mal.

Dans les terrains sains, légers, plutôt secs, il conviendra de planter à l'automne.

Dans les terrains humides, forts, compacts, argileux, sujets à un excès d'humidité pendant l'hiver, il conviendra de ne planter qu'au printemps, un excès d'humidité susceptible de provoquer la pourriture des racines étant alors à redouter pendant l'hiver dans ces terrains.

Prolongation de l'Époque favorable à la Plantation. — Dans quelques cas, lorsque toutes les plantations n'ont pu être terminées à l'époque la plus convenable, on peut prolonger l'état encore favorable des arbres arrachés et déjà mis en jauge à l'automne en les remaniant, en les remettant de nouveau en jauge, en mars-avril, à l'ombre, au nord, de manière à retarder autant que possible leur départ de végétation. On peut quelquefois prolonger ainsi d'un mois l'état encore favorable de ces arbres pour le travail de plantation.

Préparation du Terrain. — Toute plantation doit se faire dans un bon sol, bien réglé, préparé et défoncé depuis assez longtemps à l'avance, en juillet-août, pour que le tassement soit terminé au moment de la plantation, en octobre ou au printemps.

Toutes plantations d'arbres faites sur un sol insuffisamment tassé est une opération défectueuse.

Dans quelques circonstances particulières, on provoque le tassement immédiat du terrain défoncé à l'aide d'arrosages abondants, ou de pilonnage, de cylindrage de la surface. Le tassement, artificiel peut-on dire, ainsi obtenu, donne au sol un état moins favorable à la végétation que le tassement progressif naturel.

Fig. 59. — Jeune sujet défectueux par défaut de racines et tige trop grêle insuffisante.

La préparation du sol pour la plantation se fait difficilement dans Paris, à cause de la grande circulation, qui détermine un tassement, un durcissement excessif de la surface du terrain nouvellement remué.

Trou pour la Plantation. Époque. — Dans les travaux ordinaires de plantation, dans les jardins, il est toujours bon d'ouvrir les trous destinés aux arbres assez longtemps à l'avance, de façon à faciliter le plus possible l'aération du sol.

Malheureusement cette pratique avantageuse ne peut pas toujours être exécutée dans les villes, où la circulation doit toujours être le moins possible entravée.

Les trous seront donc faits alors seulement au moment de la

plantation, et ils devront d'ailleurs toujours se trouver dans un terrain préalablement et convenablement préparé en temps voulu.

Dimensions. — Dans un terrain bien préparé comme il a été dit, les dimensions des trous pour la plantation sont subordonnées aux dimensions des racines des arbres qu'on doit planter. Ils doivent toujours avoir les dimensions nécessaires en profondeur et largeur pour recevoir très facilement les racines, qui doivent pouvoir y être étendues librement dans toute leur largeur sans qu'on ait à leur faire subir des courbes ou inclinaisons, le collet de l'arbre se trouvant bien au niveau du sol.

Fig. 60. — Jeune sujet défectueux, tige irrégulière, déformée avec plaies.

Ces dimensions sont habituellement, pour les arbres jeunes bien arrachés, de force recommandée pour les plantations d'alignement dans les villes, de $1^{m},20$ à $1^{m},50$ de côté sur $0^{m},60$ de profondeur. La terre du fond du trou, doit être bien ameublie (fig. 61).

La terre extraite doit être rassemblée en deux tas égaux de chaque côté du trou, de manière à ne pas gêner selon le besoin la vue pour l'alignement et à faciliter le jet de terre pour le recouvrement régulier des racines.

Préparation du jeune Arbre pour sa Plantation. Habillage. — C'est une opération qui s'applique particulièrement aux racines et aux branches des arbres au moment de leur plantation.

L'habillage des racines doit précéder celui des branches ; il consiste à enlever à l'aide d'une serpette, et par une coupe bien nette, les racines cassées ou avariées, et seulement les extrémités de racines rompues, blessées par suite de la déplantation.

L'opération doit être faite de telle sorte que toutes les racines de l'arbre, au moment de sa plantation, soient saines, en bon état et présentant à leur extrémité une coupe unie ayant une direction légèrement oblique, de manière que, une fois l'arbre placé debout verticalement, la plaie de l'extrémité des racines repose sur le sol (fig. 62).

L'habillage des branches latérales peut être utile pour plusieurs causes : pour enlever d'abord les parties cassées, puis pour enlever les rameaux inutiles mal placés ; enfin il peut être devenu nécessaire de diminuer la charpente, en raison des suppressions ou raccourcissements qu'on aura dû forcément faire subir aux racines mutilées dans l'arrachage ou pour toute autre cause.

Les suppressions ou raccourcissements, dans ce cas, ont pour but

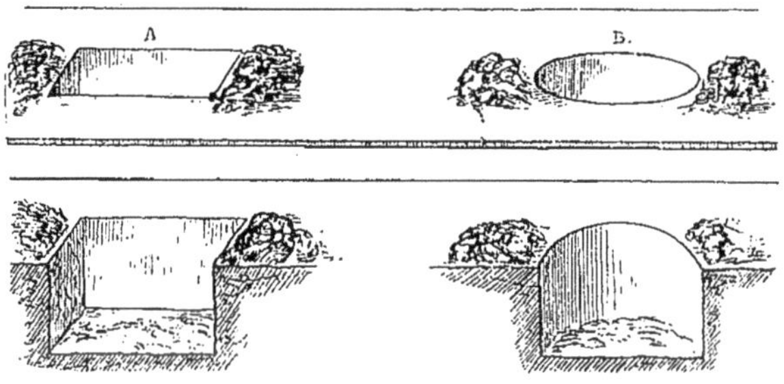

Fig. 61. — Trou pour la plantation, rectangulaire ou rond, indifféremment selon les dispositions de l'emplacement.

de rétablir l'équilibre nécessaire entre les branches et les racines, pour faciliter la reprise de l'arbre.

Le raccourcissement des branches doit être fait, autant que possible, sur un rameau de prolongement ou sur des yeux bien constitués et bien placés.

Il faut éviter de faire l'enlèvement ou prolongement de la tige aux jeunes arbres d'alignement, particulièrement aux marronniers et aux noyers, parce qu'il est souvent difficile de retrouver un nouveau rameau ou un œil bien placé pour prolonger bien verticalement la tige [1].

1. — Les essences d'alignement qui reconstituent le plus facilement leurs rameaux de prolongements sont le platane, l'orme et le tilleul.

Pour les jeunes arbres plantés en terrain sec et où les soins d'arrosage ne pourront être régulièrement faits selon le besoin, les branches pourront être un peu plus raccourcies que pour les arbres entretenus dans des conditions favorables.

Cette opération d'habillage des jeunes arbres déjà un peu forts doit être faite avec certaines précautions particulières : un ouvrier doit tenir l'arbre horizontalement au-dessus du sol et le manœuvrer à la demande de l'ouvrier chargé de faire les opérations de taille. Lorsqu'un ouvrier est seul pour faire cette opération, il doit se munir d'un chevalet spécial sur lequel il fait reposer la tige pendant qu'il fait les coupes nécessaires (fig. 63). Sans ces précautions, il arrive trop fréquemment que des branches ou des racines se trouvent cassées ou meurtries pendant le travail.

Fig. 62. — Jeune sujet. *Platane* habillé, préparé pour sa plantation.

Si dans quelques cas, pour de fortes racines ou de gros rameaux, on est obligé d'employer le sécateur ou la scie, on devra toujours rafraichir, parer ces coupes, à l'aide de la serpette.

Dans quelques cas et particulièrement pour les arbres à bois tendre, à moelle très développée (le paulownia, le noyer, le carya, le catalpa, le marronnier, le tilleul), lorsque les jeunes sujets de ces essences présentent au moment de la plantation des branches déjà fortes devant être supprimées et dont l'enlèvement occasionnerait une plaie intéressant près de la moitié de la tige, ces fortes branches ne seront pas enlevées complètement de suite; elles seront seulement raccourcies jusque, autant que possible, sur des brindilles latérales assez rapprochées de la base. Leur enlèvement complet au ras du tronc ne se fera que la seconde ou la troisième année après la plantation, selon que ces arbres auront une végétation plus ou moins vigoureuse capable de former assez rapidement le bourrelet de recouvrement de la plaie. Sans ces précautions, les grandes plaies faites à la tige de ces jeunes arbres au moment de leur transplantation ne se recouvrent pas rapidement, quelquefois même l'écorce se dessèche et meurt autour de la plaie, qui se trouve ainsi agrandie ; le bois, se décomposant facilement, peut amener la carie de la tige et même la mort du sujet.

Pralinage. — Cette opération, qui est très favorable à la reprise des arbres, consiste à tremper les racines des arbres préparés à la plantation dans une bouillie obtenue à l'aide d'argile délayée avec de l'eau et du jus de fumier par parties égales et en proportion suffisante pour constituer une bouillie bien adhérente aux racines. Il convient d'ajouter à ce mélange du sulfate de fer en dissolution, à raison de 1 gramme par litre de bouillie.

Fig. 63. — Chevalet supportant le jeune arbre pour en faciliter l'habillage.

Mise en Place. — Les travaux préparatoires étant exécutés, après s'être assuré que l'habillage a été bien fait, que le trou a bien les dimensions nécessaires voulues, on procède alors à la plantation proprement dite, c'est-à-dire que le jeune arbre est présenté à l'emplacement qu'il doit occuper, et les racines sont recouvertes de terre.

Toutefois, avant de commencer le recouvrement des racines, on doit s'assurer que l'arbre est bien juste dans l'emplacement qu'il doit occuper comme alignement, dans une direction bien verticale, et que la direction des premières branches charpentières est bien celle qui convient le mieux pour sa situation. Si la tige n'est pas absolument droite, il convient de diriger la courbe du côté où l'arbre recevra le moins directement la lumière et autant que possible du côté opposé où sera mis le tuteur, dont on doit prévoir la place.

Enfin, pour s'assurer que le collet de l'arbre est bien exactement à la hauteur voulue au ras du sol, il suffit de poser une règle droite en travers du trou, tangente à l'arbre, et de constater si le collet de l'arbre se trouve bien juste à la hauteur indiquée comme niveau de la surface du sol (fig. 64).

Recouvrement des Racines. — Toutes ces précautions prises au point de vue de la hauteur, de l'alignement et de l'orientation de l'arbre, on commence le recouvrement des racines. La terre qui sera mise en contact avec les racines doit être de très bonne qualité (parfaitement meuble, friable, homogène et plutôt sèche qu'humide.

La terre doit être friable et sèche parce que dans cet état elle pénètre beaucoup mieux et avec plus de facilité entre toutes les racines sans laisser de vides (de cages, suivant l'expression usuelle).

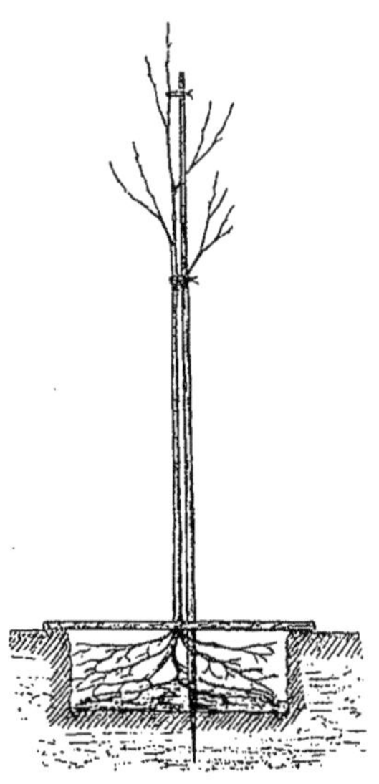

Fig. 64. — Jeune arbre présenté dans son trou de plantation, le collet se trouvant bien indiqué à la hauteur voulue, « au niveau de la règle et de la surface du sol ».

Le recouvrement des racines doit se faire, l'arbre étant maintenu bien verticalement, en jetant peu à peu par petites pelletées la terre dans le trou, où un ouvrier doit être exclusivement occupé à bien faire pénétrer à la main cette terre entre les racines, à les isoler l'une de l'autre, à les séparer par une couche de terre et à leur donner, autant que possible, une direction horizontale ou au moins la même direction qu'elles avaient avant l'extraction.

Le recouvrement des racines étant terminé, le trou remblayé, on devra fouler légèrement et régulièrement le sol sur toute la surface du trou. Ensuite on établira une cuvette assez large, bien horizontale, au pied de l'arbre, pour pouvoir procéder immédiatement à son arrosage.

Ce premier arrosage a surtout pour but de provoquer le tassement immédiat du sol et la parfaite adhérence de la terre aux racines en faisant combler de suite les quelques petites cages ou cavités qui peuvent encore exister malgré tous les soins apportés à la plantation.

Aussitôt la plantation terminée, on fixera l'arbre après son tuteur.

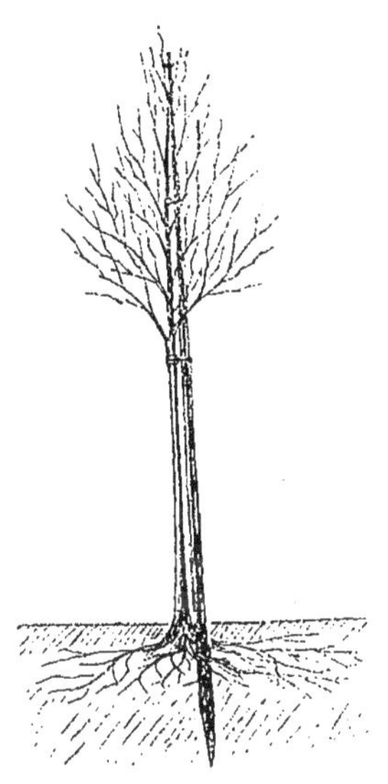

Fig. 65. — Jeune arbre avec son tuteur assez enfoncé dans le sol.

Si l'on a encore à redouter le tassement du sol, on maintiendra seulement la tige à l'aide d'un lien non trop serré après le tuteur, de manière à ne pas retenir l'arbre suspendu.

Cette attache provisoire devra être placée assez haut sur la tige afin d'éviter le balancement de la tête de l'arbre et le bris des branche après le tuteur.

§ II. — TUTEURAGE.

Tuteurs. — Les tuteurs employés dans le service des plantations de la ville de Paris pour les jeunes arbres sont généralement des perches de châtaignier d'environ 5 mètres de hauteur et de $0^m,25$ à $0^m,30$ de circonférence mesurée à $1^m,50$ du sol.

On utilise quelquefois des perches de tilleuls, d'ormes, de chênes, de robinias, etc.

Il convient d'enlever l'écorce des tuteurs, car cette écorce qui se soulève par lambeaux et se détache peu à peu, est désagréable à la vue et sert souvent d'abri et de refuge à des insectes nuisibles qu'il faut toujours détruire avec soin, afin d'en éviter la propagation sur les arbres.

Les tuteurs doivent être droits, sans aspérités; la base est appointie afin de faciliter sa pénétration dans le sol.

Il est d'un très bon usage de goudronner ou de carboniser la base du tuteur et jusqu'à 0m,25 au-dessus de la partie qui est enfoncée dans le sol.

Cette opération a pour résultat de prolonger la durée en bon état du tuteur en retardant la décomposition du bois, qui a lieu surtout rapidement à la partie située au ras du sol.

Utilité. Pose du Tuteur. — Le tuteur que doit avoir le jeune arbre nouvellement planté a pour but d'empêcher l'ébranlement des racines de cet arbre et conséquemment de faciliter sa reprise, puis de donner ou maintenir une direction bien verticale à sa jeune tige et à son prolongement.

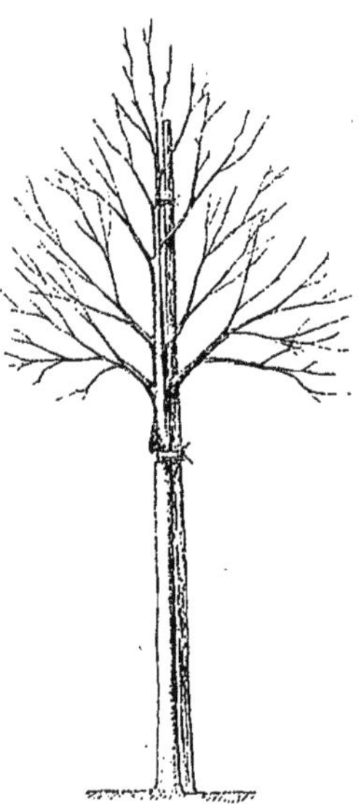

Fig. 66. — Jeune arbre ayant sa tige étranglée par une attache. — Bourrelet très apparent, juste au-dessus de l'attache.

On doit procéder à la pose du tuteur au moment même de la plantation, alors que les racines de l'arbre à tuteurer ne sont pas encore recouvertes de terre, ou aussitôt que la plantation est terminée ; mais alors il faut avoir prévu et marqué son emplacement à l'aide d'un jalon, afin d'éviter toute blessure aux racines ; son trou est alors préparé à l'aide d'un avant-pieu en bois ou en fer.

La pose du tuteur alors que les racines sont encore à découvert a l'avantage de faciliter les opérations en évitant les blessures aux racines.

Place du Tuteur. — Lorsque sur l'emplacement ou la voie plantée il y a une direction où le vent domine, le tuteur devra être posé du côté du vent dominant, afin d'éviter le plus possible le frottement de la tige et par suite les plaies qui pourraient en résulter.

A Paris, les vents dominants sont les vents d'ouest. S'il n'y a pas de vent dominant à redouter, le tuteur devra être placé du côté du midi, de manière à abriter de ce côté du soleil la jeune tige de l'arbre ; lorsqu'il n'y a pas de causes déterminantes essentielles, il devra être placé dans la ligne de plantation de façon à être le moins apparent possible.

Le tuteur doit avoir la force et la longueur nécessaires pour maintenir et redresser au besoin la tige de l'arbre et guider son prolongement; il doit être suffisamment enfoncé dans le sol selon sa consistance, environ 0^{m},70, pour atteindre la terre ferme, afin d'offrir assez de résistance à l'ébranlement, et être placé de manière à tenir l'arbre bien verticalement (fig. 65).

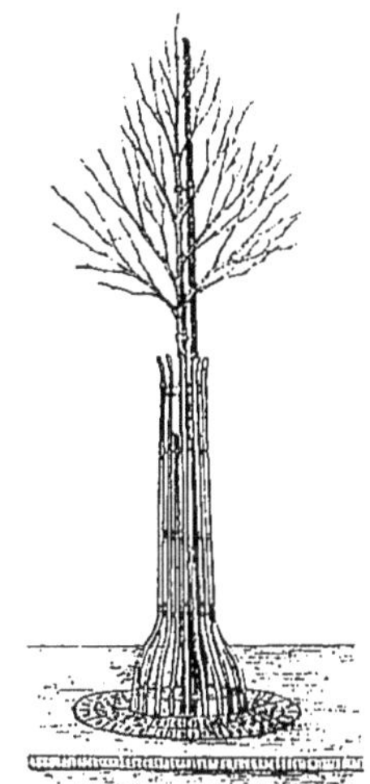

Fig. 67. — Jeune arbre entouré de son corset reposant sur la grille.

Les tuteurs placés obliquement et n'ayant qu'un point d'attache à la tige de l'arbre ne remplissent pas leur but aussi favorablement.

Attaches. — L'arbre doit être maintenu solidement au tuteur à l'aide de fil de fer galvanisé, et de paillons ou tresse, ou mieux à l'aide de colliers spéciaux. Dans aucun cas le fil de fer de la ligature ne doit être en contact direct avec la tige; il devra toujours y avoir entre l'arbre et la ligature des tampons ou coussinets en cuir, caoutchouc, paille ou jonc assez épais pour préserver de tous frottements, qui détermineraient des plaies sur l'écorce.

Les colliers spéciaux (dits colliers Durand) généralement employés dans le service des plantations à Paris remplissent assez bien toutes les conditions demandées : durée, solidité et facilité d'emploi.

Ces colliers sont munis d'une lame de fer galvanisée, ou de zinc de 0^{m},03 de largeur et de 10, 20 ou 30 centimètres de longueur selon le numéro du collier. Cette lame de métal est garnie d'un côté d'une tresse en paille ou en jonc suffisamment épaisse, large et longue pour bien préserver l'arbre de tout contact avec le métal.

Plusieurs fils de fer, deux ou trois, selon la force que doit avoir l'attache, sont réunis contournés ensemble et formant le lien à l'aide duquel le collier enserre l'arbre et le tuteur.

La boucle ou ligature doit toujours être faite du côté du tuteur.

D'autres colliers formés de rondelles de feutre épais, au centre desquelles passe le lien qui sert d'attache, sont également bons et durables.

On se sert aussi quelquefois de cuir épais, ou de caoutchouc taillé en lanière assez large et longue pour bien entourer la tige.

En général, trois ou quatre attaches suffisent à un jeune arbre en bon état pour le fixer assez solidement selon le besoin après son tuteur.

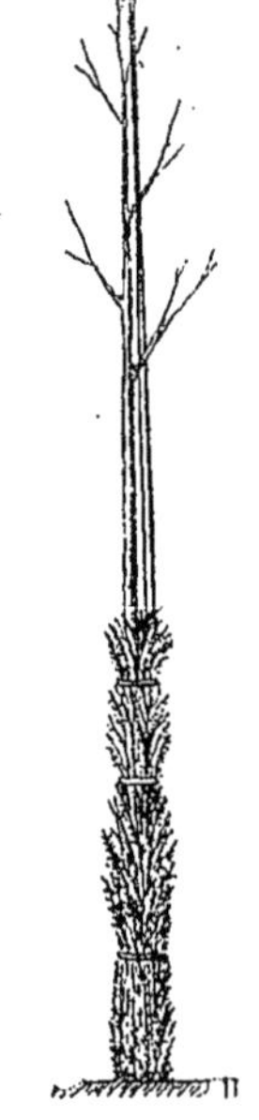

Fig. 68. — Branchages ou rameaux épineux entourant la tige d'un arbre.

Surveillance des Attaches. — Chaque année les attaches des arbres doivent être visitées et complétées selon le besoin : on supprimera celles qui deviendront inutiles, on remplacera celles qui seront détériorées ou qui deviendront trop étroites par suite du grossissement de la tige.

Lorsque la vérification annuelle des attaches est négligée, on constate alors, les années suivantes, que les tiges des jeunes arbres sont étranglées par les liens qui devraient les maintenir (fig. 66).

L'enlèvement du tuteur doit se faire lorsque l'enracinement du jeune arbre est suffisant pour lui permettre de résister aux vents, habituellement deux ou trois années après la plantation, et lorsque sa tige et son prolongement n'ont plus besoin d'être maintenus pour conserver une direction bien verticale.

§ III. — CORSET, ENTOURAGE OU ARMATURE.

L'entourage, qui doit être posé aussitôt la plantation faite, a pour but de mettre la tige de l'arbre à l'abri des blessures occasionnées par les accidents ou la malveillance.

Dans les plantations de Paris, le corset le plus habituellement en usage est en fer : il a environ $2^m,20$ de hauteur; il est formé de deux parties qui, rapprochées, constituent un cylindre de $0^m,30$ de diamètre ; la base, plus évasée, forme un tronc de cône de $0^m,50$ environ de diamètre.

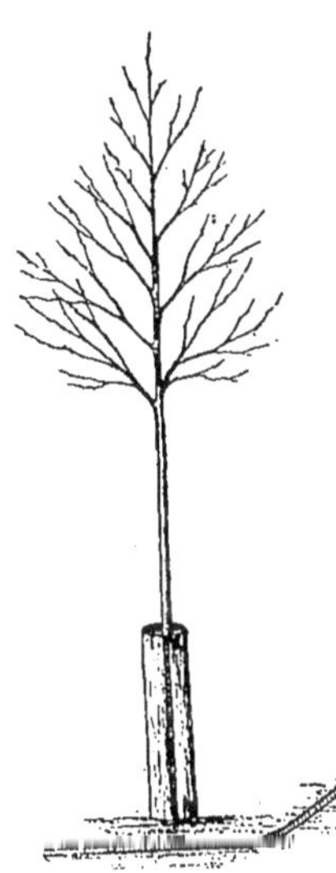

Fig. 69. — Entourage temporaire en tôle ou autre métal résistant préservant la base de la tige d'un arbre.

Ce corset ordinaire est formé de seize ou vingt-quatre lattes en fer élégi, fixées, rivées sur plusieurs demi-cercles; huit des lattes atteignent la hauteur totale, et huit ou seize atteignent seulement $1^m,60$ de hauteur.

Le cercle de la base du corset à la partie élargie doit être en fer cornière assez résistant, parce que c'est la partie de l'entourage qui reçoit le plus de chocs et qui fatigue le plus.

Pose. — Le corset doit être fixé de manière que sur aucun point il ne soit en contact avec l'arbre ; il sera attaché solidement après le tuteur par le cercle situé à sa partie supérieure.

Ce cercle doit être garni d'une forte tresse en paille ou en jonc, afin de prévenir toute blessure à la tige.

La partie inférieure des lames repose ou sur le sol, dans lequel elle est alors légèrement enfoncée, ou sur la grille qui entoure le pied de l'arbre (fig. 67). Les lames de la base du corset devraient être disposées de manière à pouvoir toujours pénétrer dans les vides de la grille, de façon à être ainsi mieux fixées et plus solidement maintenues.

Il existe des entourages ou armures de différentes dimensions et formes. On employait autrefois des corsets de lattes en bois, au nombre de six, neuf ou douze fortement recourbées à leur base et réunies par des liens en bois formant cercles, attachés avec des fils de fer.

On remplace quelquefois le corset par des rameaux de végétaux épineux, de prunellier par exemple. Ces rameaux sont maintenus après la tige de l'arbre par des liens serrés et suffisants pour les fixer solidement dans toute leur longueur (ce procédé n'est guère usité qu'en dehors des villes sur les routes) (fig. 68).

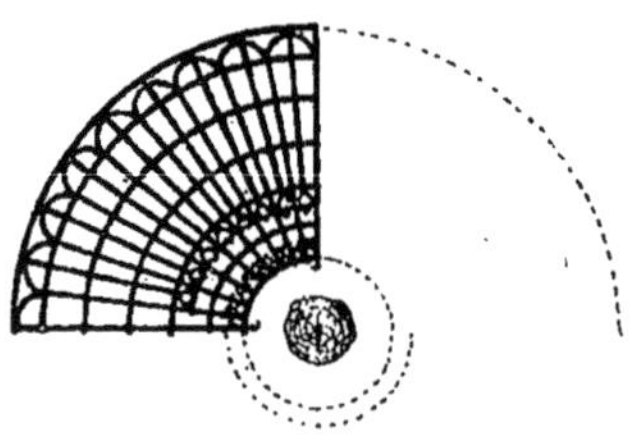

Fig. 70. — Grille, panneau détaché.

Dans Paris, où l'on remarque sur un assez grand nombre de voies que les arbres sont en mauvais état, dépérissant surtout par suite des plaies et blessures nombreuses, des contusions fréquentes faites à leurs tiges, par exemple sur les emplacements où se tiennent régulièrement les fêtes foraines, les marchés, les stations de voitures, etc., les corsets devraient être maintenus aux arbres même âgés : on diminuerait ainsi très notablement l'importance d'une des causes principales du dépérissement des arbres placés dans ces conditions spécialement défavorables.

Entourage temporaire. — Un corset qu'on pourrait appeler corset-cuirasse, qui aurait à peu près la forme d'un cylindre formé de deux pièces de tôle ou autre métal solide, se rapprochant et ayant les dimensions nécessaires pour entourer les tiges d'arbres jusqu'à 1 mètre de hauteur au moins, serait bien d'une grande utilité dans certains cas pour préserver des blessures souvent très graves (fig. 69).

Ce système de protection temporaire devrait être obligatoire pendant le temps nécessaire sur les voies plantées là où l'on fait des dépôts et des apports de matériaux pour les travaux, les constructions ou réparations faites en bordure de ces voies.

§ IV. — GRILLES.

Utilité. — Les grilles qu'il convient de placer autour du pied des arbres d'alignement dans les villes sont utiles parce que, en empêchant le durcissement de la surface du sol par les piétons, elles favorisent la végétation en facilitant l'accès de l'air et de l'eau aux racines des jeunes arbres nouvellement plantés.

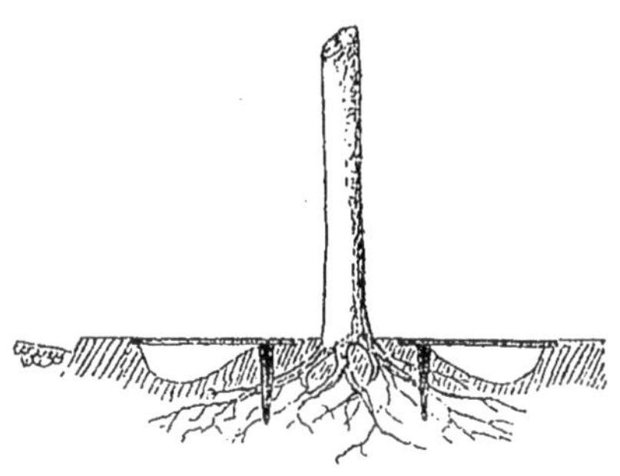

Fig. 71. — Grille posée, cuvette bien faite.

Ces grilles sont surtout indispensables et doivent être permanentes pour faciliter l'accès de l'air et de l'eau dans le sol, là où les arbres se trouvent plantés sur des trottoirs ou des emplacements recouverts de bitume, dallage, ou de tout autre revêtement interceptant la circulation de l'air et de l'eau.

Sur les voies où le sol n'est pas recouvert d'un revêtement, mais où la circulation journalière est très active, on constate bientôt que la surface de la terre se trouve durcie au point d'être, on peut le dire, presque complètement impénétrable à l'eau et à l'air; les grilles au pied des arbres seront donc aussi nécessaires sur ces emplacements.

Enfin, ces grilles facilitent la circulation en recouvrant les cuvettes nécessaires pour l'arrosage des arbres.

Les grilles en fonte généralement employées sont de forme circulaire et ont un diamètre qui varie entre 1 et 2 mètres.

Elles sont formées : les moins grandes, de deux parties ou panneaux, et les grandes, de quatre panneaux qui, réunis, laissent au centre une ouverture qui varie entre 0m,40 et 0m,90 de diamètre ; elles sont utilisées, selon leur grandeur, en raison du diamètre de la tige de l'arbre, et aussi, dans quelques circonstances, selon que la ligne de plantation est plus ou moins rapprochée de la bordure du trottoir.

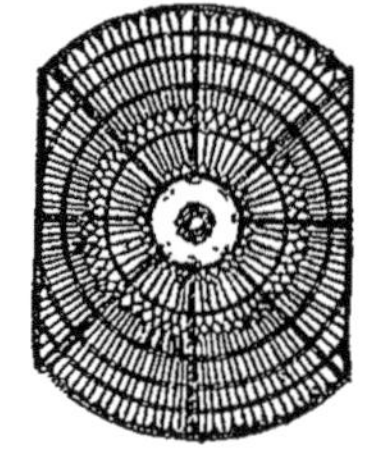

Fig. 72. — Grille à pans coupés.

Pose. — La grille doit toujours être posée de manière à se trouver au niveau de la surface du sol ou du trottoir sur lequel elle est placée.

Pour être assez solidement maintenue à la hauteur voulue, elle doit reposer, selon que la grille est à deux ou quatre panneaux (fig. 70), sur quatre ou huit piquets disposés de manière qu'ils se trouvent juste au-dessous des jonctions des panneaux, les uns près du pourtour, les autres près de l'ouverture centrale.

Le sol recouvert par la grille doit être creusé en forme de cuvette dont la partie la plus creuse doit être aussi éloignée que possible du pied de l'arbre, qui se trouve entouré d'un petit amas de terre remplissant le vide central et arrivant à la hauteur de la grille (fig. 71).

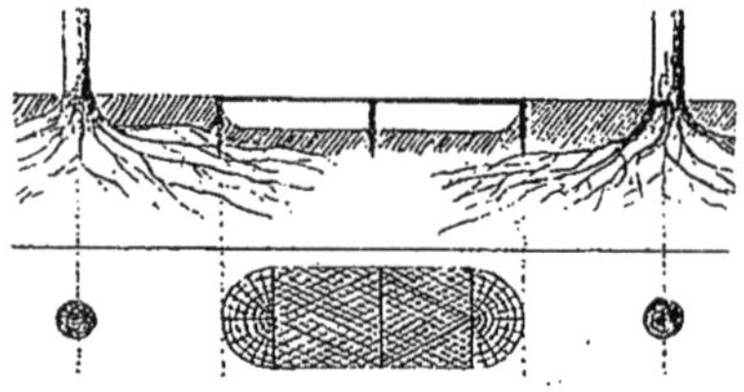

Fig. 73. — Cuvette intermédiaire recouverte de grille facilitant l'arrosage et l'aération du sol.

On utilise selon le besoin des grilles à panneaux coupés là ou les arbres se trouvent trop près de la bordure du trottoir, et là où la grille de forme ordinaire ne peut être placée (fig. 72).

Il est toujours avantageux pour la végétation des arbres d'avoir des grilles du plus grand diamètre possible, qui facilite d'autant mieux l'aération du sol et l'arrosage.

Pour les plantations anciennes, il serait dans bien des cas très utile d'installer des grilles intermédiaires entre les arbres dans la ligne de plantation (fig. 73), là où elles permettraient un arrosage bien profitable et l'utilisation facile des engrais nécessaires à l'entretien de la végétation de ces arbres.

Grilles spéciales. — Des grilles spéciales à surface pleine couverte (fig. 74), dites grilles Masson (fig. 75), sont avantageusement utilisables sur certains emplacements où les arbres sont parfois soumis à des causes spéciales de dépérissement; là où le sol sous les grilles ordinaires se trouve trop fréquemment inondé d'eau par suite des lavages journaliers, en toute saison, des trottoirs ou de toute autre cause (comme autour des halles de Paris, certains marchés, par exemple), et là où il peut s'écouler des liquides nuisibles à la végétation.

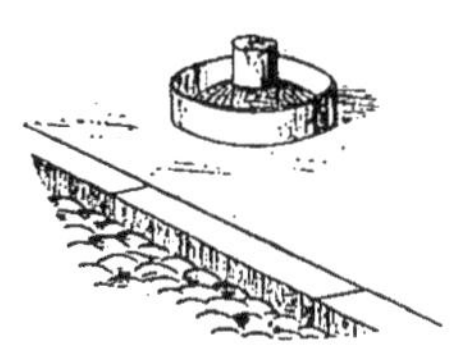

Fig. 74. — Grille à surface pleine (dite Masson) recouverte par le bitume.

§ V. — DRAINAGE D'IRRIGATION.

Le drainage d'irrigation est une installation qui permet l'arrosage des arbres par l'accès direct de l'eau, qui est amenée dans le sol à l'aide de tuyaux de natures diverses, de pierrées, etc., etc.

Tuyaux en terre cuite. — Le système d'irrigation généralement employé dans Paris est constitué par des tuyaux en terre cuite placés dans le sol de manière à former un rectangle d'environ 3 mètres de longueur sur 2^{m},20 ou 2^{m},30 de largeur autour des arbres, à une profondeur de 0^{m},35. On ne doit procéder à la pose du drainage que lorsque le sol n'est plus sujet au tassement (fig. 76).

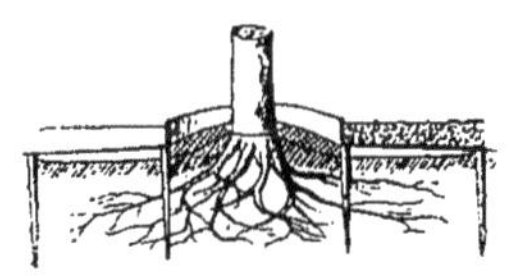

Fig. 75. — Grille à surface pleine, « coupe transversale ».

Pose. — La pose de ce drainage se fait en ouvrant une petite tranchée de $0^m,25$ de largeur sur $0^m,35$ de profondeur, bien horizontale, bien unie.

Les tuyaux employés sont de $0^m,32$ de longueur, mais de dimensions différentes comme diamètre (fig. 77) ; les plus petits, de $0^m,05$ à $0^m,07$ de diamètre intérieur, sont posés bout à bout, de façon à laisser $0^m,10$ à $0^m,12$ d'intervalle entre eux, et ils sont reliés par des tuyaux formant manchon, ayant un diamètre intérieur de $0^m,08$ à $0^m,11$ et laissant un vide annulaire de $0^m,003$ environ entre les parois extérieures des petits tuyaux, de manière à faciliter la sortie de l'eau des drains dans le sol.

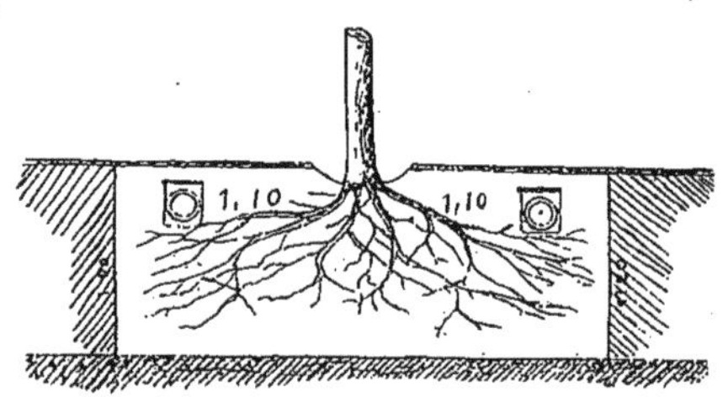

Fig. 76. — Drainage posé. Largeur, $1^m,20$; profondeur, $0^m,30$. « Coupe transversale. »

Les angles du rectangle sont formés par des tuyaux (manchons) coudés à angle droit (fig. 78).

Les tuyaux doivent être entourés d'une couche de petit gravier, environ $0^m,02$ d'épaisseur, pour faciliter la sortie de l'eau en empêchant la terre dont ils sont recouverts de s'infiltrer intérieurement.

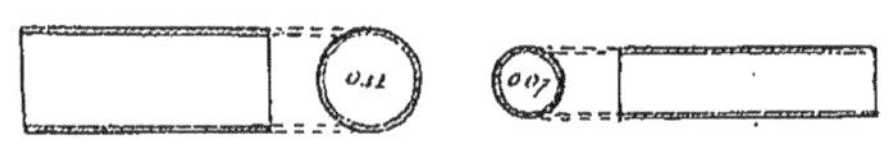

Fig. 77. — Tuyaux en terre cuite pour drainage. « Manchon — petit tuyau. »

L'introduction de l'eau dans les drains se fait par un tuyau en forme de ⊥ renversé prenant au centre d'un des côtés du rectangle (fig. 79), relevé obliquement vers la base de l'arbre et prolongé jusqu'à $0^m,15$ au-dessous du sol.

L'orifice est fermé par un bouchon en terre cuite, qui est luimême recouvert de terre et découvert seulement pendant l'opération de l'arrosage (fig. 80).

Ce tuyau d'introduction de l'eau serait avantageusement remplacé par un récipient spécial, fixé au niveau du sol, au-dessus de la ligne de drains, et muni d'un couvercle en fonte faisant fermeture.

Ce système de drainage est assez durable lorsque l'installation a été bien faite; toutefois il y a avantage à utiliser des tuyaux d'un diamètre plus grand, les petits ayant 0^m,07 de diamètre intérieur, et les manchons 0^m,11.

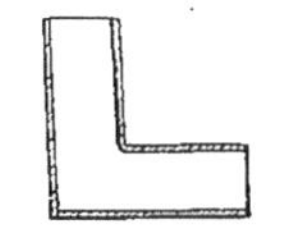
Fig. 78. — Manchon coudé pour angles.

Les drainages sont isolés ou accouplés, c'est-à-dire que les arbres ne peuvent être arrosés que soit isolément, soit par deux au plus.

Les drains accouplés sont alors mis en communication entre eux par la prolongation de la ligne des drains opposés au trottoir ou par une conduite reliant les drains dans le sens de la ligne de plantation. Les drains isolés ou accouplés seulement par deux sont préférables (fig. 81).

Les drainages accouplés sur une longue étendue présentent souvent des inconvénients, car la répartition de l'eau ne se fait pas toujours régulièrement dans toute l'étendue des drains; de plus, la répartition voulue de l'eau en raison des besoins individuels des arbres ne peut pas se faire. D'autre part, dans les terrains inclinés ce mode d'installation ne donnerait pas les résultats voulus, à cause de la différence de profondeur à laquelle devrait se trouver dans le sol les tuyaux de la partie haute et ceux de la partie basse du terrain pour conserver l'horizontalité toujours nécessaire à l'installation pour un bon fonctionnement.

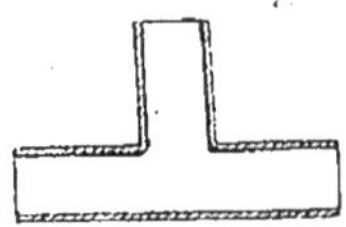
Fig. 79. — Manchon en forme de T pour l'introduction de l'eau.

Tuyaux flamands. — On utilise aussi pour l'irrigation des tuyaux en bois créosotés, dits tuyaux flamands.

Dans ce système de drainage, les drains en terre cuite sont remplacés par des conduits en bois qui ont environ 0^m,15 d'équarrissage ; au centre est creusée une gouttière qui a 0^m,08 de profondeur (fig. 82).

Ce canal est recouvert d'une planche formant couvercle et vissée ou clouée sur les bords.

Quatre de ces conduits sont rassemblés de manière à former un rectangle de la dimension qu'on veut donner au drainage, habituellement 3 mètres de longueur sur 2 mètres de largeur (fig. 83).

L'eau est introduite par l'orifice d'un conduit amené à la surface du sol et recouvert d'un récipient en fonte (fig. 84 et 85). Pour permettre à l'eau de s'écouler extérieurement, le fond de ces conduits est percé tous les 0m,10 de trous ronds de 0m,03 de diamètre; ils reposent au fond de la tranchée sur un petit lit de cailloux qui facilite l'écoulement de l'eau (fig. 86).

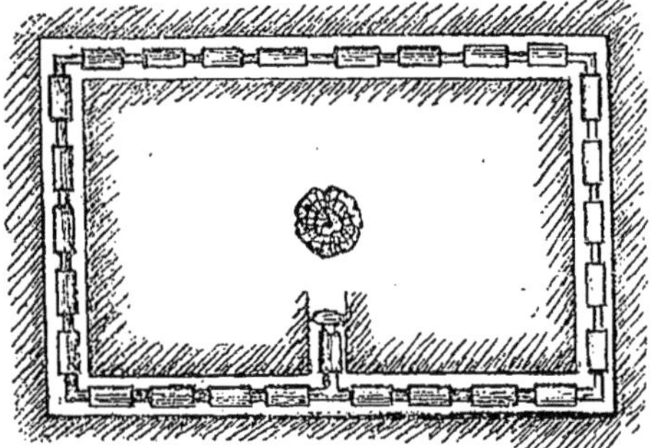

Fig. 80. — Drainage posé, simple, en terre cuite. « Longueur, 3 mètres; largeur, 2m,20; profondeur, 0m,30. »

Avantages et Inconvénients des Drainages. — Les différents systèmes de drainage qui servent à l'arrosement doivent aussi servir à l'aération du sol.

Ils rendent des services là où les cuvettes nécessaires pour l'arrosage ne peuvent être établies par suite des revêtements du sol ou de toute autre cause; ils donnent de bons résultats tant que leur fonctionnement est régulier.

L'expérience démontre que dans Paris, malgré toutes les précautions prises lors de l'installation, les drainages fonctionnent rarement assez longtemps régulièrement : ou la circulation de l'eau ne se fait plus, ou la répartition se fait mal, et la constatation n'en est pas facile. La quantité d'eau donnée n'est pas toujours suffisamment appréciable.

Le mauvais état de fonctionnement résulte de causes diverses nombreuses, soit par suite du dérangement des drains, résultant ou du tassement irrégulier du sol ou des travaux de terrassements exécutés trop à proximité, et aussi de l'obstruction des tuyaux par la terre ou les racines des arbres.

L'installation du drainage d'irrigation pourrait dans bien des cas être avantageusement remplacée par l'établissement de cuvettes intermédiaires qui seraient recouvertes de grilles. (Voir le chapitre : Arrosement des arbres âgés.)

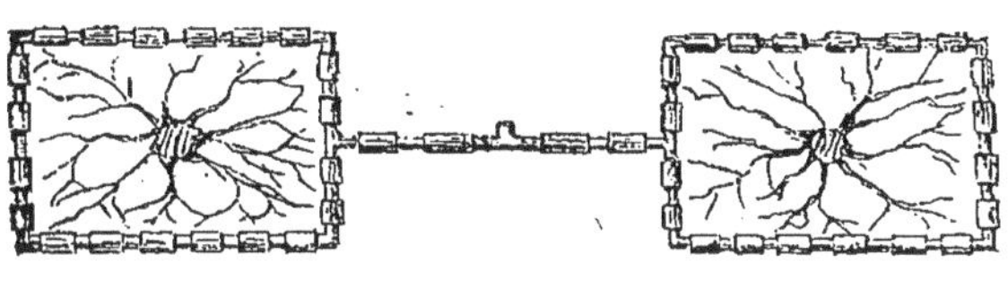

Fig. 81. — Drainage accouplé. « Tuyaux en terre cuite. »

Drainage d'Assainissement. — Dans les sols où, par suite de l'imperméabilité du sous-sol, il y a excès d'humidité stagnante capable de déterminer la pourriture des racines des arbres et leur dépérissement, on fait l'installation nécessaire de drains, à la profondeur voulue, environ 1m,20 à 1m,30, pour faciliter l'écoulement de l'eau, soit dans les égouts, soit dans une partie de terrain où la perméabilité est permanente (fig. 87).

§ VI. — SOINS DE CULTURE POUR FACILITER LA REPRISE DES ARBRES NOUVELLEMENT REPLANTÉS.

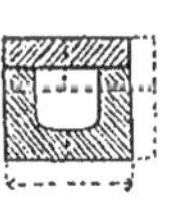

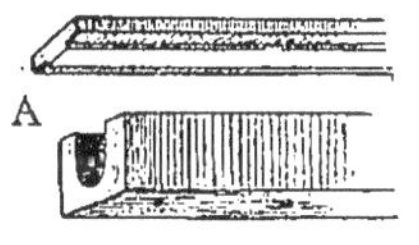

Fig. 82. — Tuyaux de drainage en bois. « Canal et son couvercle coupe transversale. »

Il est bien certain que les jeunes arbres nouvellement replantés reprennent d'autant plus sûrement et vigoureusement, que le travail de déplantation et de replantation aura été mieux exécuté, selon les règles et conditions indiquées; que le sol sera mieux entrenu dans l'état le plus favorable à la végétation par les soins nécessaires judicieusement donnés.

La première année de plantation, les premiers soins de culture consistent à donner très attentivement les arrosages utiles pour empêcher le déssèchement du sol, mais aussi de facon à éviter d'entretenir un excès d'humidité stagnante capable de déterminer la pourriture des racines, qui est surtout à redouter dans les terres fortes reposant sur un sous-sol imperméable, pour les arbres nouvellement plantés, alors qu'ils ne montrent pas encore une évolution active suffisante de nouvelles pousses.

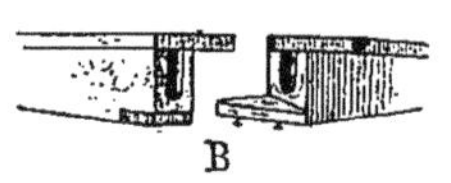

Fig. 83. — Tuyaux en bois. « Assemblage des angles. »

Pendant l'été, pendant le développement des nouveaux rameaux, les jeunes arbres nouvellement plantés dans un sol perméable, un peu sec, peuvent avoir besoin d'être arrosés tous les huit ou dix jours; ceux plantés dans un sol un peu fort, tous les quinze ou vingt jours, selon l'état du sol, la température et le développement du sujet.

Le bassinage de la partie foliacée est une excellente opération qui facilite la reprise vigoureuse.

Le bassinage pourra être appliqué le soir et le matin pendant les fortes chaleurs et produira ainsi les meilleurs effets.

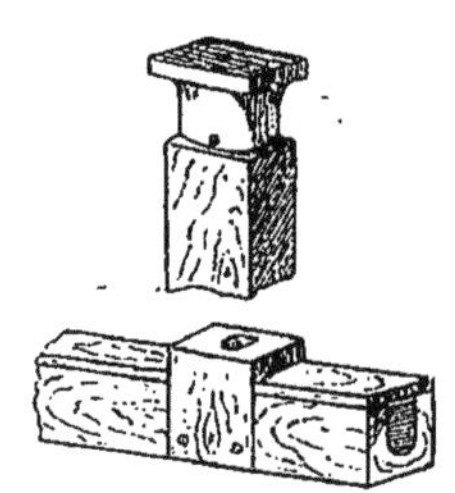

Fig. 84. — Récipient en fonte pour l'introduction de l'eau.

La surface du sol au pied de l'arbre sera entretenue bien meuble par les binages nécessaires pour être toujours facilement perméable à l'air et à l'eau.

Enfin, le jeune arbre nouvellement planté sera toujours bien maintenu par son tuteur, sans qu'il y ait frottement et par suite blessure de la tige.

§ VII. — SOINS D'ENTRETIEN.

Les soins d'entretien des plantations d'alignement consistent à donner aux arbres, selon le besoin, les arrosages et fumures nécessaires pour entretenir le sol dans des conditions favorables à la végétation et à pratiquer en temps utile les opérations de tailles et d'élagages nécessaires pour faciliter le développement régulier voulu de leur charpente et sa conservation en bon état pendant la plus longue période de temps possible.

Les soins de culture, les arrosages particulièrement, ne peuvent être judicieusement donnés que si on connaît bien la nature, l'étendue et l'état du sol et du sous-sol de l'emplacement et les exigences particulières aux essences.

Fig. 85. — Coupe du récipient en fonte avec son couvercle.

Arrosages. — Les arrosages doivent avoir pour but de donner aux arbres, en temps utile, l'eau nécessaire à leur végétation ; la quantité d'eau qu'il est nécessaire de donner pour entretenir l'humidité convenable, l'époque et la fréquence des arrosages, ne peuvent être déterminées d'une manière absolue.

Les arrosages doivent être donnés selon les besoins, et les besoins varient selon les essences, l'état de la végétation, la nature du sol, du sous-sol et la température.

Les arbres plantés depuis peu d'années auront besoin d'être arrosés plus fréquemment et plus tard en saison que les arbres anciennement plantés (toutes autres conditions égales).

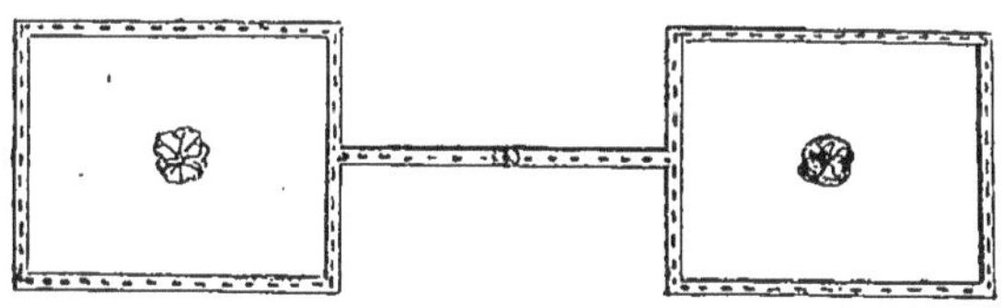
Fig. 86. — Drainage en bois, vu dessous.

Les arbres dont les racines sont superficielles devront être arrosés plus fréquemment que ceux dont les racines sont profondément enfoncées dans le sol.

Les arbres à végétation rapide ont généralement besoin de plus d'eau que les arbres à végétation lente.

Époques d'Arrosages. — Les arrosages sont surtout utiles au commencement de la végétation, au printemps, et pendant toute la période active du développement des arbres, pendant l'été, c'est-à-dire de mars en août.

Dans les villes généralement, et surtout à Paris, où le sol dans lequel s'étendent les racines des arbres se trouve placé dans des conditions particulières de sécheresse, sauf quelques rares exceptions, ne pouvant se saturer d'eau pendant l'hiver par suite du durcissement de la surface du sol, des revêtements des trottoirs, de l'enlèvement des neiges, il convient de faire l'arrosage des arbres avant le réveil de la végétation, aussitôt après les grands froids : en février-mars, par exemple, surtout pour les marronniers et les tilleuls, dont la végétation est très hative ; en avril pour les essences tardives (sophoras, robinias, ailante, etc).

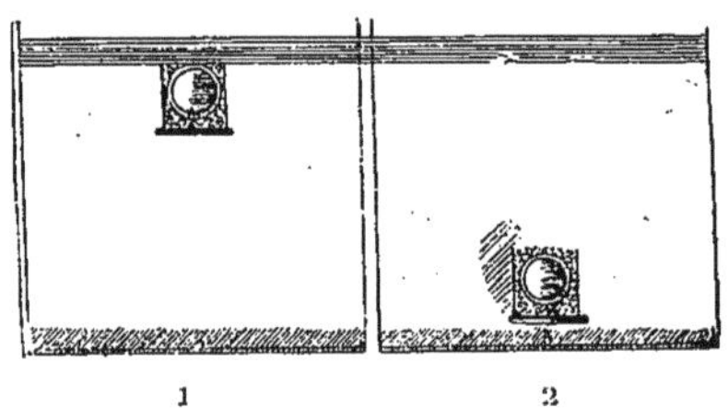

Fig. 87. — Drainages. — 1. Drainage d'irrigation. 2. Drainage d'assainissement.

Les arrosages devront se continuer selon le besoin pendant la période active de la végétation jusqu'en juillet-août et, dans quelques cas particuliers de sécheresse anormale, jusqu'à la fin de l'été au moment de l'arrêt de la végétation, à la chute des feuilles.

Quantité. — La quantité d'eau à donner en arrosage aux arbres doit varier avec l'étendue de terre occupée par les racines de ces arbres et la nature du sol et sous-sol.

Lorsque la terre est substantielle, assez forte (bonne terre franche), il convient de donner environ 100 litres d'eau par mètre cube de terre à saturer, un peu moins si la terre est très légère, siliceuse.

Un jeune arbre de quelques années de plantation, dont les racines occupent seulement 1 mètre cube de terre ordinaire, pourra être arrosé avec 100 litres d'eau.

Un arbre âgé dont les racines occupent 10 à 12 mètres de terre pourra avoir besoin de 1,000 à 1,200 litres d'eau.

En procédant à l'arrosage d'un arbre, on doit toujours donner la quantité d'eau nécessaire pour pénétrer tout le sol dans lequel s'étendent les racines de cet arbre, de manière à bien atteindre toutes les extrémités des racines.

Dans les terrains légers, on évitera les arrosages trop copieux, qui constitueraient de véritables lavages du sol. On arrosera moins abondamment mais plus fréquemment dans les sols légers et peu profonds que dans les sols compacts, profonds.

Fréquence. — Les arrosages seront d'autant plus fréquents que l'arbre sera plus exigeant sur l'état constant d'humidité du sol, qu'il fera plus chaud et plus sec et que le sol sera plus léger et plus perméable.

Les arbres plantés sur un sous-sol imperméable devront être arrosés moins fréquemment.

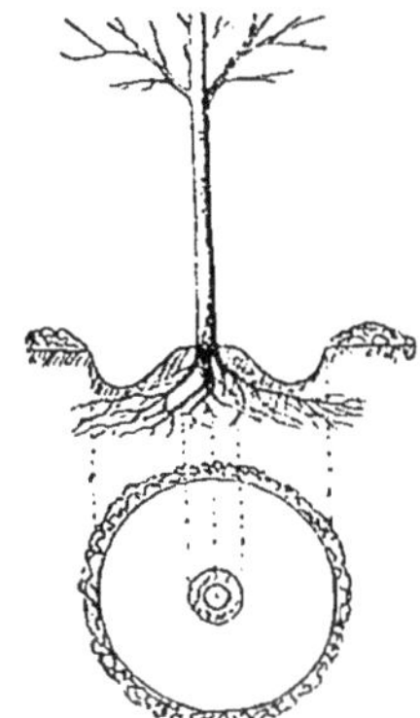

Fig. 88. — Cuvette bien faite, plus creuse vers son plus grand diamètre.

Parmi les arbres d'alignement généralement employés, les plus exigeants au point de vue de l'entretien de l'humidité du sol sont : les platanes, les pterocaryas, les aunes, les peupliers.

Dans des conditions déterminées, comme dans Paris, ces arbres pourront avoir besoin d'être arrosés tous les quinze ou vingt jours. Placés dans les mêmes conditions, les tilleuls, les frênes, les marronniers pourront avoir besoin d'être arrosés tous les vingt ou vingt-cinq jours, et les vernis du japon, les paulownias, les ormes, les érables, les robinias, les noyers, les sophoras, tous les trente ou quarante jours.

Les arbres nouvellement transplantés, jeunes ou âgés, à racines nues ou en mottes, devront être particulièrement surveillés au point de vue de l'arrosage, qui devra être fait en temps utile et quantité suffisante pour prévenir le dessèchement du sol autour des racines, mais aussi cependant de manière à ne pas entretenir un excès d'humidité stagnante.

Il est généralement favorable à la végétation qu'il y ait des variations dans l'état d'humidité du sol [1].

Modes d'Arrosages. — L'arrosage se fait au moyen de cuvettes plus ou moins larges, circulaires ou elliptiques, établies au pied des arbres, ou bien il s'opère à l'aide d'une installation de drains placés de manière à faire arriver directement l'eau dans le sol à la profondeur et distance voulues, autour de l'arbre, là ou doivent se trouver les racines (voir drainage, p.).

Dimensions des Cuvettes. — Pour que l'arrosage des arbres puisse être utilement fait, l'eau d'arrosage doit atteindre les extrémités des racines; la dimension des cuvettes doit donc être proportionnée à l'étendue du terrain dans lequel s'étendent les racines de l'arbre qu'on veut arroser.

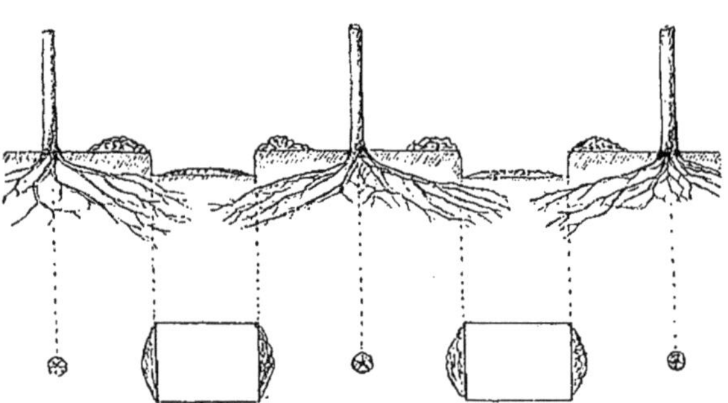

Fig. 89. — Cuvettes intermédiaires temporaires. Longueur, 2 mètres ; largeur, 1m,50 ; profondeur, 0m,10 ; terre extraite mise en bourrelet sur le pourtour, 0m,10.

Ordinairement l'extrémité des racines des arbres se trouve dans le sol jusqu'en dehors du diamètre couvert par les branches.

Pour les arbres encore jeunes, de cinq à dix ans de plantation, des cuvettes de 1m,50 à 2 mètres de diamètre peuvent suffire ; elles devront avoir 3 à 4 mètres et plus, selon le besoin, pour les grands arbres âgés.

1. — Il paraît résulter d'observations assez nombreuses et variées que, pour entretenir en assez bon état de végétation des arbres, d'une manière générale, le sol doit contenir 15 à 30 0/0 d'eau.

Les sols argileux ont besoin de contenir plus d'eau que les sols siliceux pour entretenir un même état favorable de végétation.

Ces cuvettes doivent être creusées de $0^m,10$ à $0^m,12$ dans le sol autour du pied de l'arbre, et la terre extraite mise au pourtour pour former bourrelet, de manière à leur donner une profondeur de $0^m,20$ à $0^m,25$.

La partie la plus creuse de la cuvette devra se trouver vers son plus grand diamètre, afin que la pénétration de l'eau dans le sol se fasse plutôt en s'éloignant du pied de l'arbre, se dirigeant vers l'extrémité des racines (fig. 88).

L'eau est amenée dans les cuvettes ou dans les drains à l'aide de tuyaux communiquant avec la canalisation souterraine installée à proximité des plantations, ou à l'aide de tonneaux.

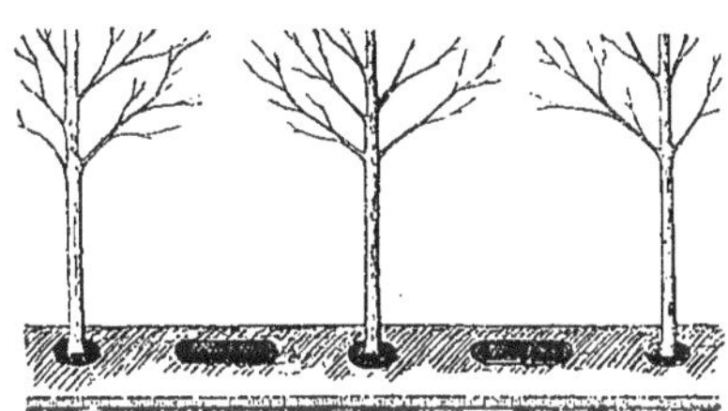

Fig. 90 — Cuvettes intermédiaires recouvertes de grilles permanentes pour faciliter l'arrosage et l'aération du sol aux emplacements convenables.

Habituellement, dans Paris, où une grande partie des arbres d'alignement sont munis de grilles permanentes, l'arrosage se fait dans la cuvette établie sous la grille autour du pied de l'arbre.

Ces cuvettes ont une profondeur de $0^m,20$ environ et un diamètre qui varie entre 1 et 2 mètres selon la grandeur de la grille.

Ce mode d'arrosage est suffisant, donne de bons résultats lorsque l'arbre est jeune et que ses racines ne sont pas encore éloignées du collet, mais il est insuffisant pour les arbres âgés dont les extrémités des racines sont très éloignées du tronc.

Pour arroser efficacement les arbres âgés, il est utile de procéder à l'installation de cuvettes intermédiaires établies entre les arbres dans l'axe de la ligne de plantation là où se trouve certainement la plus grande quantité de racines.

Ces cuvettes auront la forme d'un rectangle ayant 2 mètres de longueur sur $1^m,50$ de largeur (fig. 89).

La terre extraite sur $0^m,10$ seulement d'épaisseur sera placée pour former bourrelet au pourtour, afin de donner à la cuvette une profondeur de $0^m,20$ environ; le fond devra être bien horizontal, et elles devront être remblayées aussitôt après l'arrosage.

Cuvettes intermédiaires permanentes. — Dans les villes où la circulation est très active et où l'établissement de cuvettes intermédiaires temporaires nécessaires pour l'arrosage convenable des vieux arbres présente des inconvénients, il conviendrait d'établir des cuvettes permanentes qui seraient alors recouvertes de grilles, qui laisseraient toujours la circulation libre.

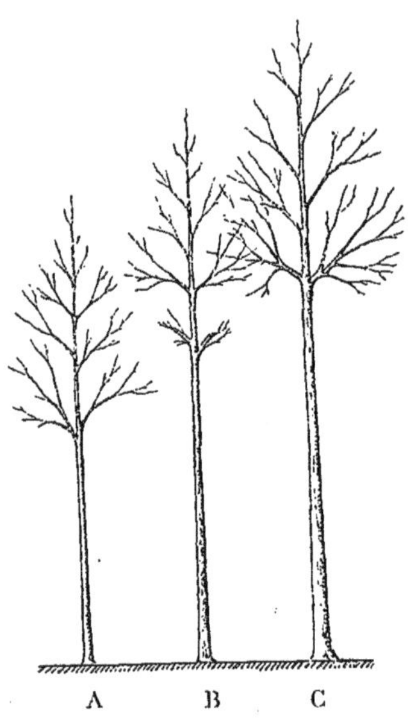

Fig. 91. — Jeunes sujets à différents états de formation. — A. Jeune sujet ayant encore des branches placées trop bas sur la tige. B. Jeune sujet auquel on a raccourci, puis commencé d'enlever les branches placées trop bas sur la tige. C. Jeune sujet ayant la hauteur de tige voulue sans branches.

Ces cuvettes intermédiaires, qui faciliteraient l'arrosage en temps utile sur les emplacements les plus favorables, permettraient aussi l'aération du sol, qui fait presque toujours défaut dans les villes, et procureraient ainsi des conditions plus favorables, qui donneraient une durée plus longue à la végétation en bon état des arbres (fig. 90).

L'intallation de cuvettes intermédiaires permanentes recouvertes de grilles spéciales suppléerait avantageusement, dans un grand nombre de cas, aux drainages d'irrigation; de plus, elle faciliterait l'emploi des engrais organiques utiles, pour prolonger la végétation des arbres dans les sols épuisés ou insuffisants.

CHAPITRE IV

FORMES A DONNER AUX ARBRES DES PLANTATIONS D'ALIGNEMENT

§ I. — FORMATION.

Les formes diverses que peuvent présenter les différentes essences d'arbres d'alignement doivent être envisagées surtout au point de vue de l'utilité et de l'ornementation, c'est-à-dire de l'ombrage, qui peut être obtenu plus rapidement, plus complet et plus durable selon les formes et dimensions, et de l'effet plus ou moins agréable qui peut résulter d'une forme et dimension mieux en harmonie avec l'emplacement en raison du but à atteindre.

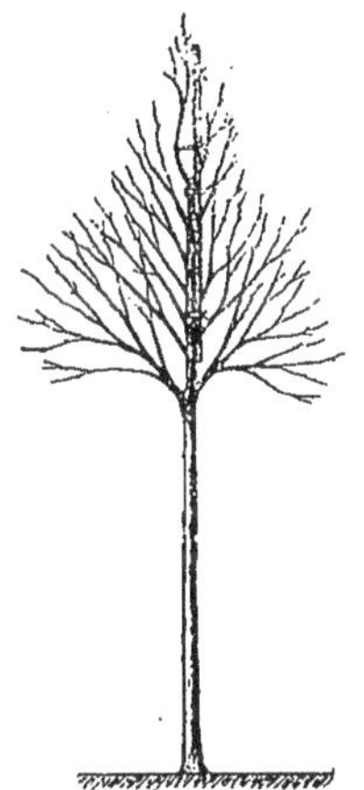

Fig. 92. — Reformation de la flèche d'un arbre, « branche supérieure redressée et attachée au tuteur ».

Ces conditions seront toujours plus facilement remplies, et le but mieux atteint, lorsque, par suite du choix judicieux des essences, on n'aura, pour ainsi dire, qu'à maintenir aux arbres leur forme et leur développement normal, les opérations utiles consistant alors simplement à aider la nature à régulariser leur développement naturel.

Formation de la Charpente des Arbres. — Les plantations d'alignement doivent être constituées par des arbres présentant une forme agréable et remplissant bien les conditions cherchées : ornementation, ombrage et longue durée en bon état ; ils doivent présenter une tige droite, saine, une charpente bien équilibrée et bien proportionnée à leur hauteur.

C'est pendant que les arbres sont jeunes qu'on doit aider à la formation voulue de leur tige et de leur charpente par l'application des tailles utiles méthodiques pour maintenir la régularité et l'équilibre dans leur développement.

Il faut prévenir des déformations possibles afin d'éviter d'avoir à les rectifier plus tard. Les branches trop vigoureuses doivent être maintenues, les branches faibles favorisées.

C'est aussi par des opérations de taille et d'élagage judicieusement pratiquées en temps utile, qu'on peut entretenir et prolonger le plus longtemps possible ces arbres dans la forme, l'état et les dimensions nécessaires pour ce genre de plantations.

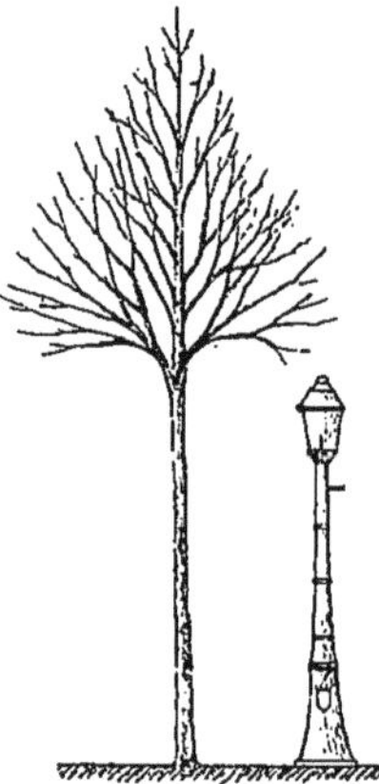

Fig. 93. — Jeune arbre avec hauteur de tige voulue, dégageant bien la ligne de feu « bec de gaz ».

S'il est certain que des arbres se trouvant dans des conditions naturelles favorables au point de vue du sol, du milieu extérieur, de la lumière, pouvant se développer librement, se forment généralement bien, sont très beaux et ont une longue durée sans avoir à subir d'opérations de taille ou d'élagage ; s'il est vrai en principe que l'élagage n'est pas utile au développement des arbres, il faut bien reconnaître que les arbres plantés en alignement dans les villes, particulièrement à Paris, ne se trouvent pas toujours, à beaucoup près, dans les mêmes conditions favorables pour pouvoir se développer régulièrement et se maintenir longtemps en bon état.

Ils sont au contraire le plus souvent dans des conditions défavorables de végétation, provenant soit du sol, soit des conditions extérieures ; de plus, les dimensions et les formes obligatoires de ces arbres sont parfois soumises à des règles particulières pour des causes diverses locales.

Il est donc indispensable, dans ces circonstances, de pratiquer sur ces arbres les opérations de taille et d'élagage pour régulariser un développement qui peut être irrégulier à cause des conditions spéciales, et pour donner et maintenir les formes et les dimensions qui peuvent être exigées selon les emplacements et les situations en raison du but à atteindre.

Enfin il est parfois utile, pour la durée en bon état des plantations, de maintenir la charpente des arbres dans un développement en rapport avec l'étendue du sol dans lequel les racines peuvent s'étendre.

Tailles et Élagages. — En arboriculture, tailler un arbre, élaguer un arbre, sont des termes généraux qui ne spécifient pas chacun dans la pratique une opération particulière ; ils sont même assez souvent employés indifféremment l'un ou l'autre pour désigner une même opération.

Dans l'application, on désigne plus généralement, sous le nom de taille, les opérations de coupes faites pour la formation, l'entretien et la conduite des arbres et arbustes d'ornement et des arbres fruitiers, opération généralement pratiquée à la serpette ou au sécateur.

L'élagage d'un arbre est un terme surtout employé en sylviculture, où les opérations faites aux arbres ont principalement pour but de favoriser le développement recherché du tronc de l'arbre pour la production du bois en vue de son utilisation.

Ces opérations sont le plus souvent faites à l'aide de la serpe, de la hache ou de la cognée.

En arboriculture d'alignement, dont il s'agit ici, nous avons réservé le nom de taille aux différentes suppressions qui ont surtout pour but d'aider à la formation et au développement régulier et voulu des jeunes arbres, élagage aux suppressions nécessaires pour imposer aux arbres âgés une forme nouvelle ou modifier des dimensions ou proportions acquises.

En résumé, taille ou élagage comprennent dans leur ensemble toutes les suppressions faites à la charpente des arbres en vue de seconder la nature pour aider l'arbre à se bien développer, à se constituer assez régulièrement, ou lui imposer et maintenir des formes ou proportions spéciales en vue de remplir le rôle ou d'atteindre le but que nous désirons.

La taille méthodique des arbres d'alignement a pour objet d'abord de régler et diriger la formation de la charpente en facilitant un développement régulier entre ses parties, c'est-à-dire en maintenant les branches trop vigoureuses et en favorisant les faibles, puis ensuite de conserver, le plus longtemps possible, l'arbre dans les dimensions et l'état voulus.

Enfin la taille a aussi pour but d'assurer et maintenir un ensemble assez régulier, utile dans le développement des arbres d'une même avenue.

Les arbres d'alignement ne devraient être formés et maintenus qu'à l'aide de simples opérations de taille pratiquées en temps utile.

Toutes les essences ne supportent pas également toutes sortes de tailles, mais toutes peuvent supporter des opérations de taille rationnelles, judicieusement pratiquées, capables de diriger leur développement, lorsque ces arbres sont jeunes, sains et assez vigoureux.

En arboriculture, on dit qu'un arbre supporte bien la taille lorsque habituellement, à la suite du raccourcissement des branches, il naît assez régulièrement autour de la coupe, vers la partie supérieure, des rameaux nombreux.

Au contraire, on dit qu'un arbre n'aime pas la taille lorsque le plus souvent il ne naît pas de rameaux à la partie supérieure de la coupe, qui au contraire parfois se dessèche et meurt sur une longueur plus ou moins grande.

Il convient donc de connaître les essences qui se prêtent assez bien à la taille : ce sont particulièrement les tilleuls, les ormes et aussi les platanes. Les essences qui s'y prêtent moins bien sont : les noyers, les frênes, les robiniers communs, les paulownias et en général les essences à gros bois.

Parmi les arbres d'alignement utilisés dans les villes, le platane est l'essence qui réclame le plus de soins spéciaux de tailles et d'élagages à cause de sa croissance rapide, vigoureuse pendant sa jeunesse, s'élevant très vite d'une grande hauteur et ayant des tendances à se dégarnir, à se dénuder de la base.

Les précautions à prendre pour les arbres qui n'aiment pas la taille, c'est-à-dire qui ne redonnent qu'irrégulièrement des rameaux sur le vieux bois, consistent à faire les opérations nécessaires en temps utile, pendant que les arbres sont jeunes, sur de jeunes rameaux; plus tard, lorsque les tailles sont indispensables, on devra, autant que possible, faire les rapprochements sur un rameau de prolongement.

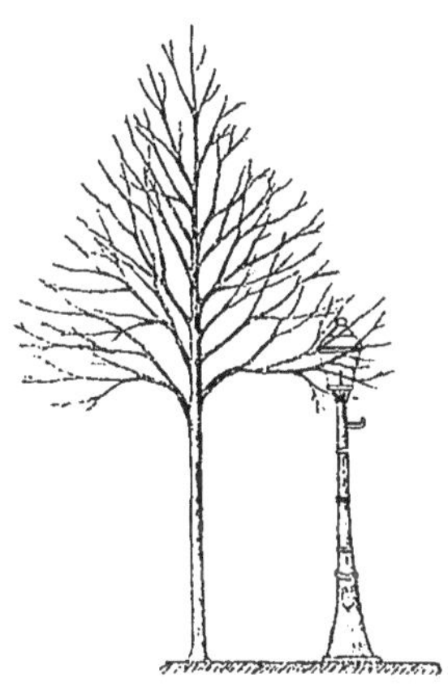

Fig. 94. — Jeune arbre avec branches trop basses, ne dégageant pas la ligne de feu « bec de gaz ».

Taille pour Formation de la Charpente des Arbres. — Nous divisons les opérations de tailles méthodiques utiles pour la formation de la charpente des arbres plantés en alignement en deux périodes.

La première période comprendra les opérations utiles pour l'élévation voulue de la jeune tige jusqu'à la formation de ses premières branches charpentières bien situées à la hauteur réglementaire pour ces arbres.

La deuxième période comprendra les opérations utiles pendant le développement progressif de la tige et de la charpente de l'arbre jusqu'à ce qu'il ait atteint les dimensions qu'il doit peu dépasser pour rester dans les limites nécessaires à cause de l'emplacement prévu qu'il doit seulement occuper.

Hauteur de la Tige ou du Tronc. — Les arbres d'alignement dans les villes doivent avoir une hauteur de tige ou tronc sans branches qui varie habituellement entre 3 mètres et $4^{m},50$ selon les emplacements.

Les branches charpentières des arbres plantés en bordure des chaussées doivent commencer assez haut sur la tige, environ 4 mètres, pour ne pas gêner la circulation des voitures.

Sur les places, les plateaux et autres lieux de promenade, la charpente peut commencer à 3 mètres ou $3^{m},50$ au-dessus du sol. Dans tous les cas, la charpente des arbres doit toujours commencer au-dessus de la ligne de feux (des becs de gaz) pour ne pas intercepter la lumière (les becs de gaz ont le plus souvent 3 mètres ou $3^{m},50$ de hauteur). D'autre part, les tiges nues ne doivent pas être trop élevées, parce qu'alors l'ombrage projeté ne se trouve pas assez longtemps sur les emplacements voulus non loin du pied des arbres.

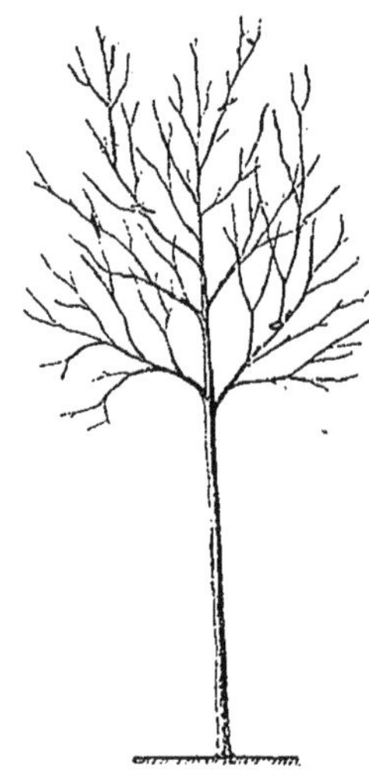

Fig. 95. — Arbre ayant des branches à raccourcir. « Emplacement des coupes. »

État des jeunes Sujets. — Les jeunes arbres d'alignement, au moment de leur plantation à la sortie de la pépinière, peuvent se trouver, quant à leur constitution extérieure, dans l'un des deux états suivants :

Ou ces arbres sont plantés ayant la hauteur de tige voulue sans branches et ont déjà leurs premières branches charpentières à la hauteur réglementaire selon l'emplacement, ou ces arbres sont plantés ayant des dimensions moindres, avec des branches latérales placées trop bas sur la tige et qui devront être enlevées à mesure que l'arbre grandira. C'est ce cas particulier qui se présente le plus souvent.

Les jeunes arbres qui seront plantés ayant la hauteur de tige voulue sans branches subiront les opérations indiquées pour la deuxième période de formation.

Formation de l'Arbre. Première Période : Élévation de la Tige. — Pour les jeunes arbres qui, après leur plantation, auront des branches latérales placées trop bas sur la tige et qui devront par conséquent disparaître à mesure que la tige s'élèvera et grossira, il faudra appliquer les tailles suivantes :

Les branches placées trop bas sur la tige seront raccourcies annuellement d'environ la moitié aux deux tiers de la longueur, afin d'empêcher leur accroissement et de favoriser le développement des nouvelles branches latérales, qui seront alors situées à la hauteur convenable et qui devront constituer les premières branches charpentières définitives.

A mesure que les branches bien placées se développent et à mesure que la tige aura une force suffisante, ordinairement après la troisième année de plantation, on commencera à enlever successivement les branches placées trop bas (fig. 91).

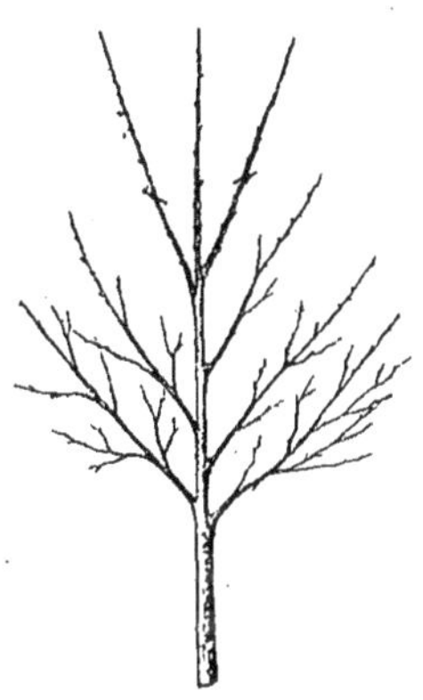
Fig. 96. — Prolongement de tige avec rameaux latéraux trop développés, vigoureux, « emplacement des coupes ».

Lorsque, par faute d'opérations pratiquées à temps, on aura à faire la suppression de plusieurs branches déjà fortes venues rapprochées sur la tige, on fera l'enlèvement de ces branches en plusieurs années, de manière à ne pas faire d'une seule fois une large plaie qui entamerait la tige à la même hauteur sur presque tout son pourtour et nuirait par conséquent à la circulation de la sève. Les branches non enlevées de suite seront maintenues faibles par des raccourcissements annuels et enlevées seulement lorsque les plaies voisines seront cicatrisées.

Lorsque, par suite d'accident ou causes quelconques, il sera nécessaire de reconstituer le prolongement de la tige ou de la flèche du jeune arbre, il conviendra, selon l'état et la confirmation du sujet, de faire le rapprochement sur la branche la plus rapprochée de l'extrémité et qui se présentera dans les meilleures conditions.

Cette branche sera alors redressée dans une direction se rapprochant le plus possible de la verticale et maintenue dans cette direction fixée à un tuteur (fig. 92).

Les autres branches seront raccourcies de manière à laisser la prédominance et à favoriser le développement de ce nouveau prolongement de la tige.

Lorsqu'il ne se trouvera pas de branches latérales à la hauteur voulue en état de prolonger la tige, il conviendra de raccourcir les branches du dessous, de manière à provoquer le développement d'un rameau vigoureux vers l'extrémité du prolongement de la tige.

Ce nouveau rameau sera dirigé et maintenu pour constituer le prolongement de la charpente.

Fig. 97. — Le même, « prolongement, après le raccourcissement des rameaux trop vigoureux ».

En résumé, la première période de formation de l'arbre comprend les opérations nécessaires pour donner à la jeune tige la hauteur voulue sans branches, assurer son prolongement simple et le développement régulier des premières branches latérales définitives de la charpente. Ce résultat sera obtenu si le jeune arbre a ses premières branches de charpente bien réparties sur la tige, si ces branches ont la longueur et la grosseur proportionnelles voulues entre elles et aussi avec le prolongement de la tige (fig. 93 et 94).

Deuxième Période : Formation de la Charpente. — Pendant la deuxième période de formation de l'arbre, c'est-à-dire depuis le commencement de la constitution de la charpente de l'arbre jusqu'à ce qu'il ait atteint les dimensions qu'il ne devra que peu dépasser, on pratiquera toujours en temps utile, annuellement selon le besoin, les opérations de taille nécessaires pour maintenir la régularité et l'équilibre dans le développement successif et progressif de la charpente en raison de la forme et des dimensions qu'on veut obtenir ou maintenir à l'arbre comme largeur et hauteur de sa charpente. Les principales opérations seront les suivantes: on supprimera les branches mal placées formant verticilles autour de la tige ou trop rapprochées sur une même ligne verticale, enfin celles qui seraient nuisibles pour la bonne conformation de l'arbre.

On raccourcira selon le besoin l'extrémité des branches latérales qui présenteraient une direction trop verticale ou qui prendraient trop de développement, qui seraient trop vigoureuses en comparaison des autres (fig. 95).

On assurera l'équilibre voulu dans l'ensemble de la charpente de l'arbre en maintenant la prédominance du prolongement de la tige, en assurant le développement progressif voulu des branches latérales entre elles (fig. 96 et 97).

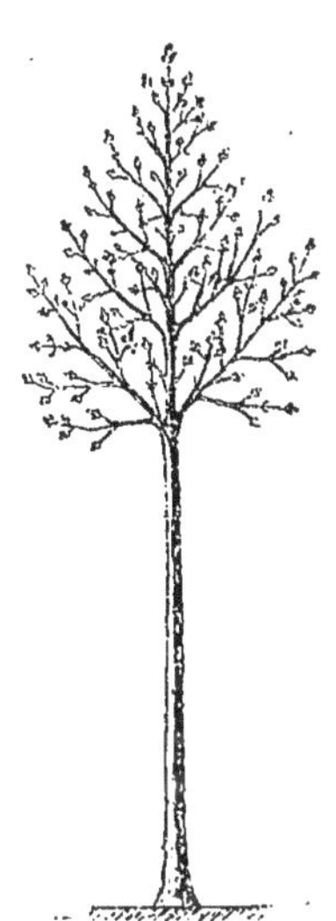

Fig. 98. — 1re période de formation. Jeune marronnier en bon état ayant ses branches latérales de la grosseur et de la longueur voulues.

D'une manière générale, on peut dire que, pour qu'un arbre d'alignement soit bien équilibré et constitué, il convient que les branches charpentières aient une longueur proportionnelle entre elles et aussi en rapport avec la hauteur totale de l'arbre et son âge.

Les premières branches, les plus anciennes, doivent conserver la prédominance du développement sur les suivantes.

Dans la majorité des cas, pour que la charpente puisse durer en bon état, les branches latérales devront avoir, pendant la première période de formation de la charpente, une longueur égale du tiers à la moitié environ de la longueur de la tige centrale, mesurées à partir de leur point d'insertion, et une grosseur également proportionnelle du tiers à la moitié de la grosseur de la tige prise à leur point d'attache (fig. 98).

Pendant la seconde période de formation de la charpente, les branches latérales pourront avoir environ les deux tiers de la longueur de la charpente, et enfin, pour les arbres très âgés, la longueur des branches latérales pourra être égale à la longueur de la tige prise à partir de leur insertion (fig. 99).

C'est pendant que les arbres sont jeunes que la taille a le plus d'importance et que, bien faite, elle établit la régularité du développement qui résulte d'une végétation bien dirigée.

Une surveillance active, éclairée, doit être exercée sur les jeunes arbres par un personnel suffisant ayant les aptitudes nécessaires, pour bien pratiquer ou faire pratiquer les opérations utiles, desquelles la bonne conformation de l'arbre doit résulter.

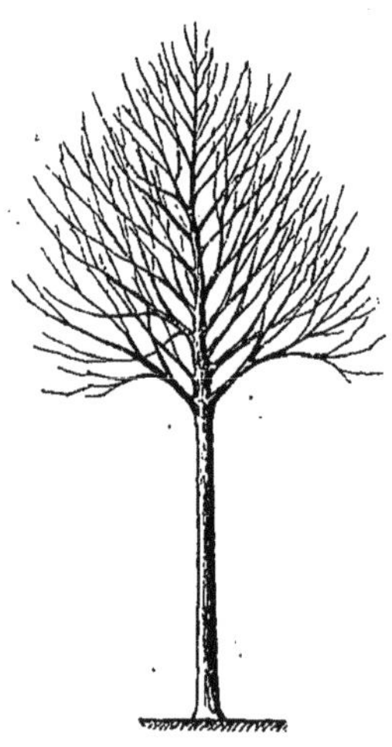

Fig. 99. — 2e période de formation. Platane en bon état, « les branches latérales ayant environ les deux tiers de la longueur de la charpente ».

§ II. — PRINCIPALES FORMES NATURELLES QU'ON PEUT MAINTENIR AUX ARBRES DANS LES VILLES.

Les différentes essences d'arbres qui peuvent être utilisées dans les plantations d'alignement prennent normalement des formes particulières spéciales qui les caractérisent.

Si la voie plantée doit être garnie d'arbres présentant une forme particulière plutôt qu'une autre, il conviendra toujours, pour éviter les difficultées et les opérations trop nombreuses, de choisir de préférence l'essence dont la forme naturelle normale se rapproche le plus de la forme voulue, ou, parmi les autres essences, celles qui supportent le plus facilement la taille.

Ces principales formes normales, naturelles, qu'on peut donner

et maintenir assez facilement aux arbres d'alignement dans les villes sont les suivantes :

CHOIX DES ESSENCES POUR FORMES DIVERSES

En pyramide. (fig. 100)	Le Platane se forme naturellement. Le Tilleul de Hollande, L'Orme peuvent être soumis assez facilement à cette forme.
En ovoïde. (fig. 101)	Le Tilleul argenté se forme naturellement. Le Platane, le Tilleul de Hollande, l'Orme peuvent être soumis assez facilement à cette forme.
En tête ou cime arrondie (fig. 102)	Le Maronnier blanc, l'Orme, le Platane, etc. ; cette forme peut être imposée facilement à peu près à tous les arbres.
En parasol. (fig. 103)	Le Paulownia se forme naturellement. Le Tilleul argenté, Le Vernis du Japon, L'Érable plane peuvent être soumis assez facilement à cette forme.

Taille pour Forme en Pyramide. — Les jeunes sujets des essences qu'il convient de choisir pour former en pyramide doivent présenter ce caractère d'avoir une tige simple ayant un développement prédominant sur les rameaux latéraux.

On devra maintenir la prédominance du prolongement de la tige ou de la flèche, empêcher sa bifurcation et assurer le développement régulier et progressif des branches latérales; les plus anciennes seront toujours les plus longues, les plus fortes, les plus ramifiées, et auront une direction plus horizontale (fig. 104).

Toutes les branches devront avoir environ de la moitié aux deux tiers de la longueur de la tige, mesurées à partir de leur point d'insertion. Toutefois la longueur de ces branches est variable en raison de l'écartement de plantation des arbres et des dimensions en largeur et hauteur qu'on veut imposer à cette forme.

Taille pour Forme ovoïde. — Les arbres à rameaux latéraux un peu érigés, redressés, se prêtent assez bien à cette forme.

Maintenir, retenir, selon le besoin, le développement du prolongement de la tige afin que les branches latérales aient toujours environ les deux tiers de la longueur de la tige centrale (fig. 105).

Les branches inférieures devront être taillées en temps utile pour en forcer la ramification nécessaire qui devra être maintenue dans une direction redressée.

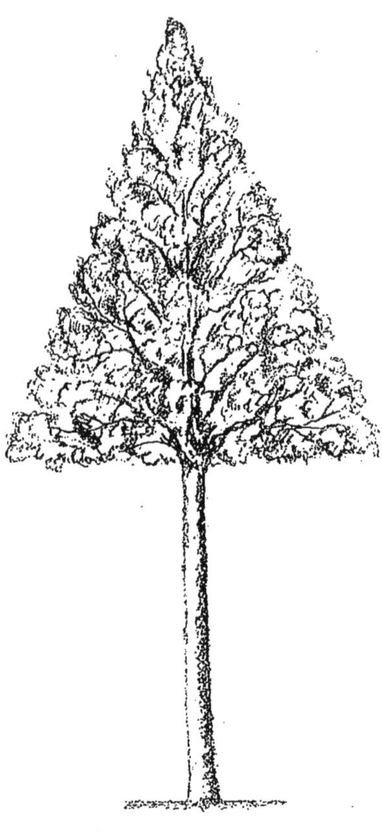

Fig. 100. — Arbre en pyramide.

Taille pour forme en tête ou en cime arrondie. — La plupart des arbres se prêtent bien à cette forme, qu'ils prennent d'ailleurs presque tous en vieillissant.

Il suffit de maintenir, selon le besoin, le développement du rameau central pour favoriser l'allongement nécessaire des branches latérales. S'il n'y a pas de prolongement unique, si la charpente est formée de plusieurs branches latérales, on devra maintenir le développement proportionnel de ces branches en vue de la régularité de la forme voulue (fig. 106).

Les arbres dont on aurait à redouter une trop grande élévation, si on les abandonnait à leur développement normal avec une tige unique, les platanes par exemple, peuvent être dirigés de manière à ne plus avoir à redouter cette trop grande élévation, sans cependant avoir à leur appliquer fréquemment des opérations de taille. Il suffit, lorsque ces arbres ont la hauteur voulue, 5 ou 6 mètres, d'arrêter, de couper le prolongement de la tige, afin de forcer le développement de plusieurs branches latérales bien placées, qui constitueront alors l'ensemble de la charpente, qui s'élèvera moins, étant constituée par plusieurs branches principales. On devra établir et maintenir l'équilibre nécessaire dans le développement de ces branches, pour la formation régulière de la tête de l'arbre.

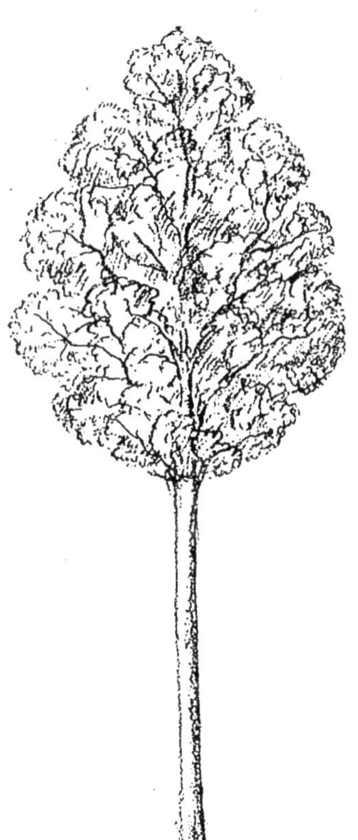

Fig. 101. — Arbre en ovoïde.

Taille pour Forme en Parasol (fig. 107). — Pour obtenir cette forme, il convient d'affaiblir, à l'aide de tailles suffisantes, le prolongement de la tige et des rameaux rapprochés du centre, afin de favoriser le développement des branches latérales inférieures (extérieures) qui, se dirigeant obliquement, doivent atteindre la longueur nécessaire pour constituer la forme voulue.

§ III. — ENTRETIEN DE LA CHARPENTE DES ARBRES BIEN FORMÉS.

Lorsque les arbres d'une même voie, régulièrement formés, auront atteint les dimensions voulues, hauteur et largeur, qu'ils ne doivent pas dépasser pour l'emplacement; lorsque leurs branches latérales arriveront à se joindre sur la ligne de plantation, on devra, à l'aide de tailles, de rapprochements pratiqués tous les trois ou quatre ans, selon les essences et la vigueur du développement, les maintenir dans ces dimensions convenables.

Ces tailles utiles pour l'entretien des dimensions de la charpente auront aussi pour résultat de prolonger leur durée en bon état de végétation, en évitant le dénudement des rameaux de la base, en maintenant une juste proportion entre le développement de leur charpente et l'étendue souvent très limitée du sol dans lequel peuvent s'étendre utilement leurs racines.

Lorsque ces opérations de tailles utiles pour le maintien du développement des arbres plantés en alignement ne sont pas pratiquées, on constate bientôt que la plantation ne remplit plus son but : elle devient irrégulière ; les arbres, en s'élevant ou s'étendant trop, peuvent gêner les habitations ou la circulation ; ils se dégarnissent rapidement de la base ; les sujets plus vigoureux nuisent aux plus faibles, qui bientôt dépérissent et meurent.

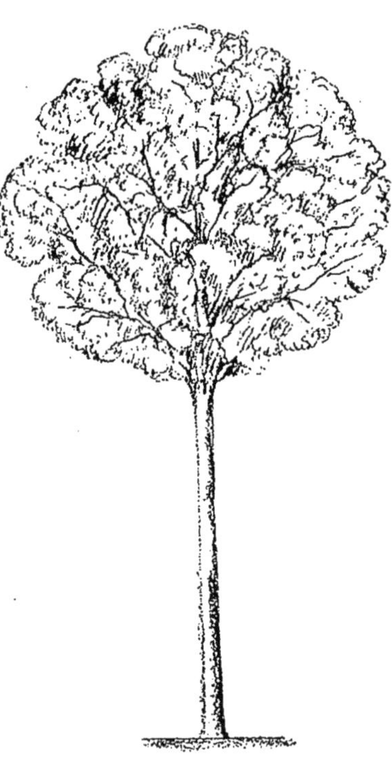

Fig. 102. — Arbre en tête ou cime arrondie.

Soins généraux d'Entretien de la Charpente. — Les soins d'entretien de la charpente des arbres consistent à pratiquer en temps utile les opérations de tailles nécessaires pour empêcher le dénument de la base et pour maintenir la régularité dans l'ensemble du développement.

Les branches cassées accidentellement doivent être opérées immédiatement. Il convient, selon le cas, d'enlever seulement la partie cassée, de manière toujours à faire une plaie nette, ou de faire une coupe plus rapprochée sur un rameau de prolongement, afin de favoriser la reformation régulière de l'arbre.

Le bois mort doit être enlevé aussitôt son apparition et de manière à ne pas laisser de chicots, qui peuvent déterminer la formation de foyers de pourriture qui pénètrent jusqu'au cœur de l'arbre.

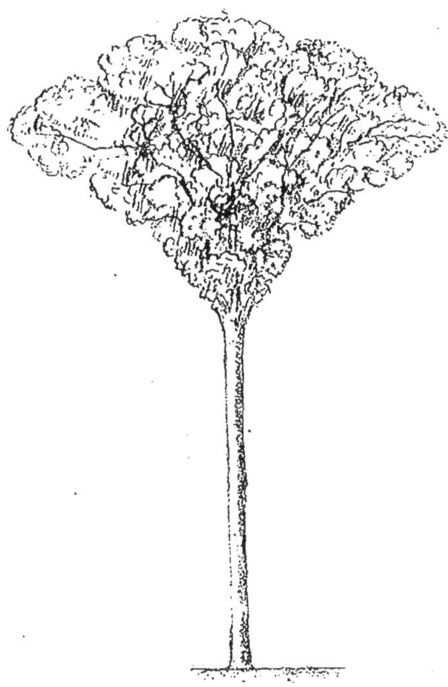

Fig. 103. — Arbre en parasol.

§ IV. — ÉLAGAGE.

Élaguer un arbre, c'est couper, enlever, faire la suppression, totale ou partielle, de certaines de ses branches.

Les arbres d'alignement dans les villes devraient être formés et maintenus à l'aide de simples opérations de tailles peu importantes pratiquées en temps voulu sur des rameaux encore jeunes.

L'élagage n'est pas un procédé de culture, mais il est utile dans des circonstances déterminées.

Causes d'Élagage. — Les principales causes qui peuvent déterminer les opérations d'élagage sont les suivantes :

1. — Pour rétablir l'équilibre entre les branches charpentières en raccourcissant les plus vigoureuses ;

2. — Pour arrêter le développement en hauteur de l'arbre, afin d'empêcher le dénudement de la base de la charpente ou provoquer son regarnissement ;

3. — Pour ramener à des dimensions moindres un arbre qui a pris un trop grand développement pour l'emplacement qu'il doit occuper ;

4. — Pour favoriser la végétation des arbres, lorsqu'ils sont languissants, à cause du défaut de corrélation entre le développement de la charpente et l'étendue que peuvent prendre les racines dans un sol trop limité ou insuffisant ;

5. — Enfin pour des causes accidentelles ou imprévues : branches cassées ou réduction des dimensions primitivement fixées.

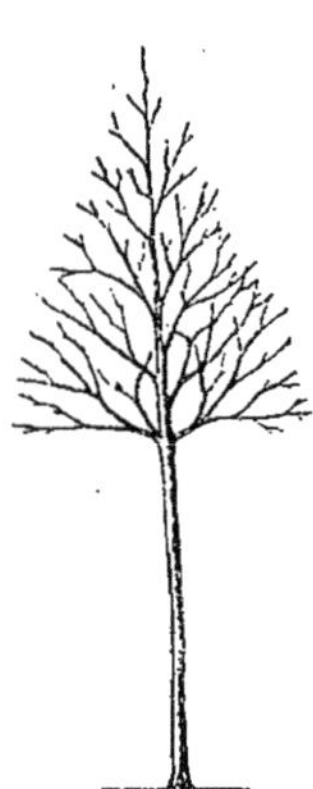

Fig. 104. — Jeune sujet bien commencé pour forme en pyramide.

Les opérations importantes d'élagage doivent être très rarement nécessaires pour établir l'équilibre de la charpente des arbres dans les plantations bien tenues, si ce n'est pour des causes imprévues ou accidentelles.

Toutefois, lorsque les arbres plantés en alignement n'auront pas subi les opérations de tailles nécessaires en temps utile pour les maintenir facilement dans les dimensions et l'état voulus, il sera le plus souvent possible, à l'aide d'opérations d'élagage bien pratiquées, si ces arbres ont encore une vigueur de végétation suffisante, de ramener en assez bon état les arbres auxquels on a laissé atteindre de trop grandes dimensions pour l'emplacement qu'ils doivent occuper, ou de redonner une forme, des proportions convenables à ceux qui sont déformés, disgracieux, dénudés ou dégarnis de la base (fig. 108 et 109).

Tous les arbres ne supportent pas également les mêmes opérations un peu importantes d'élagage.

Certaines essences s'y prêtent mieux que d'autres.

D'une manière générale, les arbres sains, vigoureux, supportent mieux ces opérations que les arbres malades.

Les platanes, les tilleuls, les ormes, supportent assez bien de fortes opérations d'élagage ; les marronniers, les frênes, les noyers, les robinias supportent moins bien de fortes opérations.

Les platanes ont généralement un mode d'accroissement différent, plus rapide en hauteur que les autres essences également utilisées pour les plantations d'alignement dans les villes.

Les platanes jeunes présentent en effet le plus souvent une végétation très vigoureuse, et ils atteignent rapidement un trop grand développement pour l'emplacement qui leur est donné et qu'ils doivent seulement occuper.

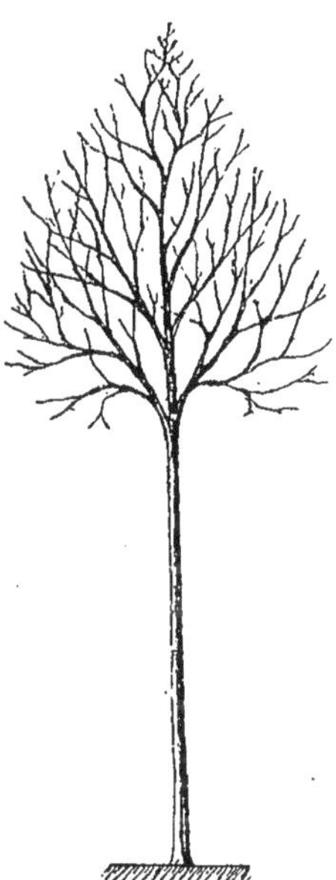

Fig. 105. — Jeune sujet bien commencé pour forme en ovoïde.

Ces arbres dans ces conditions arrivent à se gêner mutuellement, par suite de leur rapidité de développement en hauteur, et à se dégarnir de la base, à cause du défaut de lumière.

Aussi est-ce surtout pour cette essence, qui d'ailleurs supporte bien les tailles et élagages nécessaires pour rajeunir sa charpente, qu'il y a lieu d'appliquer le plus fréquemment les opérations de tailles utiles pour maintenir ou ramener les branches dans les dimensions et l'état voulus.

Époques. Saisons. — Les opérations d'élagages peuvent se pratiquer en toutes saisons, mais elles doivent être faites de préférence pendant le repos de la végétation et surtout au printemps jusqu'au moment de la feuillaison, enfin à l'automne et pendant l'hiver lorsqu'il ne gèle pas.

Pendant les gelées, les opérations d'élagage sont dangereuses pour les ouvriers, qui sont moins libres de leurs mouvements ; de plus, les contusions faites à l'écorce, au tissu des arbres, en état de congélation, déterminent souvent des plaies. Enfin certains arbres (les marronniers, les tilleuls, les érables), prennent facilement le rouge sur l'écorce, qui meurt au pourtour de la plaie faite à l'automne et pendant l'hiver.

Les élagages très importants pratiqués pendant la période active de la pousse peuvent déterminer une perturbation de végétation nuisible à l'arbre, à cause de la modification subite des relations nécessaires dans l'ensemble des fonctions végétales, enfin aussi par suite des repousses tardives d'où résultent des rameaux mal aoûtés, mal constitués pour l'hiver.

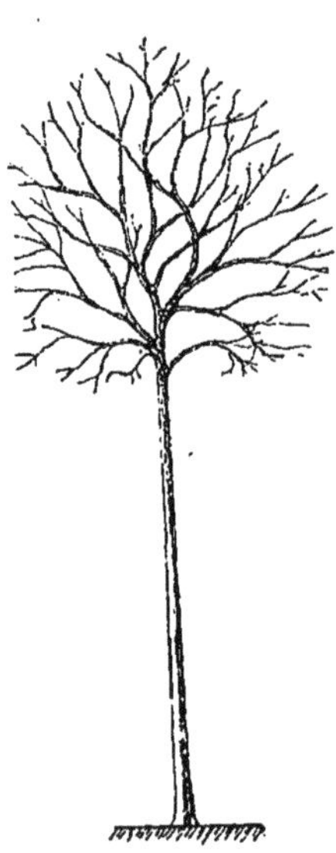

Fig. 106. — Jeune sujet bien commencé pour forme en boule ou tête arrondie.

C'est donc surtout au printemps que doivent se pratiquer les élagages importants comprenant l'enlèvement des fortes branches qui doivent déterminer de grandes plaies sur le tronc. A cette époque, la cicatrisation de la coupe se fait immédiatement, le bourrelet de recouvrement commence à se former de suite, et on a moins à redouter les gelées, les intempéries, qui désorganisent parfois une partie plus ou moins grande des bords de l'écorce au pourtour des plaies faites pendant l'hiver; on remarque moins de rameaux gourmands autour des plaies faites au commencement de la période active de la végétation; elles ont leurs bords cicatrisés en moins de temps que celles faites pendant la période de repos.

Le liquide qui s'écoule parfois sur certains arbres, particulièrement les érables élagués au printemps, ne paraît pas porter préjudice à leur végétation.

On constate que c'est dans le courant du mois de juin que la cicatrisation des plaies est le plus active, et la formation du bourrelet plus abondante.

Toutes choses égales d'ailleurs, les plaies se referment d'autant plus rapidement que l'arbre a une végétation plus vigoureuse, que son accroissement en diamètre est plus rapide.

Pratique de l'Élagage. Coupes. — Toutes les coupes des opérations de taille et d'élagage doivent être faites de manière à laisser une plaie nette, bien lisse, afin que les bourrelets de recouvrement n'éprouvent aucun obstacle pour se rejoindre.

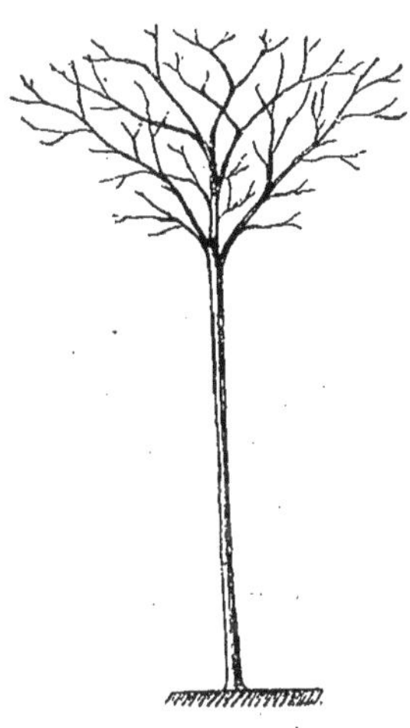

Fig. 107. — Jeune sujet bien commencé pour forme en parasol.

La coupe du prolongement vertical de la tige de l'arbre devra être faite légèrement inclinée en biseau ou en forme mamelon, ou tête arrondie et présentant toujours une surface bien lisse, unie, afin de retenir le moins possible l'humidité.

Les coupes pour la suppression des branches au ras de la tige doivent être faites exactement tangentes au tronc.

Les coupes pour le raccourcissement des branches latérales sans prolongement doivent être perpendiculaires à la branche ou très peu obliques, pour offrir le moins de surface possible (fig. 110).

Les coupes sur un rameau de prolongement doivent être bien faites, juste à l'insertion du rameau laissée, et se diriger obliquement de manière à ce qu'il ne reste pas de chicot.

Recouvrement des Plaies. — Toutes les plaies entamant le tissu ligneux ou le mettant à nu doivent être recouvertes d'une substance adhérente et imperméable qui a pour but de soustraire le tissu ligneux à l'action des différents agents atmosphériques et particulièrement de l'eau et de l'air ; on utilise des enduits de compositions diverses, mais le plus généralement du goudron de Norwège ou coaltar qui, formant enduit imperméable et bien adhérent, empêche la décomposition du tissu ligneux qu'il recouvre. On peut aussi employer le goudron que l'on obtient par le mélange de noir de fumée et d'oxyde de zinc dans de l'huile de lin cuite : 3 parties d'oxyde de zinc et 1 de noir de fumée. « Il faut éviter l'emploi des goudrons de houille ou de gaz qui peuvent contenir des principes corrosifs. »

Le coaltar doit bien recouvrir tout le tissu ligneux mis à nu, mais non l'écorce.

Principales Opérations d'Élagages. — Les principales opérations d'élagages pratiquées sur les différentes parties de l'arbre sont habituellement désignées ainsi :

L'écimage, étêtage ou rabattage, désigne plus spécialement les opérations concernant le prolongement de la tige ou tête de l'arbre et indique l'enlèvement d'une partie plus ou moins longue de ce prolongement.

Le rapprochement, le raccourcissement de la charpente, indique la suppression d'une partie seulement de la longueur des branches.

Fig. 108. — Platane reconstitué à la suite d'élagages bien pratiqués. « Trois années après l'élagage, vue d'hiver. »

L'éclaircissement est la suppression des jeunes branches ou des ramifications inutiles faisant confusion.

L'enlèvement, ou ravallement des branches, est leur suppression jusqu'au ras du tronc.

Le démontage de l'arbre est l'enlèvement de toutes les branches jusqu'au ras du tronc.

Cette opération ne se pratique généralement que lorsqu'on veut faire l'abattage à blanc de l'arbre, c'est-à-dire jusqu'au ras du sol, ou son arrachage.

L'émondage est l'enlèvement des pousses qui se développent sur la tige ou le tronc des arbres, surtout autour des coupes faites pour la suppression des branches ou après des rabattages importants.

Fig. 109. — Platane reconstitué quatre années après l'élagage, « vue d'été ».

L'élagage des grands arbres dans les villes présente souvent des difficultés particulières nombreuses, inhérentes à la situation même des arbres entourés de constructions diverses, édicules, becs de gaz, bancs, etc., etc., et à cause de la circulation, qui doit toujours être le moins possible interrompue : aussi les ouvriers élagueurs chargés de ce travail doivent-ils être d'une habileté bien reconnue.

Élagueurs. — Un bon élagueur doit être très agile et prudent, être exempt de vertige, avoir le corps souple, le coup d'œil juste et le jugement sûr et la connaissance suffisante des principes généraux de taille et d'élagage.

Pour avoir plus de chance d'une bonne exécution, le travail d'élagage doit être entrepris à la journée, et le bois ne devra pas être abandonné à l'opérateur.

Pour assurer une bonne exécution des élagages utiles, ce travail doit être fait à la journée par des ouvriers d'une habileté reconnue[1].

Opérations. — Avant de commencer toute opération d'élagage, l'ouvrier devra toujours d'abord bien examiner de terre le sujet qu'il doit élaguer, opérer, et, après s'être bien rendu compte des opérations qu'il aura à pratiquer, commencer son travail par la partie supérieure, autant dans l'intérêt de sa sécurité que pour pouvoir plus facilement donner à l'arbre une forme régulière, qu'il aurait plus de difficultés à apprécier s'il commençait par les branches inférieures.

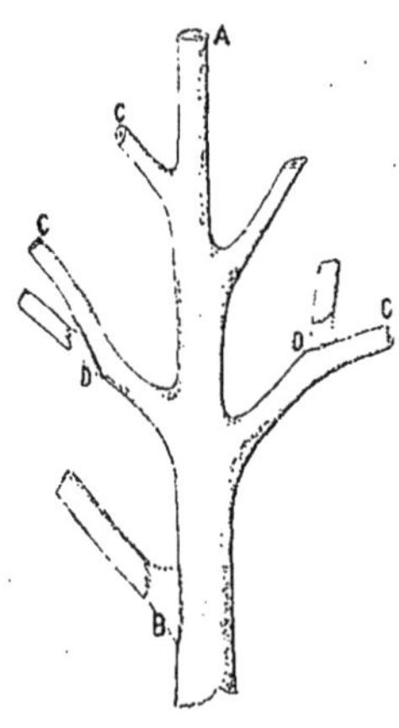

Fig. 110. — Exemples de coupes bien faites. — A. Écimage ou étêtage. B. Enlèvement de branches au ras du tronc. C. Raccourcissement de branches latérales. D. Enlèvement de branches secondaires ou de ramifications.

Pour monter dans les arbres faire les opérations nécessaires, l'élagueur ne devra pas faire usage de griffes : il devra être pourvu d'une ceinture spéciale et de ses accessoires ; il devra disposer d'une échelle simple assez longue (de 5 à 6 mètres) pour atteindre les pre-

1. — Dans Paris, où les opérations d'élagage ont une grande importance et doivent être bien suivies, il conviendrait, pour assurer la bonne exécution régulière générale de ce travail, de le faire exécuter par des équipes spéciales d'élagueurs exercés. D'après la connaissance que nous avons des arbres dans Paris et de leur état, nous pensons que vingt-cinq ouvriers élagueurs, bien dirigés, pourraient suffire pour pratiquer en temps utile les opérations nécessaires à l'entretien en bon état des arbres.

mières branches[1]; ensuite il montera plus haut, à la hauteur nécessaire, en s'aidant des branches latérales et, selon le besoin, d'un cordage fixé à sa ceinture.

Les opérations d'élagage à appliquer aux arbres trop développés, se gênant l'un et l'autre, dont les branches arrivent à toucher les maisons ou à s'étendre vers la chaussée de manière à porter trop d'ombrage ou à nuire à la circulation des voitures ou de la vue, doivent être faites de manière à ramener ces arbres dans les dimensions voulues, en raison de l'emplacement qu'ils doivent seulement occuper, et à donner aux différentes parties de la charpente les proportions convenables.

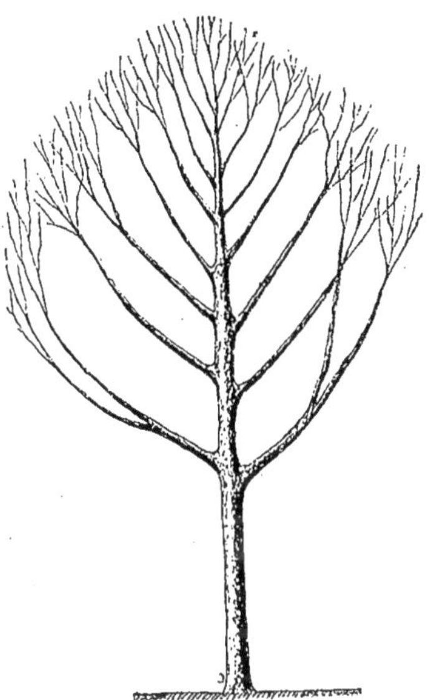

Fig. 111. — Platane de 18 mètres de hauteur (dénudé de la base), à élaguer.

Les opérations à pratiquer sur les arbres qui ont un trop grand développement sont : le rabattage de la tige de l'arbre d'environ un tiers de sa longueur ou hauteur totale (fig. 111).

Un arbre de 18 mètres pourra être ramené à une hauteur de 12 mètres environ (fig. 112).

Le rapprochement des branches latérales sera fait de manière à leur laisser une longueur pouvant varier, selon les circonstances, du tiers à la moitié environ de la longueur de la tige de l'arbre mesurée à partir de leur point d'insertion.

Étêtage ou Rabattage. — Pour pratiquer cette opération sur les

1. — A défaut d'échelle, on peut utiliser des étriers spéciaux, lorsque la tige des arbres n'a pas un trop fort diamètre.

grands arbres, l'ouvrier doit être muni d'une ceinture et de cordages utiles pour assurer autant que possible sa sécurité, tout en facilitant l'exécution de son travail.

Parvenu à la hauteur voulue pour opérer l'étêtage de l'arbre, l'ouvrier s'y maintient à l'aide de son cordage, fixé à sa ceinture de manière à être bien assujetti et à pouvoir faire librement la coupe de la partie à enlever. L'entaille du rameau à enlever devra être commencée du côté qui aura été reconnu le plus favorable pour le faire tomber sans risquer de casser les branches inférieures, ni briser les édifices divers (kiosques, chalets, bancs, etc., etc.) qui existent quelquefois sous les arbres.

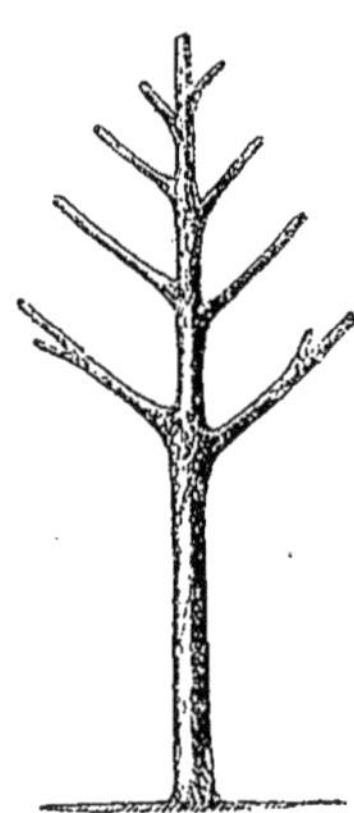

Fig. 112. — Platane (le même) après l'opération, ramené à 12 mètres de hauteur avec branches latérales de longueur proportionnelle. « Élagage bien fait. »

Cette entaille devra être faite *à plat* jusqu'à environ la moitié de l'épaisseur du rameau; ensuite, du côté opposé, on fera une entaille juste suffisante pour que le rameau cède à la poussée que devra faire l'ouvrier, qui, maintenu par son cordage, dirigera le rameau du côté où il a décidé de le faire tomber.

La coupe du rameau devra être faite légèrement inclinée, en biseau ou en forme de mamelon, de tête arrondie, et présenter toujours une surface bien lisse, unie, afin de retenir le moins possible l'humidité.

Dans le cas où l'étêtage de l'arbre comporterait l'enlèvement d'un prolongement de très grandes dimensions, et si on avait quelque accident à redouter de sa chute à cause de sa longueur ou de son poids, on devra faire l'enlèvement de ce prolongement en plusieurs parties.

Enfin, dans quelques cas particuliers, lorsqu'il y aurait danger à faire tomber le rameau sans assurer la direction de sa chute, à cause des arbres ou des constructions trop à proximité, on devra d'abord attacher à l'aide d'un cordage assez long, retenu à la tige peu au-dessous de la coupe, le rameau qu'on veut enlever, de manière qu'il reste suspendu après sa coupe, et qu'on puisse le maintenir et le guider, le diriger dans sa descente.

Il est quelquefois utile de prendre ces mêmes mesures ou ces précautions pour l'enlèvement des fortes branches.

L'étêtage des arbres d'une avenue doit être fait le plus exactement possible à une même hauteur pour tous les sujets d'un même développement.

Lorsque les arbres n'ont pas une végétation égale, les sujets les plus développés, les plus vigoureux, doivent être maintenus un peu plus courts que les autres à l'étêtage, de manière à avoir, les années suivantes, une végétation d'un ensemble plus régulier, les arbres plus vigoureux rejoignant bientôt ceux qui le sont moins.

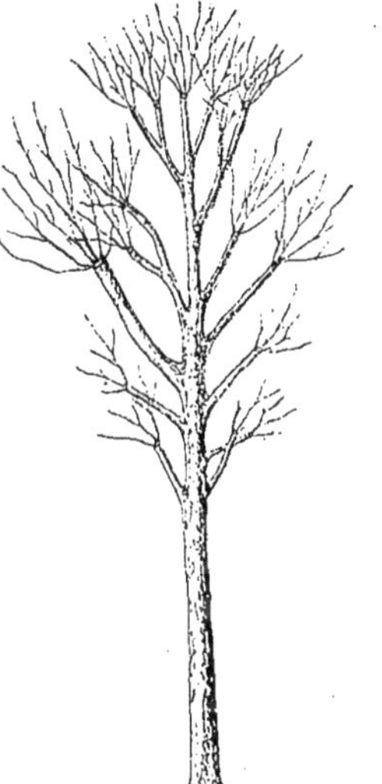

Fig. 113. — Platane mal élagué, dont les branches de la base, déjà faibles, ont été trop raccourcies, et les branches supérieures, dressées vigoureuses, laissées trop longues.

Raccourcissement des Branches latérales. — Les branches seront raccourcies, ainsi qu'il a été dit, et proportionnellement à leur vigueur, à leur direction, de manière à leur laisser une longueur qui égalera de la moitié au tiers environ de la longueur de la tige centrale mesurée à partir de la naissance de la branche latérale jusqu'au haut de l'arbre.

Ainsi une branche naissant à 6 mètres au-dessous de l'extrémité de la tige pourra être coupée à une longueur d'environ 2 à 3 mètres du tronc.

Si, parmi les branches latérales qui constituent la charpente de l'arbre, il s'en trouve de plus vigoureuse avec un empâtement plus fort, ayant une direction plus verticale, elles seront un peu plus raccourcies que les branches moins vigoureuses ayant une direction plus horizontale.

Le rapprochement des branches se fera, autant que possible, sur un rameau de prolongement.

Les rameaux secondaires des branches latérales seront rapprochés d'après les mêmes règles et selon le besoin, pour équilibrer la végétation et régulariser la forme de l'arbre.

Les brindilles qui pourraient exister à la base des branches principales seront conservées de façon à garnir de suite la charpente de l'arbre avant le développement des nouveaux rameaux.

Lorsque les branches inférieures sont trop raccourcies par rapport aux branches supérieures, elles s'affaiblissent et meurent (fig. 113).

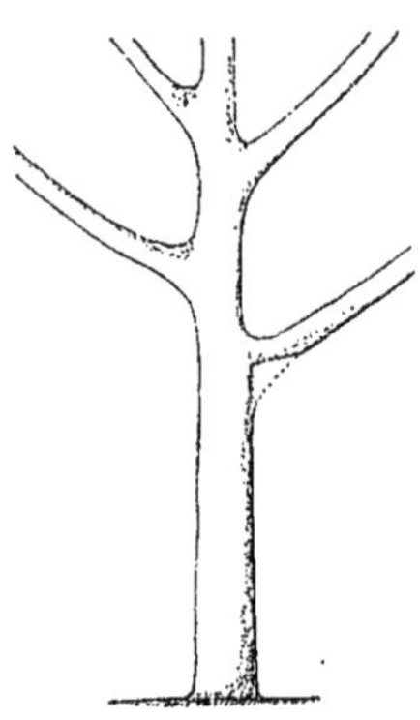

Fig. 114. — Exemple de coupe commencée pour l'enlèvement d'une forte branche au ras du tronc.

Les arbres dont la tige est divisée, dont la tête est formée par plusieurs branches latérales, seront taillés également d'après les mêmes règles, avec les dimensions et proportions qui viennent d'être indiquées, tout en cherchant à conserver une forme aussi régulière que possible à l'ensemble de la charpente de l'arbre.

Enlèvement de fortes Branches latérales. — L'enlèvement des fortes branches demande dans certains cas des précautions particulières. Si la branche est trop longue et très lourde, si on a à craindre quelque accident par sa chute, il sera utile de faire l'enlèvement en plusieurs parties, et même d'attacher la branche avant d'en commencer la coupe, afin de pouvoir maintenir cette branche suspendue après sa séparation du tronc et soutenir et diriger sa descente selon le besoin.

La coupe pour enlever les branches devra toujours être commencée en dessous, juste au ras du tronc (fig. 114); l'entaille devra être faite en forme de V plus ou moins ouvert pour entamer facilement. Ensuite il est donné un coup de serpe sur la

Fig. 115. — Élagueur maintenu dans l'arbre à l'aide de sa ceinture et de ses cordages. « Utilisation du grand cordage, du cordage d'attache et du cordage de pied ou étrier. »

branche, juste au-dessus de l'entaille, environ la moitié ou les deux tiers du diamètre de la branche, qui doit alors s'incliner et se séparer sans déchirement d'écorce après le tronc.

Une fois la branche tombée, on finit la coupe, qui doit être bien parallèle au tronc, de manière qu'il n'y ait aucune proéminence à l'emplacement de la branche ; puis on pare, on unit la plaie, afin de rendre sa surface bien lisse.

Élagages partiels. — Dans le cas d'élagages partiels nécessaires par suite de branches cassées ou pour toute autre cause, il convient, après avoir fait le rapprochement indispensable de la branche cassée, de faire les raccourcissements utiles, selon les cas, aux autres branches de l'arbre, pour rétablir la forme convenable et l'équilibre voulu.

L'éclaircissement est utile lorsqu'il y a confusion et gêne par surabondance de branches sur certaines parties de l'arbre.

Utilisation d'une Ceinture spéciale et de Cordages pour les Opérations d'Élagages sur les grands Arbres. — Pour pouvoir pratiquer aussi facilement que possible et avec toute la sécurité nécessaire les diverses opérations d'élagage, écimage de la tête, rapprochement des branches latérales, aux arbres très élevés, là où les échelles ne peuvent atteindre ou ne peuvent être utilisées (ces cas sont fréquents dans les villes), l'élagueur devra pratiquer les opérations utiles maintenu dans l'arbre à l'aide d'une ceinture spéciale et de cordages, dont nous recommandons tout particulièrement l'emploi (fig. 115).

Cette ceinture doit être en cuir solide et souple assez large (12 centimètres) afin de pouvoir bien maintenir l'ouvrier.

Elle est munie à droite et à gauche d'un anneau et d'un porte-mousqueton permettant l'attache et le prolongement facile des cordages en cas de besoin (fig. 116).

Emploi de la Ceinture et des Cordages. — Pour opérer le raccourcissement, assez loin du tronc, des branches longues, à la distance voulue, l'ouvrier, après avoir évalué cette distance, montera, muni de sa ceinture, passer son cordage de suspension autour de la tige centrale ou, à son défaut, autour des branches principales assez fortes, à une hauteur qui doit égaler environ la distance qui, en angle droit, sépare la tige de l'emplacement où il convient de faire la coupe de la branche (fig. 117).

Fig. 116. — Élagueur muni de sa ceinture et de ses agrès.

Ensuite, redescendu à la hauteur de la branche à opérer, l'ouvrier passe l'extrémité libre de son cordage dans l'anneau de gauche de sa ceinture et l'arrête à la longueur convenable pour être soutenu, maintenu, puis s'avance sur la branche en s'éloignant de la tige et par suite tend complètement le cordage de suspension, lequel, en raison de la hauteur du point d'attache, supporte à peu près entièrement le poids de l'élagueur et lui permet, par conséquent, l'accès aux extrémités des branches même normalement beaucoup trop faibles pour son poids.

Cordage d'attache. — Arrivé au point où il doit faire la coupe, l'ouvrier se fixe à l'aide de son cordage d'attache, qu'il passe autour de la branche et arrête à l'autre anneau de sa ceinture ; alors, le corps bien assujetti, les bras libres, il peut facilement pratiquer les opérations de coupe même les plus difficiles.

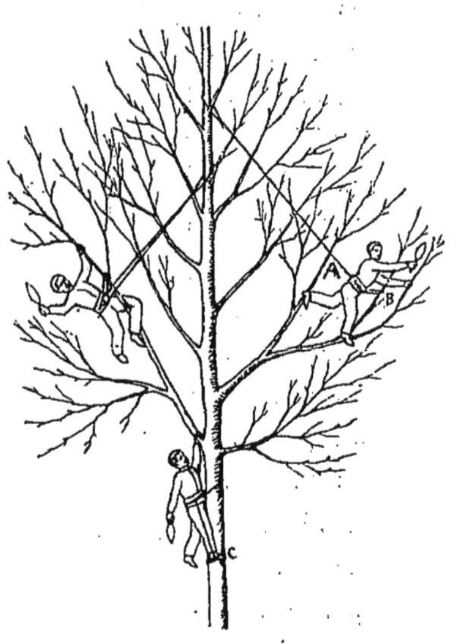

Fig. 117. — Exemples divers de l'utilisation de la ceinture et des cordages pour faciliter les opérations d'élagages dans les grands arbres.

Un petit cordage, dit étrier, fixé à la ceinture et entourant la tige, peut favoriser un point d'appui solide à l'ouvrier, qui doit aussi, d'ailleurs, toujours être maintenu par son cordage d'attache.

En résumé, par l'emploi bien compris de cette ceinture et de ses cordages, un élagueur un peu exercé peut pratiquer facilement et sans danger les opérations utiles qu'il serait difficile, sinon impossible, de pratiquer dans certains cas sans l'emploi de ces agrès, d'une utilisation très simple. L'ouvrier peut arriver jusqu'auprès de l'extrémité des branches très longues et normalement trop faibles pour le supporter, car ces branches n'ont pas à soutenir le poids de l'élagueur, qui, retenu, est suspendu par le cordage fixé en hauteur dans l'arbre et à sa ceinture.

Rajeunissement des vieux Arbres languissants. — Les opérations d'élagages utiles pour prolonger l'existence des vieux arbres languissants ou dépérissants par la tête par suite de l'insuffisance de l'étendue de bonne terre végétale dans laquelle leurs racines peuvent s'étendre, doivent être pratiquées d'après les règles indiquées pour les arbres trop élevés, mais encore assez vigoureux. Toutefois, les raccourcissements doivent être faits jusque sur les parties encore bien vivantes de l'arbre.

Le relèvement de la tige par l'enlèvement au ras du tronc d'une ou plusieurs branches du bas favorise la végétation et la reconstitution de la partie supérieure de l'arbre (fig. 118).

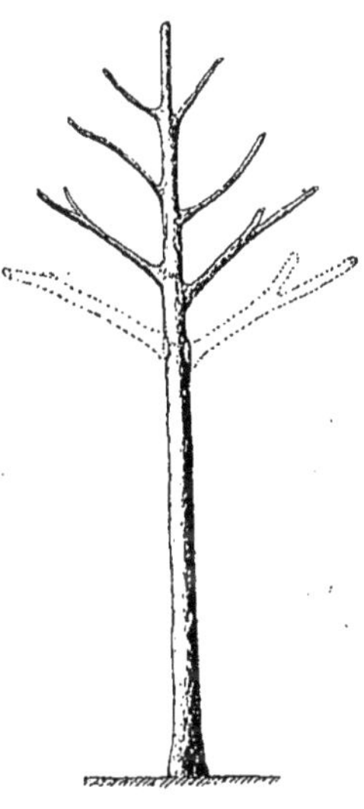

Fig. 118. — Relèvement de la tige par l'enlèvement des branches du bas.

L'amélioration du sol par l'apport d'engrais ou de bonne terre végétale et des arrosages suffisants contribuent puissamment à redonner une végétation assez active à ces vieux arbres.

Tailles à appliquer aux Rameaux qui se développent sur les Arbres encore vigoureux élagués un peu radicalement. — Lorsqu'on aura fait une opération importante d'élagage d'arbres encore vigoureux, étêtage et rapprochement de fortes branches, il se produira le fait suivant, particulièrement sur les platanes : un certain nombre de rameaux apparaîtront et se développeront vigoureusement autour des coupes vers la partie tout à fait supérieure, surtout sur le prolongement de la tige, et formeront ce qu'on nomme communément des têtes de saule (fig. 119).

La seconde ou la troisième année, il faudra enlever quelques-uns de ces rameaux, s'ils sont trop nombreux raccourcir les autres et n'en laisser qu'un entier, le plus vigoureux, le mieux situé pour reformer la flèche, c'est-à-dire le prolongement de la tête de l'arbre.

La même opération sera pratiquée pour les rameaux nombreux qui naîtront vers l'extrémité des fortes branches latérales qui auront été raccourcies; il faudra enlever les nouveaux rameaux qui formeraient confusion, diminuer ceux qui prendraient une direction trop verticale pour ne laisser que ceux qui seront utiles, bien situés pour garnir la branche et la prolonger dans une direction convenable (fig. 120).

Rafraîchissement des Coupes. — Lorsque les nouveaux rameaux de prolongement ne se sont pas développés assez près de l'extrémité de la branche coupée et que cette partie se dessèche et meurt, il convient de faire l'enlèvement de cette extrémité de branche jusqu'à la partie vivante à la naissance des nouveaux rameaux.

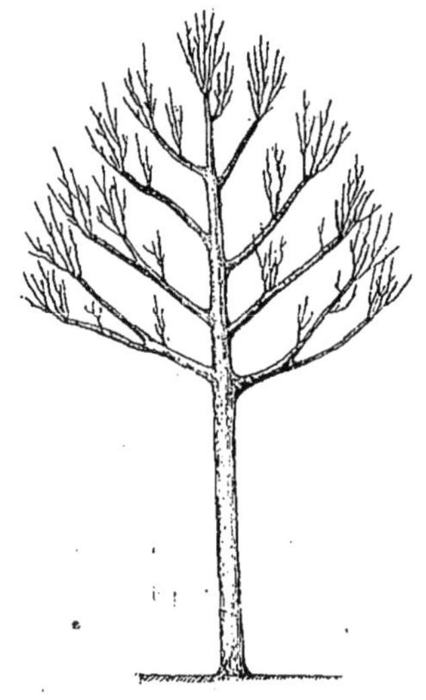

Fig. 119. — Platane vigoureux une année après l'élagage, l'opération ayant été bien faite.

Pour faire ce rafraîchissement des coupes, on peut utiliser avantageusement, dans certains cas, une scie à main ou égohine. La plaie est ensuite parée et recouverte de coaltar.

Ces opérations de taille à la suite des élagages importants, sont indispensables pour aider au regarnissement régulier de la charpente de l'arbre et à son développement dans la forme voulue.

Emploi du Dendroscope. — Un instrument nommé dendroscope, imaginé par M. le comte Des Cars, est quelquefois employé, parce qu'il peut servir pour indiquer assez facilement aux ouvriers l'endroit où ils doivent faire la coupe des branches pour donner exactement les mêmes dimensions et la même forme aux arbres élagués.

Cet instrument consiste en une petite planchette, qui peut avoir

1 demi-centimètre d'épaisseur, sur 20 centimètres de longueur et 10 de largeur, dans laquelle on a découpé, bien dans les proportions voulues, l'ensemble de la forme qu'on veut donner aux arbres; hauteur de tige nue ou tronc, hauteur et largeur ou forme de la charpente.

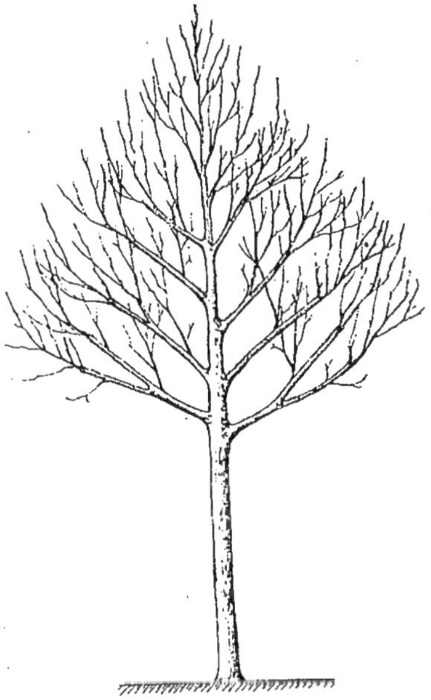

Une lame de zinc ou de tout autre métal peut également être utilisée.

Un ouvrier muni de cet instrument est alors chargé d'indiquer à l'élagueur qui est dans l'arbre l'emplacement exact où les coupes doivent être faites.

L'ouvrier indicateur doit se tenir éloigné du sujet à une distance à peu près égale à la hauteur de l'arbre à opérer, et regarder à travers le vide de la planchette, la tenant bien verticalement et à la distance voulue de l'œil de façon à faire coïncider la base du vide de la planchette avec le pied de l'arbre et le haut du vide avec l'emplacement, la hauteur, où il doit être étêté, rabattu.

Fig. 120. — Platane, quatre années après l'élagage et ayant subi les opérations nécessaires. Enlèvement ou raccourcissement des rameaux trop nombreux ou trop vigoureux.

Dans cette position l'emplacement où devra se faire la coupe des branches latérales sera indiquée par la ligne visuelle pour toutes celles qui se présenteront parallèlement à la planchette.

L'ouvrier indicateur devra faire le tour de l'arbre, selon le besoin, pour toujours bien voir dans la direction voulue, parallèlement à la planchette, les branches à opérer.

Toutefois, on devra toujours tenir compte que les branches les plus vigoureuses et celles qui auraient une direction plus verticale que les autres, doivent être raccourcies davantage et proportionnellement à leur vigueur et à leur direction plus verticale.

Un dendroscope avec dimension spéciale devra être employé pour chaque dimension ou forme particulière qu'on voudra imposer aux arbres (fig. 121).

Dendromètre. — Ce même instrument peut servir de dendromètre, c'est-à-dire à mesurer la hauteur des arbres ; à cet effet, la planchette doit avoir 10 centimètres de largeur et 25 centimètres de longueur, pour pouvoir mesurer des arbres ayant jusqu'à 25 mètres de hauteur.

A l'un des angles de la planchette est fixé un fil à plomb, le bord opposé à cet angle est muni de divisions indiquant les centimètres et les millimètres.

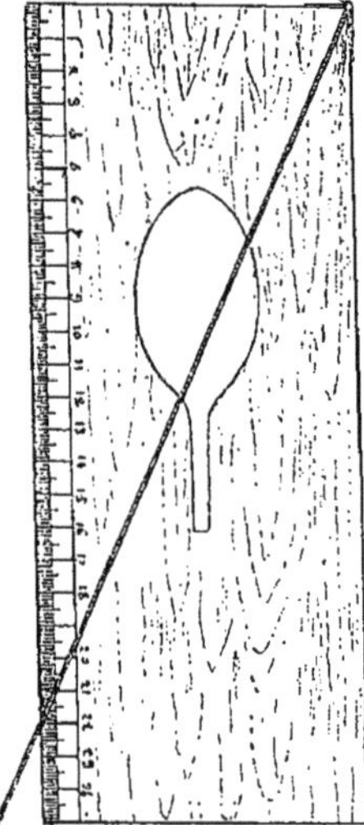

Fig. 121. — Dendroscope-dendromètre.

Pour mesurer la hauteur cherchée, il faut se placer à 10 mètres de l'arbre et viser le sommet avec l'arête supérieure de la planchette.

Le fil à plomb indiquera en centimètres le nombre de mètres de la hauteur de l'arbre auxquels il faudra ajouter la distance du sol à l'œil de l'observateur.

Étant fixé sur la hauteur qu'on doit laisser à un arbre, on déterminera cette hauteur en tenant compte des indications précédentes et en dirigeant la visée sur le corps de l'arbre jusqu'à ce que le fil à plomb atteigne le nombre de centimètres correspondant au nombre de mètres qu'on désire laisser à la hauteur de l'arbre ; le point visé indiquera la hauteur précise à laquelle il convient d'étêter l'arbre.

§ V. — FORMES SYMÉTRIQUES OU RÉGULIÈRES DITES A LA FRANÇAISE (fig. 122)

Les principales formes généralement adoptées sont celles en rideaux, en marquises simples ou doubles, en carrés ou polygonales, ou sphériques.

Choix des Essences. — Toutes les essences d'arbres ne se prêtent pas également bien aux tailles nécessaires pour l'établissement et l'entretien des formes spéciales qu'on veut leur imposer.

Les essences les plus convenables sont :

Le tilleul de Hollande (*Tilia platyphylla*) et ses variétés, particulièrement celle à écorce rouge (*Tilia platyphylla var. corallina*), à cause de l'effet particulièrement ornemental que produisent pendant le repos de la végétation ses rameaux jeunes à écorce rouge corail; l'orme champêtre (*Ulmus campestris*) et ses variétés; le charme (*Carpinus betulus*) là où le terrain et l'emplacement permettent cette essence.

Les marronniers, les platanes, les érables sycomore ou plane, qui sont quelquefois utilisés, se tiennent moins facilement bien que les tilleuls, les ormes ou les charmes.

Choix des Sujets. — Les jeunes sujets choisis en pépinière doivent présenter les mêmes caractères généraux comme bonne constitution de tige et de racines, recommandés comme favorables pour les jeunes arbres d'alignement. Il est essentiel de s'assurer que tous les jeunes sujets choisis appartiennent bien exactement à la même variété voulue comme mode et époque de végétation, afin d'assurer l'uniformité nécessaire. Enfin il est toujours avantageux de rechercher, parmi les jeunes sujets, ceux dont les premières branches, placées à la hauteur voulue pour commencer la charpente, seront disposées de manière à pouvoir être utilisées de suite dans la forme à établir.

Distances de Plantation. — Les distances de plantation à observer pour les arbres qui seront soumis aux formes symétriques doivent être déterminées en raison de la hauteur qu'on voudra laisser prendre ou imposer à la charpente de ces arbres et en raison de la vigueur de l'essence, de la nature et de l'étendue du sol.

Les distances les plus convenables sont celles recommandées pour ces mêmes arbres plantés en alignement alors qu'on veut leur laisser prendre leur forme normale[1].

Les arbres plantés trop rapprochés se maintiennent difficilement en bon état pendant longtemps : ou ils végètent mal, ou, s'ils sont vigoureux, les suppressions annuelles sont trop importantes et déterminent bientôt le dépérissement.

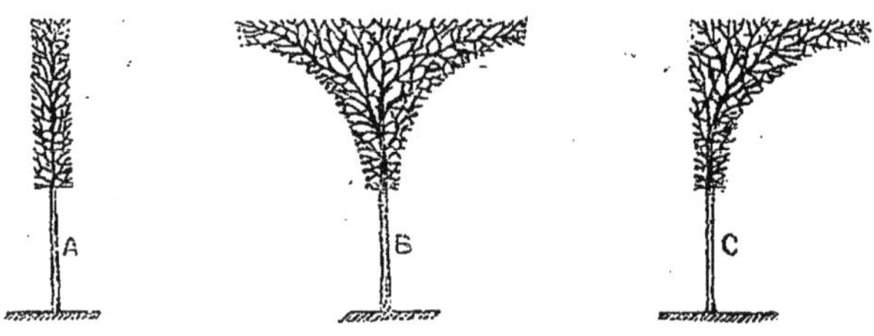

Fig. 122. — Formes diverses symétriques, dites à la Française. *A*, Rideau ; *B*, Marquise double ; *C*, Marquise simple.

Les arbres plantés trop espacés garnissent incomplètement pendant trop longtemps l'emplacement qui leur est donné.

Au moment de la plantation, on doit placer les jeunes arbres de manière que leurs premières branches charpentières déjà développées soient bien dans la direction favorable pour l'établissement de la forme voulue.

Tailles et Tontes pour établir et entretenir les Arbres soumis aux Formes dites à la française. — Les premières opérations de taille à pratiquer sur les jeunes arbres destinés à être soumis à des formes régulières symétriques doivent être appliquées assez tôt, alors que les arbres sont jeunes encore.

Ces premières tailles ont pour but d'enlever les branches inutiles,

1. — Voir l'indication des distances de plantations, p. 34.

mal placées, qui prennent une mauvaise direction, et de provoquer, de forcer, le développement des branches nécessaires, bien placées dans la direction voulue et les ramifications utiles.

Fig. 123. — Trois avenues contiguës formées par des arbres taillés à la Française.

Pour établir les formes en rideaux, ou en marquise, les premières tailles se font assez près de la tige, à $0^{m},15$ ou $0^{m},20$ en dedans et en dehors de la ligne de plantatation, de manière à bien obtenir les premières ramifications nécessaires au bon établissement de la charpente des jeunes arbres.

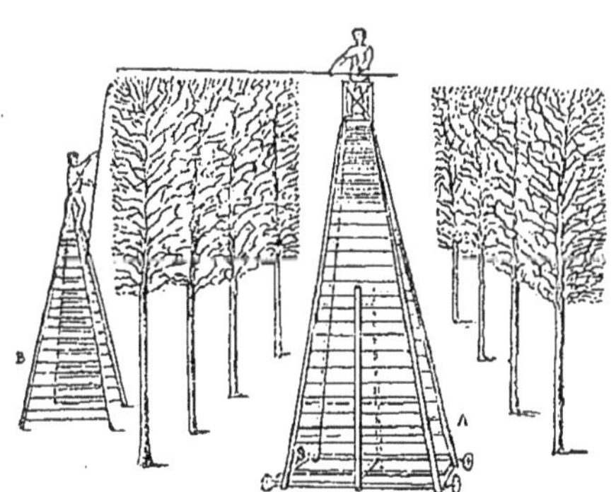

Fig. 124. — Tonte des arbres soumis aux formes symétriques. — *A*, Échelle double sur chariot pour les dessus; *B*, Échelle double pour les côtés.

Les formes et dimensions définitives prévues, que doivent avoir les arbres âgés, une fois établies, ne doivent être atteintes que peu à peu, lentement, afin d'assurer la régularité et la bonne constitution de la charpente définitive (fig. 123).

Annuellement on allongera la taille de quelques centimètres seulement, pour arriver progressivement aux dimensions dans lesquelles l'arbre sera maintenu.

Pendant la période de formation de ces arbres et surtout pendant la période d'entretien, il est assez souvent nécessaire d'appliquer, sur les dessus, des tailles ou tontes plus énergiques ou plus fréquentes, afin de retenir la végétation des parties supérieures et de favoriser le développement nécessaire des dessous ou des parties basses, qui tendent souvent à se dégarnir.

Entretien. — Les arbres soumis aux formes à la française, pour être bien tenus lorsqu'ils sont assez vigoureux, doivent être tondus deux fois par an, en mai-juin et fin août.

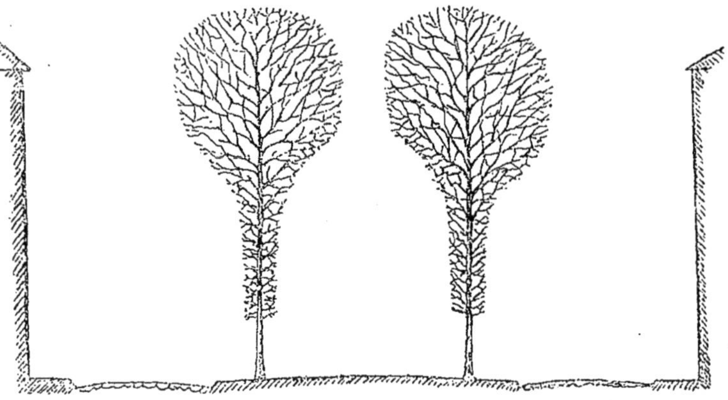

Fig. 125. — Arbres taillés en rideau à la base seulement et maintenus partiellement pour grande avenue.

Lorsque la végétation des arbres se ralentit, ou lorsqu'on ne voudra ou ne pourra faire qu'une tonte annuelle, on devra la pratiquer en mars, au moment de la pousse.

Les tailles ou tontes nécessaires sont pratiquées au croissant et à l'aide d'échelles doubles assez hautes selon le besoin pour atteindre les parties supérieures et les dessus des arbres (fig. 124).

Rajeunissement. — Après une période plus ou moins longue qui peut varier de dix à vingt ans de tailles ou tontes pratiquées annuellement sur un même point pour maintenir les dimensions voulues aux arbres, il se forme à l'extrémité des branches taillées des nodosités, des exostoses volumineuses qui rendent ces arbres disgracieux, surtout pendant l'hiver, alors que les feuilles ne dissimulent plus ces nodosités.

On devra dans ce cas faire le rajeunissement de ces arbres par le rapprochement des branches, c'est-à-dire l'enlèvement des extrémités sur une longueur qui peut varier de 0m,15 à 0m,25, selon le besoin.

Fig. 126. — Arbres maintenus taillés en rideau du côté des maisons seulement.

Ce rapprochement détermine le développement de nouveaux rameaux. Les tailles suivantes sont pratiquées de manière à laisser peu à peu reprendre à l'arbre ses dimensions premières.

Sur certains emplacements, les plateaux particulièrement, les arbres doivent être soumis à des tailles annuelles pour forme régulière partielle en raison du but à atteindre.

De très belles avenues formées dans ces conditions sont constituées par des arbres taillés en rideaux maintenus seulement jusqu'à une hauteur déterminée le plus souvent de 6 à 8 mètres en raison des dimensions des arbres et de l'avenue, la partie supérieure formant la tête de l'arbre laissée libre ou maintenue un peu selon le besoin pour éviter le dénudement de la base (fig. 125).

Dans certains cas, des arbres plantés en bordure de maisons doivent être taillés en rideau d'un seul côté dans toute leur hauteur, afin de maintenir l'écartement nécessaire pour avoir la lumière et l'air utile aux habitations (fig. 126). On enlève même parfois toutes les branches au ras du tronc du côté des habitations.

CHAPITRE V

ENTRETIEN DES PLANTATIONS[1]

§ I. — SOINS ET REMPLACEMENTS.

L'ENTRETIEN des plantations d'alignement consiste à donner en temps opportun les soins utiles pour maintenir, selon les circonstances, le sol des plantations dans les meilleures conditions possibles pour la végétation, et à pratiquer en temps voulu les opérations convenables pour aider à la formation puis au maintien en bon état de la charpente des arbres.

Pour les plantations jeunes ou nouvellement faites, l'entretien consiste surtout dans l'application des arrosages, qui doivent toujours être bien judicieusement donnés, puis dans la surveillance active et la vérification attentive des attaches et des tuteurs pour prévenir les étranglements et les blessures.

Le développement régulier des premières branches qui constitueront la charpente devra être surveillé afin d'éviter d'avoir à pratiquer plus tard des opérations trop importantes de taille ou d'élagage.

Pour les plantations anciennes, les soins d'entretien consisteront surtout à pratiquer, aussitôt qu'elles seront nécessaires, les opéra-

---

1. — Dans les plantations d'alignement, il est plus disgracieux de voir un arbre en mauvais état, dépérissant, entre d'autres arbres en bon état, que de voir un emplacement libre.

tions utiles pour maintenir à chaque arbre le développement qu'il doit avoir pour assurer la régularité du développement dans l'ensemble des arbres d'une même plantation.

Pour entretenir le bon état d'ensemble de végétation des arbres d'une même voie, on devra donner les soins de culture nécessaires : arrosages ou engrais spéciaux, selon les besoins individuels, aux sujets languissants ou moins vigoureux.

Les arbres soumis aux formes symétriques seront régulièrement taillés aux époques convenables.

Il convient de faire toujours de suite toutes les opérations qui peuvent être devenues nécessaires pour des causes accidentelles ou imprévues : l'enlèvement des branches cassées ou mortes, le traitement des plaies ou blessures, la destruction des insectes aussitôt leur apparition.

Enfin l'entretien consiste aussi à prévoir et préparer en temps utile pour avoir en réserve les sujets d'essences et d'âges variés pour les remplacements qui peuvent devenir nécessaires pour des causes diverses.

Remplacements partiels. — Lorsque les arbres à remplacer sont jeunes et font partie d'une plantation récente, faite dans de bonnes conditions, dans un sol convenable, les remplacements se font comme une plantation ordinaire, avec des sujets assez forts, bien choisis, sans avoir à renouveler le sol de l'emplacement.

Lorsque les arbres à remplacer auront végété plus de vingt ou vingt-cinq ans, il pourra être nécessaire de remplacer partiellement ou totalement le sol de l'emplacement destiné à la nouvelle replantation, selon la constatation de l'état du sol et de la végétation des arbres voisins.

Les arbres nouveaux à planter devront être de même essence et, autant que possible, de même force et dimension que les arbres qui constituent la plantation dont ils font partie.

Les arbres nécessaires destinés aux remplacements seront transplantés, selon leur âge et leur développement, à racines nues, ou en motte, au chariot.

On ne doit généralement pas transplanter à racines nues des arbres dont la tige mesure plus de 10 à 12 centimètre de diamètre, à 1 mètre du sol, à cause surtout des difficultés matérielles d'exécution que présente ce travail pour pouvoir être fait dans des conditions encore assez favorables pour assurer la reprise du sujet transplanté.

Les jeunes sujets plantés en remplacement, entre des arbres âgés, de grandes dimensions, reprennent mal, végètent difficilement, le plus souvent par suite du défaut de lumière, recouverts qu'ils sont par les grands arbres, et aussi parce que le sol de leur emplacement est envahi par les racines des arbres voisins.

On devra toujours, pour faciliter la reprise et la bonne végétation du jeune arbre planté au milieu d'autres, déjà anciens sur place et vigoureux, élaguer suffisamment les arbres voisins dont les branches s'avancent au-dessus du nouvel arbre planté, afin de lui donner le plus de lumière possible, utile pour son développement (cette opération s'appelle faire une cheminée), et aussi supprimer les racines des arbres voisins qui s'étendent dans l'emplacement du sol qui doit être réservé au nouveau sujet.

Remplacement des Arbres âgés dépérissants. — Lorsque des arbres âgés d'une plantation déjà ancienne sont dépérissants et ne peuvent redevenir en bon état à l'aide de soins de culture, il convient, pour maintenir la régularité de la plantation, de faire leur remplacement à l'aide de sujets déjà forts, de même essence, transplantés au chariot.

Dans ce but, il convient d'avoir en pépinière, en réserve, sur des emplacements appropriés, des arbres âgés, de forces diverses, d'essences choisies, soumis aux soins voulus pour être utilisés selon le besoin et avec toutes chances de réussite pour la reprise.

Ces précautions sont indispensables pour pouvoir assurer l'entretien en état convenable des plantations dans les villes et surtout à Paris.

Renouvellement de la Plantation. — Si les arbres dépérissants ou en mauvais état sont en majeure partie, il convient de faire une replantation d'ensemble de la voie, plutôt que de faire des remplacements intercalaires annuellement nécessaires.

Les remplacements successifs de jeunes sujets intercalés constituent des plantations irrégulières et le plus souvent de mauvaise venue.

Les travaux utiles pour le renouvellement de la plantation sont subordonnés à l'état du sol de l'emplacement.

Si le sol est reconnu de bonne nature et suffisant, on exécutera les travaux de défonce utiles pour l'installation de la nouvelle plantation, en ayant soin de bien extraire toutes les racines des arbres anciens.

Il convient généralement aussi, dans ce cas, de choisir pour la plantation nouvelle une essence autre que celle qui existait précédemment sur l'emplacement.

Si le sol est constaté de mauvaise nature, épuisé ou insuffisant, il conviendra de le remplacer ou de l'améliorer selon le besoin avant de refaire la plantation.

Constitution immédiate d'Avenues ombragées. — L'établissement d'avenues présentant de suite l'aspect et l'avantage de plantations âgées de 15 ou 20 ans est d'une très bonne pratique pour certaines voies principales ou dans certaines circonstances particulières, où il est nécessaire de produire de suite de l'effet et procurer de l'ombrage.

L'exécution en est facile et la réussite assurée, à la condition de l'avoir prévue et d'avoir fait en temps utile la préparation des arbres voulus dans l'état convenable.

Formation et Préparation des Sujets destinés à être transplantés au Chariot. — Après avoir été préparés, élevés, comme il a été dit pour les jeunes arbres destinés à être plantés à racines nues, les arbres destinés à être transplantés au chariot devront être replantés en pépinière à une distance d'environ 6 mètres les uns des autres, afin de pouvoir se développer librement.

Les opérations utiles de taille seront faites en temps opportun pour élever la tige nue à la hauteur nécessaire pour leur destination, et le développement sera surveillé et maintenu assez régulier.

Tous les trois ou quatre ans, on devra faire le cernage de ces arbres, dans le but d'empêcher l'allongement de leurs racines et de les faire se ramifier, pour constituer une motte solide qui assurera le succès de leur plantation en place définitive.

Le cernage consiste à pratiquer autour du pied de l'arbre une tranchée circulaire dans le but de couper les racines à une distance déterminée du tronc et qui doit varier avec l'âge et les dimensions du sujet.

Pour un arbre ayant $0^m,30$ de circonférence de tige mesurée à 1 mètre au-dessus du sol, la tranchée doit laisser à l'arbre une motte de 1 mètre de diamètre et avoir de $0^m,60$ à $0^m,80$ de profondeur, selon qu'on rencontre encore des racines de l'arbre plus ou moins profondément.

Si l'arbre a des racines pivotantes, elles doivent être coupées à cette profondeur.

Pour un arbre ayant $0^m,90$ de circonférence, la tranchée devra laisser à l'arbre une motte de $1^m,60$ de diamètre et avoir environ 1 mètre de profondeur, selon le besoin.

En faisant la tranchée, toutes les racines seront coupées très nettement au ras de la motte. Ensuite, la terre extraite sera rejetée dans la tranchée et tassée fortement.

§ II. — TRANSPLANTATION AU CHARIOT.

La transplantation au chariot d'arbres forts, âgés, se pratique, soit pour constituer une plantation donnant de suite assez d'ombrage et produisant l'effet décoratif d'une plantation déjà ancienne, soit pour conserver la régularité d'une plantation d'arbres déjà forts en facilitant les remplacements à l'aide d'arbres ayant la taille voulue.

Ce mode de transplantation, qui consiste à enlever avec l'arbre une partie de la terre dans laquelle se trouvent des racines dont les fonctions n'ont pas été interrompues, lorsque le travail est bien exécuté, permet d'assurer pour ainsi dire la reprise d'arbres dont la réussite serait très douteuse, si la transplantation était faite à racines nues.

Époques. — La transplantation des arbres au chariot se pratique surtout pendant le repos de la végétation, depuis l'automne jusqu'au printemps, pendant l'hiver lorsque la température le permet.

Toutefois, ce mode de transplantation peut aussi se pratiquer pendant la période de végétation, de juin à septembre, pour les arbres à reprise facile (les marronniers, les platanes), et se trouvant dans un sol un peu fort, compact, dont la nature assure le maintien de la motte pendant l'opération.

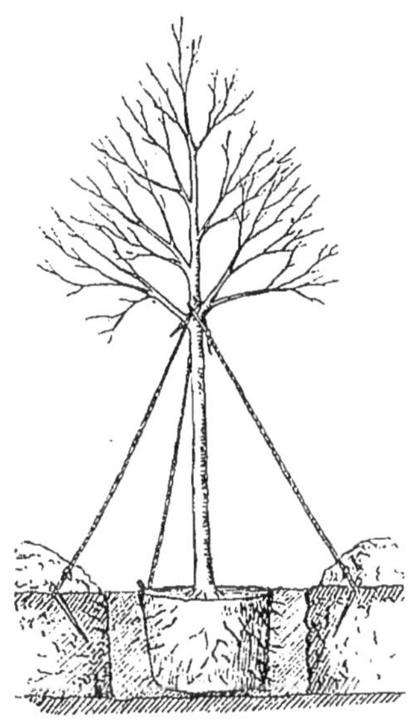

Fig. 127. — Gros arbre préparé pour transplantation au chariot (Motte nue).

Des arrosages préalables auront dû être donnés.

Des arrosages copieux et fréquents, des bassinages sur les feuilles devront être ensuite donnés aux arbres transplantés en pleine végétation.

Des abris provisoires à l'aide de toiles, claies, etc., pour empêcher l'action directe du soleil, constitueront des conditions favorables pour faciliter la reprise des arbres transplantés en végétation avec leurs feuilles.

Enfin, on pratique aussi dans certains cas pendant les grands froids, dans les pays à hiver rigoureux, la transplantation des arbres en motte gelée ; dans ce cas, la motte de l'arbre a dû être préparée de manière à faciliter sa congélation complète pour le moment du transport. Ce travail, à cette époque, demande des précautions particulières, pour éviter les blessures, toujours plus dangereuses, faites pendant la congélation des tissus.

Choix des Sujets. — Les arbres à choisir pour les transplantations au chariot doivent être bien sains, assez vigoureux, sans plaies ni caries ; ils seront d'une reprise d'autant plus assurée qu'ils auront été préparés à cette destination par des transplantations dans leur jeunesse et par des cernages faits plusieurs années avant la déplantation (voir sujets destinés à être transplantés au chariot).

Les dimensions ordinaires de ces arbres varient entre 0m,25 et 1m,60 de circonférence, mesurée à 1 mètre du collet.

Cependant la limite de dimension n'est déterminée que par les difficultés matérielles qui se présentent dans l'exécution de ce travail pour qu'il soit toujours fait dans des conditions assez favorables à la reprise.

Les arbres très âgés, n'ayant jamais été déplantés ni cernés, dont les racines sont le plus souvent devenues très longues ou pivotantes, sont dans des conditions défavorables pour en faire la transplantation et en assurer la reprise.

D'une manière générale, on constate que les arbres âgés, à bois dur ou à racines pivotantes ou longuement traçantes, le chêne, le rêne, l'érable, l'orme, l'acacia, reprennent moins facilement que les arbres à bois mou et ceux dont les racines sont toujours très ramifiées, tels que les marronniers, les peupliers, les platanes.

Déplantation. — L'administration des travaux de Paris fixe ainsi qu'il suit les dimensions à donner aux mottes des arbres en raison de la grosseur de la tige.

TABLEAU INDIQUANT

LA CIRCONFÉRENCE DU TRONC mesurée à 1m du collet	LE DIAMÈTRE de la motte	L'ÉPAISSEUR
0m,25 à 0m,45	1m,00 à 1m,20	0m,70
0m,46 à 0m,65	1m,20 à 1m,40	0m,80
0m,61 à 0m,90	1m,50 à 1m,70	0m,90
0m,91 à 1m,20	2m,00 à 2m,20	1m,00
1m,21 à 1m,50	2m,30 à 2m,50	1m,10

Préparation de la Motte. — Pour préparer l'enlèvement de l'arbre, on ouvre une tranchée annulaire laissant au pied de l'arbre une motte dont le diamètre et la profondeur varient ordinairement, dans les limites indiquées ci-dessus, entre 1 et 2 mètres de diamètre et $0^m,70$ à 1 mètre de profondeur selon la force de l'arbre, l'étendue et la direction de ses racines.

La tranchée circulaire nécessaire pour l'établissement de la motte doit avoir une largeur suffisante, environ $0^m,60$ à $0^m,80$, pour faciliter l'exécution du travail en raison de la profondeur à laquelle on doit descendre. Après avoir tracé le périmètre voulu, l'ouverture de la tranchée doit être faite en laissant à la motte un diamètre de $0^m,08$ environ, supérieur à celui indiqué par le tracé. Le diamètre indiqué sera donné ensuite en faisant tomber avec précaution, à l'aide d'une spatule en bois, l'excédent de terre.

Cette simple précaution assure l'exécution d'une motte plus régulière et la conservation en meilleur état de l'extrémité des racines.

En ouvrant la tranchée, les racines rencontrées, qui ne peuvent être conservées, sont coupées avec soin ou sciées à l'égohine si elles sont grosses; la plaie est ensuite parée ainsi qu'il convient.

Avant de procéder à l'ouverture de la tranchée, il est utile de fixer l'arbre à l'aide de cordages attachés à la hauteur des premières branches et à des pieux fichés en terre ou à des arbres voisins, de manière que l'arbre ne risque pas d'être renversé par les vents ou toute autre cause pendant l'opération de l'arrachage (fig. 127).

Ces cordages serviront ensuite à maintenir l'arbre sur le chariot. Les précautions nécessaires doivent être prises pour que les cordages ne blessent pas l'écorce de la tige ou des branches.

La partie de la tige et des branches où se trouvent fixés les cordages doit être garantie par des paillons ou des toiles.

Entourage de la Motte. — La tranchée annulaire étant ouverte jusqu'à la profondeur nécessaire, la motte est alors entourée de parements faits le plus souvent avec des branchages de genêts, de thuyas, de bouleaux ou de voliges, de longueur suffisante, placées verticalement et maintenues provisoirement à l'aide d'une ficelle qui entoure la motte. Ces branchages ou parements, bien répartis selon le besoin, sont ensuite serrés contre la motte à l'aide de deux cordages partageant la hauteur de manière à bien assujettir, maintenir la terre.

Il convient de serrer d'abord le cordage du bas, puis celui du haut.

Ces cordages sont serrés fortement par une torsion faite à l'aide d'un morceau de bois assez fort appelé rondin, d'environ 0m,30 de longueur, et qui est ensuite lui-même arrêté au cordage.

On excave ensuite le dessous de la motte sous une moitié d'abord, de manière à s'assurer qu'il n'existe pas de fortes racines s'enfonçant verticalement dans le sous-sol, les coupant s'il en existe; puis on glisse un madrier sous cette motte. La même opération est faite ensuite pour l'autre moitié.

Ces deux madriers reposent sur deux chaînes qui permettront de soulever la motte de l'arbre à la hauteur voulue pour qu'il puisse être emmené par le chariot.

Les madriers employés ont ordinairement 0m,30 à 0m40 de largeur et une longueur de 1 mètre environ selon le diamètre de la motte.

Enlèvement de l'Arbre. — La motte étant préparée, on dispose deux plats-bords bien parallèlement l'un à l'autre, et avec l'écartement voulu entre eux pour assurer le passage des roues du chariot.

Le chariot est amené à reculons, poussé à bras d'homme, sur les plats-bords au-dessus de la tranchée jusqu'à l'emplacement convenable pour que l'arbre se trouve bien au centre.

La maneuvre du chariot sur les plats-bords se fait toujours à bras d'homme ; un ouvrier dirige, guide le chariot à l'aide des brancards ; les autres ouvriers actionnent le roulement par des pesées, faites, à la demande, aux roues à l'aide des pinces.

Les cordages qui retiennent l'arbre sont détachés du sol et maintenus seulement pour empêcher toute inclinaison de l'arbre pendant son soulèvement. Les chaînes passées sous les madriers sont accrochées aux chaînes des treuils, en s'assurant qu'elles ont bien toutes la même longueur.

Les treuils, mis en mouvement régulièrement, lentement, doivent soulever l'arbre dans une position toujours bien verticale, d'aplomb.

Lorsqu'il est soulevé de $0^m,50$ environ, on s'assure que le dessous de la motte est assez solidement et complètement maintenu par les madriers pour ne pas se désagréger pendant le trajet.

Dans le cas où, la terre étant très friable, il y aurait à craindre la désagrégation, on ajoute entre les madriers les branches ou planches nécessaires, maintenues à l'aide de cordages, pour bien assujettir la terre du dessous.

Ensuite l'arbre est soulevé à la hauteur nécessaire pour que le dessous de la motte ne touche pas à terre pendant le trajet (fig. 128).

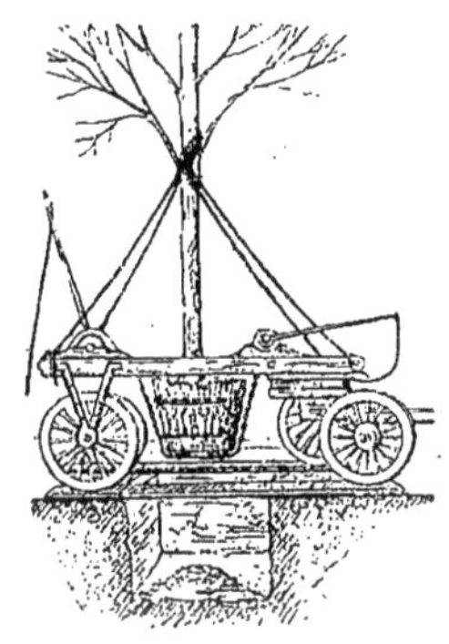

Fig. 128. — Arbre sur chariot au-dessus du trou, sur plats-bords ou madriers. « Chariot à leviers. »

Les quatre haubans attachés à la tige de l'arbre, vers les premières branches, sont fixés aux quatre angles du chariot, de manière à assujettir l'arbre dans la position voulue.

Mise en Place. — Le trou nécessaire pour recevoir la motte de l'arbre ayant été préparé avec les dimensions voulues, profondeur et largeur, le fond étant bien ameubli, la terre bonne, on fait au centre un petit mamelon sur lequel devra reposer le dessous de la motte, alors que le dessus se trouve bien à la hauteur convenable pour le niveau du sol.

Le chariot est amené à reculons à bras d'hommes sur les plats-bords, qui ont été préparés comme pour l'enlèvement (fig. 129). Une fois l'arbre bien juste à l'emplacement qu'il doit occuper, les treuils sont mis en mouvement par les ouvriers désignés pour ce travail, au commandement du chef d'équipe, pour le laisser descendre lentement et très régulièrement.

L'arbre reposant au fond du trou et son collet se trouvant bien à la hauteur et la place voulues, les cordages sont détachés du chariot et les chaînes sont détachées des treuils.

Le chariot emmené, et après avoir retiré les chaînes du fond et les madriers du dessous de la motte, l'arbre est de nouveau, selon le besoin, maintenu à l'aide de haubans attachés aux arbres voisins ou à des pieux enfoncés dans le sol.

Après avoir fait l'habillage nécessaire aux racines, on jette dans la tranchée la terre nécessaire en choisissant la meilleure, pour appuyer la motte.

Les branchages sont écartés et enlevés seulement au fur et à mesure que la tranchée se comble.

Toute la terre jetée dans la tranchée doit être bien appuyée, régulièrement, fortement, de manière à prévenir un tassement irrégulier qui pourrait déplacer l'arbre.

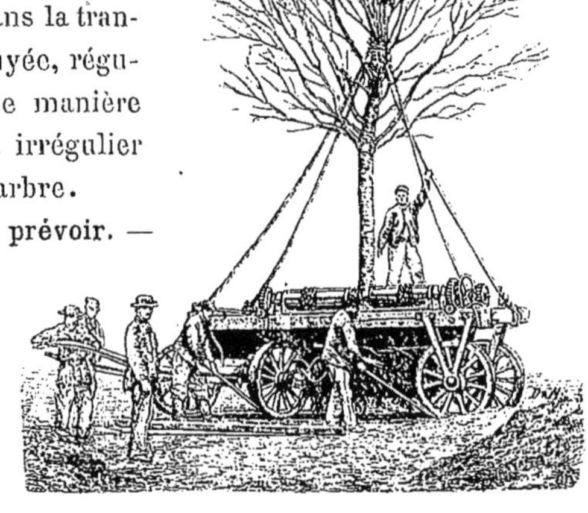

Fig. 129. — Arbre sur chariot en manœuvre. « Chariot à manivelles. » Ouvrier dirigeant le chariot à l'aide des brancards. Ouvriers actionnant les roues à l'aide de pinces.

Orientation voulue à prévoir. — En faisant la transplantation de l'arbre, on doit se préoccuper de son aspect d'ensemble, de la disposition ou conformation de sa charpente, qui, dans certains cas, demande à être présentée d'un côté plutôt que d'un autre, pour produire le meilleur effet possible, selon l'emplacement auquel l'arbre est destiné.

Ce résultat peut être obtenu en combinant la direction qu'il convient de donner au chariot pour l'enlèvement et la mise en place de l'arbre en vue de l'orientation voulue.

Enfin on peut aussi modifier l'orientation de la charpente de l'arbre au moment de sa mise en place.

Lorsque la motte a atteint le fond du trou, on détache les chaînes du fond de celles des treuils, puis on les rattache obliquement, de manière que, en faisant maneuvrer les treuils pour soulever l'arbre, il se produise un mouvement tournant à cause de l'obliquité qui avait été donnée aux chaînes. L'arbre redescendu, cette opération est répétée selon le besoin.

Toutes ces opérations de manœuvre, pour la transplantation au chariot, doivent être exécutées au commandement ferme d'un chef d'équipe habile.

Soins après la Plantation. — Les arbres transplantés au chariot doivent être bien assujettis en place, de manière qu'ils ne puissent pas être ébranlés jusque dans le sol par les vents pendant leur période de reprise ; ils seront maintenus fixes à l'aide de haubans en fils de fer attachés avec les précautions nécessaires aux arbres voisins ou à des pieux enfoncés dans le sol, selon les cas et le besoin.

Habillage de la Charpente. — Pour faciliter la reprise et la bonne végétation de ces arbres, il est utile de raccourcir les branches les plus longues, les plus vigoureuses, en raison de la quantité et de la dimension des racines qui ont été coupées pour la déplantation, afin de rétablir l'équilibre nécessaire entre l'appareil de racines et la charpente de l'arbre.

Arrosages. — Les soins d'arrosages seront donnés en raison de l'essence, de l'état du sujet ou de l'époque de plantation, de la température et de la nature du sol. Le premier arrosage sera donné immédiatement, de manière à bien saturer le sol jusqu'au-dessous de la motte de l'arbre et pour provoquer son tassement complet.

Les arrosages seront donnés ensuite selon le besoin, pour entretenir l'humidité nécessaire, pour faciliter la reprise et entretenir la végétation.

Il pourra être utile d'arroser deux fois par semaine dans les sols secs et perméables, pendant les fortes chaleurs.

Les arbres transplantés pendant la période de végétation doivent être bien tenus à l'eau, les platanes particulièrement.

Il faut avoir soin toutefois d'éviter l'excès d'humidité stagnante, qui déterminerait rapidement la pourriture des racines; ce fait est à redouter, surtout là où le sous-sol est imperméable.

Dans quelques cas particuliers, lorsque l'arbre transplanté proviendra d'un endroit ombragé, et lorsqu'il sera mis sur un emplacement très ensoleillé, il sera utile de préserver son tronc de l'ardeur du soleil en l'entourant de mousse ou de tresses de paille recouvertes de toiles assez épaisses, qui, maintenues humides par des bassinages suffisants, faciliteront la végétation.

Le bassinage des feuilles le soir et le matin aidera beaucoup à la reprise et à la bonne végétation des arbres nouvellement transplantés.

Transplantation spéciale à l'aide d'un Traîneau. — Dans quelques cas, lorsqu'on ne peut pas disposer d'un chariot ordinaire, ou lorsque son emploi présente de trop grandes difficultés, il est cependant possible de faire les déplacements en motte de gros arbres, surtout pour les déplacements à petites distances; la motte de l'arbre est préparée comme pour l'enlèvement au chariot ordinaire.

Toutefois, la tranchée doit avoir la profondeur nécessaire pour pouvoir pratiquer sous la motte à conserver une excavation suffisante de $0^m,25$ à $0^m,30$ environ, pour y placer les plats-bords, les rouleaux et les madriers utiles pour l'établissement et le fonctionnement du traîneau.

Le roulement, le déplacement de l'arbre, se fait sur les plats-bords, mis successivement en prolongement de la tranchée faite jusqu'à l'emplacement voulu (fig. 130). Si l'arbre a une destination plus éloignée, il peut être amené sur le sol à l'aide d'une pente douce, et il sera descendu, par le même moyen, à l'emplacement et à la profondeur qu'il doit occuper.

§ III. — DÉPLANTATION DE GROS ARBRES A RACINES NUES.

La transplantation à racines nues d'arbres déjà forts, mesurant plus de $0^m,10$ de diamètre, peut s'effectuer avec chances de succès, à la condition que les travaux d'arrachage et de replantation seront faits dans des conditions particulières de précautions et soins indispensables pour favoriser la reprise.

Il conviendra d'abord, pour faire l'arrachage de ces arbres, d'ouvrir une tranchée d'étendue et de profondeur suffisantes pour conserver à ces arbres toutes leurs racines dans toute leur longueur ou à peu près.

Pour des arbres dont la tige a environ 0^{m},50 de circonférence mesurée à 1 mètre du sol, il pourra être utile de donner à la tranchée une largeur de 3 mètres et plus selon le besoin sur 1 mètre de profondeur.

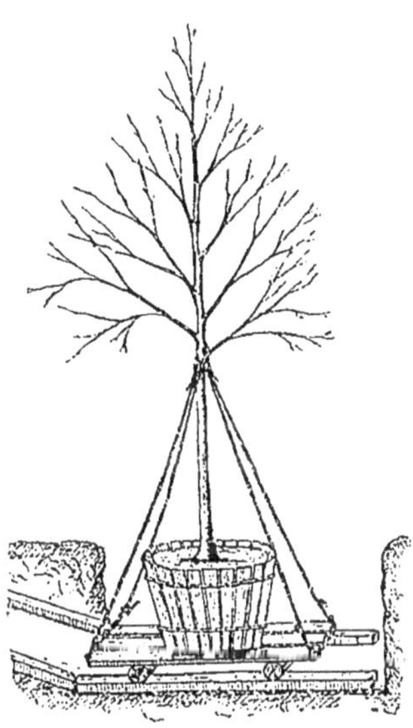

Fig. 130. — Arbre sur traineau, en tranchée, sur madriers.

Ensuite, pour dégager les racines sans les blesser, on fera tomber avec précaution et on rejettera au dehors la terre de la motte, en réservant cependant un simple point de support juste au-dessous de la tige. L'arbre aura dû préalablement être haubanné de façon à pouvoir être maintenu sans le secours de la terre.

Pendant l'opération de l'arrachage, lorsqu'un certain nombre de racines se trouvent dégagées sur une longueur suffisante, il conviendra de réunir ces racines par petits faisceaux, qui seront maintenus redressés, de façon à éviter le plus possible les blessures pendant le travail.

Si le travail de déplantation doit durer plusieurs jours, les racines seront entourées de toiles ou de mousse, afin d'éviter leur dessèchement.

Lorsque ces arbres sont trop lourds pour être transportés à bras d'hommes, on les transporte à l'aide d'un chariot spécial très simple constitué par deux roues d'un diamètre suffisant, environ 1^{m},50 à

2 mètres ; ces deux roues supportent un essieu auquel est fixé un timon long de 3 mètres environ.

Ce chariot est amené au pied de l'arbre à l'aide d'une tranchée en pente douce, qui se continue du côté opposé à l'arrivée du chariot en remontant à la surface du sol. L'essieu arrivé au pied de l'arbre, le timon est dressé verticalement contre la tige, les précautions utiles sont prises, les coussins et paillons sont placés pour qu'il ne puisse pas y avoir frottement de l'écorce ni sur l'essieu ni sur le timon, après lesquels l'arbre est attaché solidement.

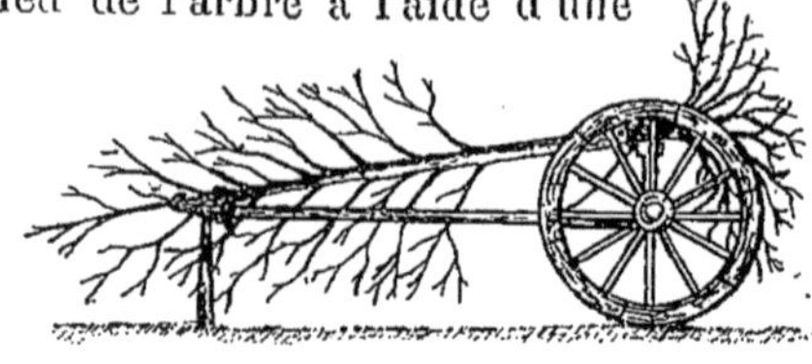

Fig. 131. — Transplantation à racines nues, sur chariot à deux roues.

Le timon étant alors abaissé, l'arbre est entraîné, les racines en avant, par le côté opposé où le chariot est venu (fig. 131).

Les racines et les branches longues susceptibles d'être brisées ou de traîner par terre doivent être maintenues attachées à l'aide de liens.

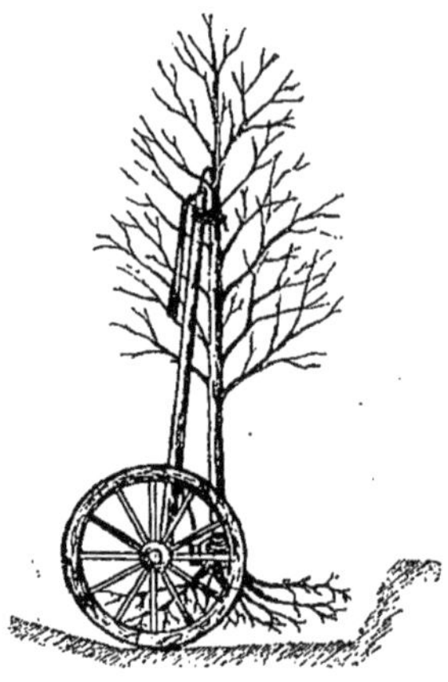

Fig. 132. — Transplantation à racines nues sur chariot à deux roues. « Enlèvement et mise en place. »

Mise en Place. — Le trou destiné à recevoir l'arbre doit avoir les dimensions suffisantes pour que les racines puissent être bien étendues, allongées dans toute leur longueur ; sur l'un des côtés du trou on a dû faire une ouverture suffisante de manière à faciliter la descente du véhicule qui doit amener l'arbre par une pente douce sur l'emplacement creusé à la profondeur voulue.

Il est procédé selon le besoin à l'habillage des racines et des branches.

Le timon est redressé (fig. 132), l'arbre est détaché, puis maintenu fixé droit à l'aide de haubans qui restent le temps nécessaire pour la reprise; les racines sont recouvertes de terre avec tous les soins voulus pour bien exécuter ce travail, dont la bonne façon est des plus importantes pour favoriser la reprise des arbres âgés transplantés à racines nues.

Les soins d'arrosage sont donnés copieux et fréquents selon le besoin.

§ IV. — ENGRAIS.

L'emploi des engrais pour l'entretien des plantations d'alignement est une opération trop délaissée. On pourrait certainement, dans un grand nombre de cas, prolonger très notablement l'existence en bon état des arbres dans Paris en introduisant dans le sol, selon le besoin, une fumure ou des engrais bien appropriés, soit du fumier en état convenable ou des engrais organiques analogues, et aussi par des arrosages à l'engrais liquide donnés assez fréquemment et de manière à atteindre la plus grande partie des racines.

Parmi les engrais organiques, le fumier gras bien préparé, assez décomposé, serait le plus convenable.

La quantité à employer serait de un cinquième à un dixième de mètre cube par arbre, soit environ 0m,05 d'épaisseur, selon l'étendue des racines, c'est-à-dire l'âge et le développement du sujet.

Ce fumier décomposé serait incorporé au sol au-dessus de l'emplacement occupé par les racines jusqu'à une profondeur d'environ 20 centimètres, recouvert d'une légère couche de terre.

Dans Paris, ce moyen n'est pas praticable, à cause des revêtements des trottoirs ; cependant l'engrais nécessaire pourrait être déposé dans des cuvettes intermédiaires spéciales ou dans les cuvettes ordinaires un peu creusées au besoin.

Des arrosages copieux, de 50 à 100 litres d'eau par mètre cube de terre à saturer, entraîneraient les principes utiles jusqu'aux racines.

Ces arrosages seraient donnés deux ou trois fois par mois, si le sol est léger et très perméable, en mars-avril, mai et juin.

Parmi les engrais liquides, le jus de fumier ou purin, à 1° Baumé, donné en arrosages deux fois par mois, mars-avril, mai et juin, à raison de 50 à 100 litres par mètre cube de terre à saturer, produit de très bons résultats.

Engrais chimiques. — Des engrais chimiques de natures diverses, composés selon le besoin, pourraient être utilisés dans certains cas avantageusement dans les plantations.

La composition des engrais et la quantité à donner ne peuvent être indiquées que d'après la connaissance assez exacte de la nature et de l'état du sol et selon les essences.

Le nitrate de soude seul à la dose de 1 gramme par litre d'eau donnée en arrosage, à raison de 50 à 100 litres par mètre cube de terre occupée par les racines, selon la nature minérale du sol et le développement de l'arbre, deux fois par mois en mars-avril, mai et juin, constitue un engrais généralement favorable aux arbres dans les sols épuisés [1].

Le phosphate d'ammoniaque à la dose de 2 grammes par litre d'eau peut aussi être utilisé avantageusement.

Dans les sols d'origine granitique, qui sont généralement riches en potasse et pauvres en chaux et en acide phosphorique, il conviendra d'ajouter au nitrate de soude 1 gramme par litre d'eau de superphosphate de chaux.

Pour les sols d'origine crétacée ou jurassique habituellement riches en chaux et en acide phosphorique, mais pauvres en potasse, il conviendra d'ajouter au nitrate de soude 2 grammes par litre d'eau de chlorure de potassium.

On peut aussi recommander un engrais ainsi composé :

Pour 100 kilos :

Phosphate d'ammoniaque.	30 0/0
Sulfate d'ammoniaque.	20 0/0
Nitrate de potasse.	50 0/0

1. — Dans les sols légers, l'arrosage sera donné à raison de 50 litres par mètre cube trois fois par mois.

L'emploi de cet engrais composé se fait à la même époque et à la même dose que le nitrate de soude seul.

Dans les sols où le calcaire est en excès, et où les arbres deviennent chlorotiques de ce fait, le sulfate de fer peut être avantageusement utilisé à la dose de 5 à 10 grammes par litre d'eau d'arrosage aux mêmes époques que les autres engrais. Ces engrais doivent parfois, surtout pour les arbres déjà âgés, être donnés pendant plusieurs années consécutives pour qu'il puisse être constaté une manifestation favorable de végétation.

Lorsque les plantations ne seront pas munies d'une installation de tuyaux de drainage d'irrigation, il conviendra de faciliter l'accès du liquide jusqu'à l'extrémité des racines en pratiquant aux emplacements voulus des trous assez nombreux, environ un par mètre superficiel, et profonds de 0m,50 à 0m,60, à l'aide d'un avant-pieu ou d'une tige en fer assez forte.

D'après M. Georges Ville, on peut, pour les arbres à feuillage caduque, particulièrement pour les essences appartenant à la famille des légumineuses, les robinias, sophoras, cytises, féviers, par exemple, utiliser très avantageusement un engrais sans azote de la composition ci-après :

Superphosphate de chaux . .	40 0/0
Chlorure de potassium	20 0/0
Sulfate de chaux.	40 0/0

et un engrais avec azote, selon le besoin, pour d'autres essences :

Superphosphate de chaux.	40 0/0
Nitrate de potasse	20 0/0
Sulfate de chaux.	40 0/0

Ces engrais s'emploient surtout au moment de la préparation du sol de la plantation, à raison de 3 kilogrammes par mètre cube de terre, dans laquelle pourront s'étendre les racines des arbres. On devra assurer la répartition égale de l'engrais dans toute la masse de terre par un mélange bien fait.

Ces causes d'état languissant, de dépérissement des arbres, provenant de l'insuffisance du sol, seront en grande partie évitées lorsque les travaux d'installation auront été bien faits conformément aux indications données pour la nature, l'étendue et profondeur de terre végétale nécessaire en vue de l'avenir des plantations[1] (voir : Préparation du sol, p. 16).

1. — En général, dans Paris ce n'est pas le défaut de présence de principes nutritifs dans le sol qui cause le dépérissement prématuré des arbres ; ce sont les conditions physiologiques générales, favorables, nécessaires à l'accomplissement des fonctions de la végétation, qui manquent au sol et au milieu extérieur.

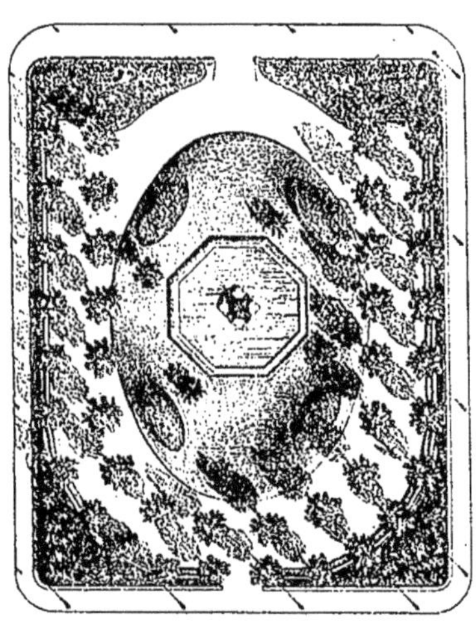

Square Louvois.

CHAPITRE VI

MALADIES ET DÉPÉRISSEMENT DES ARBRES D'ALIGNEMENT

§ I. — SOINS A DONNER.

oins. Traitements. — Les maladies et le dépérissement des arbres d'alignement dans les villes proviennent souvent de causes très diverses et complexes, mais elles proviennent surtout, à Paris particulièrement, de l'insuffisance de l'étendue de bonne terre végétale dont les arbres peuvent disposer, — cette cause est prépondérante [1], — et du défaut d'aération du sol.

Les conditions locales extérieures constituent généralement un milieu défavorable pour une bonne végétation normale de longue durée. Enfin, dans certains cas particuliers, les soins de culture et d'entretien irrationnellement donnés, les contusions ou blessures fréquentes, des insectes et végétaux parasites, sont aussi parfois très nuisibles aux arbres.

Certaines maladies peuvent être constitutionnelles ou résulter des intempéries ou de causes accidentelles. Il faut chercher à bien connaître, constater ces causes, c'est-à-dire faire la diagnose du cas ou de la maladie, si on veut pouvoir y apporter un remède efficace en raison des cas particuliers.

---

1. — Le dépérissement général qui se manifeste depuis quelques années, surtout dans les plantations déjà anciennes (elles ont près de quarante ans) du centre de Paris, est dû pour la plus grande part à cette cause, qui détermine une véritable anémie végétale ou misère physiologique.

Diagnostic. — On peut reconnaître qu'un arbre est en bon état de végétation, ou languissant :

1° A la longueur et vigueur des pousses de l'année comparées à celles des années précédentes ;

2° A la coloration et grandeur relative du feuillage comparés aux sujets reconnus en bon état ;

3° Au départ simultané et à la durée normale habituelle de la végétation annuelle ; à la chute prématurée ou tardive des feuilles ;

4° A la régularité de l'ensemble du développement de la charpente de l'arbre, les parties supérieures conservant leur prédominance ;

5° A l'époque d'arrêt simultanée ou non de la végétation pour les différentes parties supérieures ou inférieures de la charpente ;

6° A l'accroissement en diamètre du tronc.

Maladies causées par le Sol. — Les maladies et le dépérissement des arbres causés par le sol peuvent provenir de ce qu'il est :

1° De mauvaise nature ou compositions minérales, insuffisamment perméable à l'eau et à l'air ;

2° Insuffisant comme étendue, épuisé ou dépourvu de principes nutritifs ;

3° En mauvais état, trop humide ou trop sec ;

4° Enfin, il peut contenir des gaz ou des substances nuisibles à la végétation, entre autres le sel en surabondance utilisé pour la fonte des neiges.

Remèdes. — Si le sol est de mauvaise nature, trop calcaire, trop argileux ou insuffisamment perméable, les arbres y seront souvent chlorotiques ; si le sol est insuffisant comme étendue, les arbres, en grandissant, lorsque leurs racines sortiront de la bonne terre, auront une végétation languissante. De même, lorsque le sol sera épuisé, il conviendra dans ces cas de reconstituer un sol de bonne nature et suffisant par des apports de bonne terre sur une étendue et profondeur nécessaires, ainsi qu'il a été indiqué pour l'installation de plantations dans les mauvais sols, ou, selon les cas, apporter les engrais appropriés.

Pour le remplacement du sol, on devra enlever la mauvaise terre de la tranchée jusqu'à la profondeur voulue, 1m,20 environ, en laissant autour du pied de l'arbre un motte de 1 à 2 mètres de diamètre en raison de la force de l'arbre et de l'étendue de ses racines,

Fig. 133. — Platane dépérissant par défaut du sol. « Sol sec, calcaire et insuffisant. »

dans les proportions indiquées pour la transplantation au chariot, en laissant toutefois les principales grosses racines de cet arbre avec la plus grande longueur possible.

Excès d'Humidité. — L'excès d'humidité stagnante prolongée du sol peut déterminer un état chlorotique des feuilles, le dépérissement des pousses, la pourriture des racines et la mort des arbres.

Cet excès d'humidité peut provenir de la nature même de l'emplacement, des revêtements des trottoirs qui empêchent l'évaporation, ou de la surabondance d'arrosement, là surtout où le sous-sol est imperméable.

Si le sol est naturellement trop humide avec sous-sol imperméable, on devra, selon le besoin, faire l'installation de drainage d'assainissement pour faciliter l'aération du sol et l'écoulement de l'eau dans les égouts ou en dehors de la tranchée de plantation sur un sous-sol perméable.

Il conviendra de prévenir les arrosages nuisibles et les causes d'entretien d'humidité surabondante selon les cas, en facilitant l'évaporation par la surface du sol, à l'aide de binage ou par l'installation de grilles spéciales dites « Masson », si l'excès d'humidité provient de l'écoulement d'eau sur les trottoirs.

Sécheresse. — L'excès de sécheresse du sol est, dans un grand nombre de cas, une des causes principales de l'état de langueur, du dépérissement, de l'arrêt prématuré de la végétation annuelle des arbres dans les villes, à Paris particulièrement.

L'étendue de terre végétale dont disposent généralement ces plantations est presque toujours insuffisante comme surface et profondeur; elle se dessèche d'autant plus rapidement qu'elle a une faible épaisseur et qu'elle repose sur un sous-sol très perméable, et qu'enfin, à cause du durcissement ou des revêtements du sol, l'eau des pluies ou des neiges n'y pénètre pas (fig. 133).

Dans ce cas, il convient de faire, aux époques convenables, des arrosages suffisants et assez fréquents plutôt que des arrosages très copieux, mais trop rares[1].

1. — Il est parfois utile de faciliter l'accès de l'eau jusqu'au sous-sol à l'aide de trous faits avec un avant-pieu à une distance suffisante du tronc de l'arbre, là où doivent se trouver les racines à atteindre.

Il convient surtout, lors de l'installation des plantations d'alignement, de faire tout le nécessaire au point de vue de la nature du sol et de son étendue indispensable, pour assurer le mieux possible une bonne végétation d'assez longue durée[1].

Défaut d'Aération. — Le sol est aussi très souvent rendu défavorable à la végétation des arbres par le défaut d'aération, par le manque de circulation d'air, provenant surtout du durcissement de la surface du sol, par suite du passage des piétons, où à cause des différents revêtements des trottoirs (béton, bitume, dallage, asphalte), par suite du défaut de perméabilité du sous-sol. Il convient donc d'entretenir toujours au moins le sol au pied de l'arbre, sous la grille ordinaire, parfaitement meuble, par des binages fréquents.

Dans Paris, où la circulation est partout si active et constante, il ne devrait pas y avoir de plantations d'arbres d'alignement sur les trottoirs sans installation de grilles.

Il conviendrait aussi de faire l'installation de grilles intermédiaires entre les arbres, dans la ligne de plantation ; elles faciliteraient une aération suffisante et de plus permettraient un arrosage mieux approprié et assureraient une végétation meilleure et de plus longue durée.

Fuites de Gaz des Canalisations souterraines. — Le sol peut être le siège d'émanations de gaz d'éclairage des plus préjudiciables aux arbres.

On prévient en partie ce danger en faisant enfermer les conduites qui longent ou traversent les tranchées de plantation dans des tuyaux spéciaux en bois ou en métal, amenant une ouverture extérieure en dehors de la plantation.

Ces précautions devraient toujours être obligatoires dans les villes et surveillées pour s'assurer de leur bon état.

Lorsque le sol, trop saturé de gaz, a déterminé le dépérissement et la mort des arbres, il faut, pour planter immédiatement de nouveaux arbres dans les bonnes conditions, faire l'enlèvement du sol saturé

1. — Voir le chapitre : Installation des plantations, préparation du sol.

dans la tranchée de plantation et le remplacer par une terre saine.

La terre extraite, après avoir été exposée suffisamment longtemps à l'air pour perdre son odeur caractéristique, peut être utilisée à de nouvelles plantations.

Dans un sol où il y a faiblement infiltration de gaz, seulement depuis peu de temps, des arrosages copieux donnés immédiatement peuvent éviter le dépérissement des arbres déjà souffrants.

Sur certains emplacements, là surtout où l'humidité est surabondante, le sol peut être le siège de la production de gaz, particulièrement un excès d'acide carbonique défavorable à la végétation.

Dans ces cas, il convient d'assainir le sol par l'installation de drainages facilitant la circulation de l'eau et de l'air.

Le sel utilisé pour la fonte des neiges, qui pénètre dans le sol, est aussi une cause de dépérissement des arbres.

Pour connaître de ces faits, l'analyse du sol est parfois nécessaire.

Il faut éviter l'emploi du sel pour faire fondre la neige à proximité des arbres. On peut combattre l'action nuisible du sel par des arrosages très abondants, constituant de véritables lavages du sol.

Fouilles ou Tranchées. — Enfin, une des causes importantes du dépérissement des arbres dans les villes résulte certainement des fouilles ou tranchées nombreuses fréquentes « pour constructions diverses, installations de conduites d'eau, de gaz, d'électricité, etc. », faites à une distance beaucoup trop rapprochée du pied des arbres.

Pour prévenir ces inconvénients, il conviendrait de faire prendre toutes les précautions nécessaires recommandées pour l'installation des conduites de gaz dans le périmètre des plantations d'alignement, et ne laisser faire les tranchées nécessaires aux installations diverses qu'à une distance d'au moins 2 mètres du pied des arbres et en faisant ménager les grosses racines qui dépassent ces limites.

Ces inconvénients seront en grande partie évités lorsque l'étude préparatoire pour l'installation des plantations aura été bien faite en toute connaissance de cause : les emplacements pour conduites d'eau, de gaz, etc., prévus et indiqués.

§ II. — MALADIES RÉSULTANT DES MAUVAIS SOINS DE CULTURE, D'ENTRETIEN, DE TAILLE, D'ÉLAGAGE, ETC., ETC.

Excès d'Arrosement. — L'excès d'humidité stagnante résultant d'arrosages surabondants est surtout à redouter dans les sols forts, imperméables, pour les arbres récemment plantés et ne végétant pas encore et pour les arbres languissants pour d'autres causes que le manque d'eau dans le sol.

Ne procéder aux arrosements qu'après constatation de l'état du sol et de la végétation.

Défaut d'Arrosement. — Le défaut d'arrosement est surtout préjudiciable aux arbres nouvellement plantés qui commencent à végéter et aux arbres précédemment tenus à l'humidité ou élevés dans un terrain frais.

Le manque d'arrosage est particulièrement à surveiller, à redouter pendant les fortes chaleurs, dans les sols secs, légers et insuffisants comme étendue.

Il convient donc toujours d'arroser très judicieusement selon le besoin de la végétation, c'est-à-dire selon les conditions particulières déterminées par la nature et l'état du sol, l'état de l'atmosphère et les exigences particulières aux essences [1].

D'une manière générale, d'après des observations nombreuses, l'une des causes importantes du dépérissement ou du mauvais état de végétation des arbres dans Paris provient du défaut d'arrosage en temps utile et en quantité suffisante.

Tailles et Élagages défectueux. — Les tailles défectueuses, mal pratiquées, affaiblissent les arbres, les déforment et déterminent sur les branches et les tiges opérées des courbes, des nodosités et des plaies qu'il faut toujours éviter parce qu'elles nuisent au développement des arbres.

---

1. — Voir le chapitre : Arrosage, p. 70.

Les élagages excessifs, mal exécutés ou pratiqués en mauvaise saison, peuvent occasionner des plaies, des ulcères, des caries, qui peuvent déterminer la mort des arbres.

Le défaut d'élagage en temps utile pour l'enlèvement des parties mortes peut également amener des caries, puis le dépérissement des arbres. Ces opérations devront toujours être pratiquées en temps utile et avec les soins recommandés.

lessures de l'Écorce. Plaie simple. — On nomme plaie simple celle qui résulte de l'enlèvement d'une partie de l'écorce et de la mise à découvert du corps ligneux sur une étendue plus ou moins grande (fig. 134).

Ces plaies simples n'entament pas le tissu ligneux et sont les moins dangereuses; elles se cicatrisent d'autant plus rapidement qu'elles sont de plus faible étendue, surtout en largeur, et que la végétation de l'arbre est plus vigoureuse.

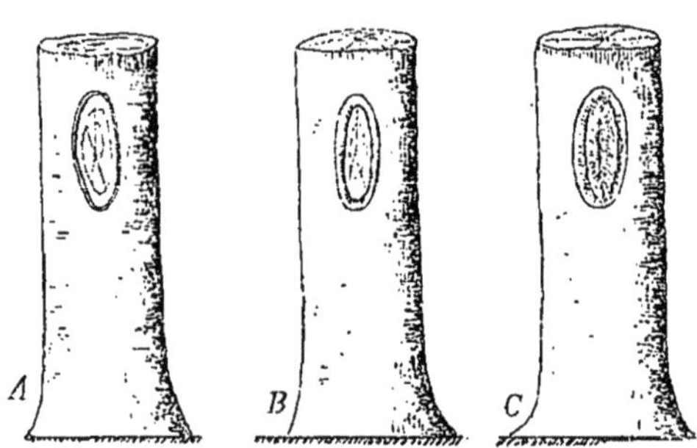

Fig. 134. — Plaies simples à différents états : *A*, Plaie nouvelle; *B*, Plaie de deux ans, bourrelet de recouvrement bien apparent au pourtour de la plaie; *C*, Plaie cicatrisée, les bords du bourrelet se sont rejoints.

Toutes choses d'ailleurs égales, les plaies mises à l'abri des rayons du soleil se cicatrisent plus rapidement que celles qui reçoivent l'action directe du soleil.

Les plaies simples de peu d'étendue sur des arbres sains et vigoureux se cicatrisent généralement sans traitement; toutefois il convient toujours de rendre ces plaies bien nettes, de les laver avec une solution de sulfate de cuivre à 3 0/0 et de recouvrir de coaltar le tissu ligneux mis à nu, afin de le préserver de l'action directe des agents atmosphériques, et particulièrement de l'eau et de l'air, qui peuvent être les véhicules de germes cryptogamiques.

Écorce morte. — On remarque assez fréquemment sur les tiges des arbres, surtout vers leur base, quelquefois aussi sur les branches, des portions plus ou moins grandes d'écorce morte paraissant encore adhérente au tronc ou au bois, ou au contraire étant soulevée ou détachée en partie.

Cet état peut résulter de causes diverses, mais il provient le plus souvent de chocs ou meurtrissures.

Lorsque l'écorce est morte et n'adhère plus au tronc, sans cependant paraître soulevée ou détachée, on le reconnaît au son creux qui est rendu en frappant sur la partie douteuse.

Traitement. — Le traitement est le même que pour les plaies simples : il faut enlever avec soin jusqu'à la partie vivante ces portions d'écorces mortes, parce qu'elles servent bientôt de refuge aux insectes et qu'elles retiennent parfois de l'humidité, qui alors fait augmenter l'étendue du mal et détermine souvent des ulcérations toujours dangereuses.

Étranglement de la Tige ou des Branches. — Le défaut de surveillance des attaches aux arbres fait qu'il se produit des étranglements et des plaies sur la tige ou les branches.

Pour les étranglements de la tige ou des branches par les attaches non surveillées (voir fig. 66), on devra, après avoir enlevé ou coupé le lien qui pourra être déjà plus ou moins recouvert par un bourrelet d'écorce et de bois, assujettir la tête de l'arbre ou la branche jusqu'à ce que cette partie se soit reconstituée, afin d'éviter une rupture à la partie étranglée.

Des incisions longitudinales parallèles, distantes de quelques centimètres, pratiquées sur la partie étranglée, déprimée, et se prolongeant de 0^{m},20 à 0^{m},30 au-dessus et au-dessous, activent la bonne reconstitution de la tige en provoquant la formation abondante de nouveaux tissus ligneux.

Les plaies seront traitées ainsi qu'il est dit aux plaies simples.

Ulcères ou Gouttières. — On nomme ulcères les lésions ou désorganisations intérieures qui se manifestent surtout par un suintement ou écoulement extérieur de liquide sur l'écorce.

Cet écoulement, parfois abondant, se manifeste soit à la partie inférieure des plaies plus ou moins refermées et anciennes, soit par exsudation à travers l'écorce sans plaie apparente, au moins au début.

Ce liquide, souvent mucilagineux, acide, de couleur roussâtre ou brunâtre, laisse, en s'écoulant sur l'écorce, un dépôt de couleur variable, gris, brun ou roussâtre.

Cet épanchement de liquide ou écoulement paraît résulter de causes diverses, non encore bien connues, et semble provenir, exsuder, du tissu ligneux encore nouveau.

Nous l'avons fréquemment remarqué sur les arbres dont la tige avait été plus ou moins fendue par la gelée.

On l'attribue parfois au sol humide en excès, aux modifications brusques de température et de végétation, à la non-utilisation de toute la sève au profit du développement, à une décomposition interne des tissus, une modification dans la composition chimique de la sève, etc., etc.

Nous avons quelquefois constaté que ce fait d'exsudation de liquide à travers l'écorce sans plaie apparente se manifeste à la suite de contusions violentes n'ayant pas déterminé de plaies extérieures, mais la meurtrissure des tissus jeunes de l'aubier sous l'écorce.

Les coups violents donnés en hiver sur les tiges ou les branches, par un temps de forte gelée surtout, paraissent particulièrement occasionner ce fait.

Ces écoulements de liquide sur la tige se manifestent surtout dans le courant de juillet ou août; ils doivent être traités aussitôt leur apparition, car ils déterminent souvent des plaies qui s'étendent rapidement par la désorganisation des tissus sous l'écorce.

Le traitement consiste à faciliter l'écoulement rapide et complet du liquide, retenu souvent en partie sous l'écorce, en enlevant les parties décomposées et en pratiquant des incisions longitudinales entamant toute l'épaisseur de l'écorce juste au-dessous de la plaie et parallèlement.

Lorsque l'écoulement a cessé, il convient d'enduire de coaltar le tissu ligneux mis à nu, comme pour le traitement d'une plaie simple. Dans quelques cas, il convient d'assainir le sol s'il y a excès d'humidité.

Les arbres sur lesquels on remarque plus fréquemment ces faits sont : les marronniers, les ormes, les érables, les peupliers, les chênes, etc.

Chancre. — Le chancre est une maladie qui se manifeste par de petites protubérances qui apparaissent sur la tige ou sur les branches autour desquelles l'écorce se dessèche et meurt.

C'est, paraît-il, d'après les mycologues, un petit champignon nommé *Nectria ditissima* qui détermine la maladie.

Au pourtour de l'écorce morte, sèche, il se montre des bourrelets formant rosace (fig. 135), dont le tissu se détruit de nouveau en s'accentuant de plus en plus, d'année en année, jusqu'à entourer la branche ou le tronc de l'arbre et à en déterminer la mort.

Fig. 135. — Chancre avec bourrelets très apparents.

Traitement. — Il convient d'enlever, aussitôt leur apparition, toutes les parties formant tumeur renflée, de pratiquer des incisions longitudinales dans l'écorce autour de la plaie, de laver la partie malade avec une solution de tannin à 4 °/₀ ou de sulfate de cuivre à 3 °/₀ et ensuite d'enduire de coaltar le tissu ligneux mis à nu.

Il faut éviter d'utiliser pour la multiplication les arbres atteints de chancres.

Loupes, Tumeurs, Exostoses. — Certaines loupes et tumeurs ligneuses, des exostoses (fig. 136), et aussi certaines maladies gangreneuses où la désorganisation des tissus est accompagnée de production de gomme, sont dues à des bactéries ou (micrococcus).

On recommande dans le traitement de ces affections, après avoir enlevé les parties malades, les lavages avec de l'eau contenant une solution à 3 °/₀ de sulfate de fer ou de sulfate de cuivre, qui paraissent avoir dans ces circonstances le même effet.

Plaies entamant le Corps ligneux. Carie.— La carie des branches ou du tronc est une cavité plus ou moins profonde qui résulte de la décomposition inférieure, progressive, du tissu ligneux (fig. 137).

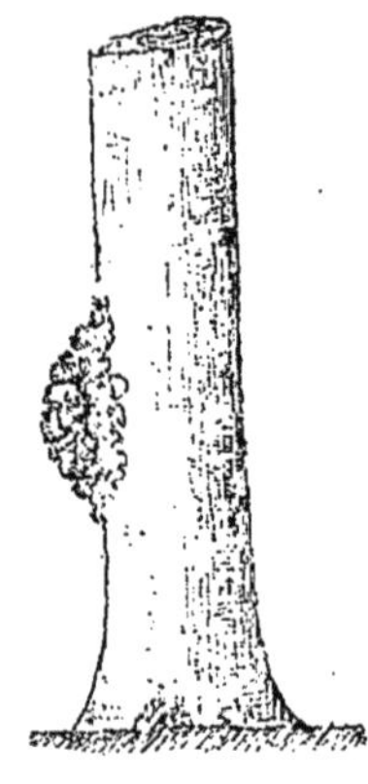

Fig. 136.— Exostose.

Les branches mortes non enlevées, les tailles ou les élagages mal pratiqués, les blessures ou les plaies non soignées, sont généralement la cause de la carie.

On évitera la formation des caries qui peuvent résulter de branches mortes non enlevées, d'élagages mal faits, en pratiquant toujours les tailles et les élagages nécessaires en temps utile et d'après les règles prescrites : faire des plaies bien nettes, bien lisses et toujours bien recouvrir de coaltar, afin de préserver de l'action directe de l'air, de l'eau, des insectes et autres agents de décomposition le tissu ligneux mis à nu.

Fig. 137. — Carie et plaie recouverte.

Traitement. — Le traitement d'une partie cariée consiste à arrêter la décomposition du tissu ligneux en enlevant tout le bois décomposé, puis à remplir le vide jusqu'à l'orifice à l'aide d'un mortier de ciment, de manière à empêcher l'accès de l'eau et des autres causes de désorganisation du bois.

Le ciment employé devra remplacer exactement la partie ligneuse enlevée et servira de support au bourrelet de recouvrement qui pourra fermer la plaie si elle n'a pas de trop grandes dimensions et si l'arbre est assez vigoureux.

Le non-recouvrement ou le recouvrement très lent des plaies des arbres indique un état languissant dans la végétation.

Il conviendra, dans ce cas, de donner aux arbres les soins de culture qui peuvent provoquer leur activité végétale.

§ III. — CONDITIONS EXTÉRIEURES.

La situation ou le milieu extérieur dans lequel devront vivre les plantations d'alignement dans les villes, les influences atmosphériques, la malveillance ou la négligence, peuvent aussi déterminer un état maladif, languissant, dû aux principales causes suivantes.

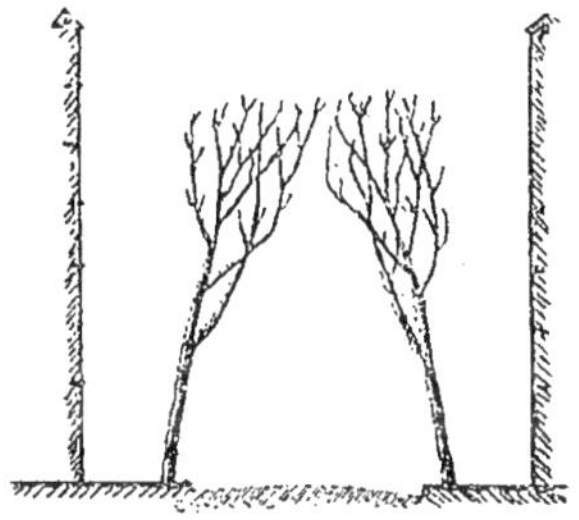

Défaut de lumière. — Sur un grand nombre de voies de Paris, les arbres manquent de lumière ou plutôt ne reçoivent pas assez longtemps l'influence directe du soleil, à cause de la grande élévation des constructions en bordure desquelles se trouvent les arbres et en raison de l'orientation ou de la direction des voies.

Fig. 138. — Arbres inclinés, étiolés, par défaut de lumière. — Maisons très hautes, 22 mètres; voie, largeur totale, 20 mètres; trottoirs, 5 mètres.

Dans ces conditions, les arbres s'étiolent, la charpente se développe rapidement en hauteur et se dégarnit de la base (fig. 138).

Pour remédier en partie à ces inconvénients, il faut pratiquer en temps nécessaire les tailles utiles pour empêcher le trop grand développement en hauteur, provoquer et maintenir les ramifications des branches de la base.

Faire la plantation éloignée le plus possible des constructions trop hautes (voir le paragraphe : Emplacement des arbres, p. 25).

Réverbération. — La réverbération à laquelle les arbres sont dans certaines situations exposés, selon l'orientation, en raison de la proximité et de la couleur des constructions, est nuisible à cause des variations de chaleur qui en résultent.

Poussière. — La poussière en grande quantité est très nuisible aux arbres lorsqu'elle séjourne sur les feuilles, car elle en détermine l'asphyxie et la chute prématurée; c'est une des causes importantes, préjudiciables à la végétation des arbres dans les villes.

A défaut de pluie, des bassinages appliqués en temps opportun peuvent remédier à cet inconvénient.

Les arbres à feuilles duveteuses, cotonneuses, redoutent davantage la poussière, dont ils se débarrassent moins facilement.

Atmosphère. — L'atmosphère peut être insuffisante dans les rues étroites à maisons très hautes; elle est aussi plus ou moins viciée dans certains endroits, par la présence d'usines, fabriques, dépôts, etc., etc., d'où il résulte le dégagement de gaz ou fluides nuisibles à la végétation, une des causes de dépérissement des arbres dans les villes.

On a constaté que le gaz acide sulfureux est un des plus préjudiciables aux végétaux et qu'il suffit de sa présence dans l'air à 1/50.000 pour amener la destruction des feuilles.

Il convient toujours d'éloigner des villes les établissements insalubres qui peuvent être les causes de dégagements de gaz nuisibles dans l'atmosphère.

Les plantations ne peuvent être faites que sur des voies assez larges, où la circulation de l'air est suffisante.

Influences climatériques : Brûlure, Coups de Soleil. — Une élévation trop grande de température sous l'action directe des rayons solaires peut déterminer la brûlure des feuilles, des rameaux et même de l'écorce des arbres, particulièrement sur la tige du côté qui se trouve exposé au soleil de l'après-midi.

Ce fait se produit fréquemment à la suite de dédoublement ou de déplacement d'arbres ou de toute autre cause d'où il peut résulter que des arbres qui ne recevaient pas habituellement l'action directe du soleil s'y trouvent brusquement exposés.

On évite en partie ces accidents en préservant la tige de l'action directe du soleil pendant les plus fortes chaleurs, en maintenant à l'aide d'arrosages et de bassinages, faits soir et matin pendant les très fortes chaleurs, la surface du sol et l'atmosphère dans un état suffisant d'humidité.

La partie de la tige de l'arbre sur laquelle l'écorce se détache après avoir été brûlée ou desséchée se traite comme une plaie simple, en enlevant l'écorce mortifiée, et par l'engluement de la partie ligneuse mise à nu.

Froid. — Les tiges des arbres sont quelquefois fendues dans le sens de leur longueur par les gelées violentes ou brusques. Ces fentes, partant habituellement du centre et se dirigeant vers la circonférence de l'arbre, se nomment des quadranures ; elles se referment partiellement ou plus ou moins complètement au dégel. La gelée détermine aussi, dans certains cas, ce qu'on nomme la roulure, c'est-à-dire la séparation concentrique des couches ligneuses intérieures des tiges. Enfin, parfois l'écorce seulement se fend ou se soulève par places.

A la suite de ces accidents, au printemps, on voit suinter, s'écouler, un liquide des bords de la plaie ou à travers l'écorce.

Cet écoulement de liquide séveux détermine souvent des ulcères qu'on doit traiter de suite comme il a été dit plus haut (voir : Ulcères, p. 142).

Les gelées déterminent aussi sur les arbres, dans certains cas, la chute de l'écorce de la partie de la tige qui reçoit l'action du soleil de midi et qui est soumise à des alternatives fréquentes de gelée et de dégel.

La partie de la tige dont l'écorce est détruite de ce fait se traite également comme une plaie simple.

Il sera toujours avantageux d'abriter cette partie de tige des rayons du soleil pendant la période de recouvrement de la plaie.

Chute prématurée des Feuilles. — La chute prématurée des feuilles peut être due à des causes diverses : ou elle provient de l'arrêt prématuré de la végétation, qui résulte du mauvais état du sol : excès de sécheresse ou insuffisance ; ou elle provient de causes étrangères extérieures. — Les soins devront être donnés en raison de la constatation des causes reconnues.

§ IV. — ACCIDENTS — MALVEILLANCE — NÉGLIGENCE.

Les différentes causes accidentelles ou dues à la malveillance ou à la négligence, dont ont à souffrir les arbres d'alignement, sont nombreuses ; ce sont surtout les branches cassées ou meurtries, les plaies, les contusions faites à la tige par des frottements, les chocs, les liquides de toute nature déversés dans les grilles au pied des arbres, là surtout où séjournent les baraques et sur les emplacements où on installe régulièrement les fêtes foraines.

Le défaut de protection donné aux arbres se trouvant à proximité des emplacements où on exécute des travaux de constructions ou de viabilité occasionne parfois des blessures graves.

Le traitement de ces blessures ou causes de dépérissement se fait en raison de leurs caractères particuliers.

Les contusions, les blessures déterminant des plaies seront traitées ainsi qu'il a été déjà dit.

Les branches cassées doivent être taillées de manière à faire des plaies nettes, qui seront enduites de coaltar. Le rapprochement se fera sur un rameau de prolongement s'il y a lieu.

Une protection temporaire suffisante doit toujours être donnée à la tige des arbres se trouvant à proximité de l'exécution des travaux.

Le stationnement prolongé de baraques au pied des arbres devrait être proscrit.

Les corsets devraient être maintenus aux arbres sur tous les emplacements où les blessures sont à redouter : sur les voies où la circulation est très active et abondante, les grands boulevards et particulièrement là où se tiennent périodiquement les marchés, les fêtes foraines, les stationnements de voitures (fig. 139).

Les déversements fréquents de liquides de toutes natures ou de matières diverses nuisibles, faits par les riverains dans les grilles, au pied des arbres, sont aussi la cause du dépérissement d'arbres sur certains points.

Maladies constitutionnelles héréditaires. — Certaines maladies, les ulcères, les chancres particulièrement, sont souvent héréditaires chez les arbres; il en est de même de la vigueur, de la rusticité plus ou moins grande de leur végétation.

Pour éviter autant que possible les inconvénients et profiter des avantages qui résultent de ces faits, il est essentiel de ne se servir pour la multiplication que de sujets sains; il convient ensuite de toujours bien choisir les jeunes arbres destinés aux plantations.

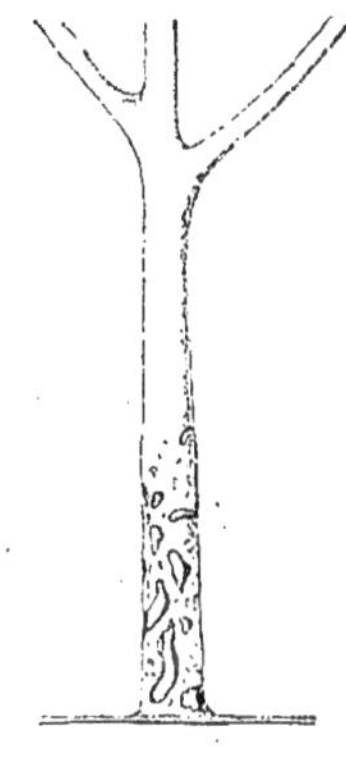

Fig. 139. — Arbre avec blessures nombreuses à la base de la tige. « Plaies provenant de chocs, contusions, meurtrissures. »

La première condition de succès pour l'avenir des plantations sera donc de ne planter que des jeunes arbres sains, bien constitués et en bon état (voir la description d'un jeune sujet destiné aux plantations d'alignement).

§ V. — INSECTES NUISIBLES.

Les insectes nuisibles aux arbres d'alignement dans les villes sont relativement peu nombreux, et, avec des soins attentifs, on peut le plus souvent prévenir les dégâts qu'ils pourraient causer; ils peuvent être groupés ainsi qu'il suit :

Les insectes qui attaquent les racines; les insectes qui attaquent les feuilles; les insectes qui attaquent l'écorce et le bois.

Insectes qui attaquent les racines ou les feuilles. — Les insectes qui attaquent les racines ou les feuilles sont : le hanneton, la cantharide, la galeruque, les chenilles diverses ou les larves, les pucerons, les acares, etc.

Les Hannetons (*Melolontha vulgaris*) (fig. 140). A l'état parfait, ils mangent les feuilles des arbres et causent des dégâts très préjudiciables dans les pépinières, les bois, les jardins, etc., mais ce n'est qu'exceptionnellement qu'on a à en redouter les ravages dans les plantations d'alignement dans les villes, du moins dans Paris.

A l'état de larves (fig. 141-144), connus sous le nom de vers

Fig. 140. — Hannetons-adultes : mâle, femelle. Insecte polyphage.

blancs, vers turcs, mans, les hannetons causent des ravages parfois considérables dans les cultures, où ils dévorent les racines des jeunes plants et les font périr (fig. 145).

Les vers blancs ou larves des hannetons vivent, se développent pendant trois années en terre avant de se transformer en insecte parfait.

Plusieurs insecticides, notamment le sulfure de carbone employé à la dose de 10 grammes par mètre carré, ont été recommandés pour la destruction de ses larves dans le sol.

On préconise aussi depuis quelques années l'emploi des spores

Fig. 141. — Man ou larve du hanneton.

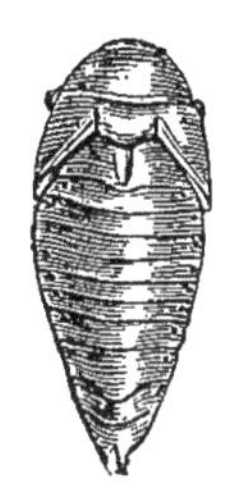

Fig. 143. — Nymphe du hanneton (vue par dessus).

Fig. 144. — Nymphe du hanneton (vue par dessous).

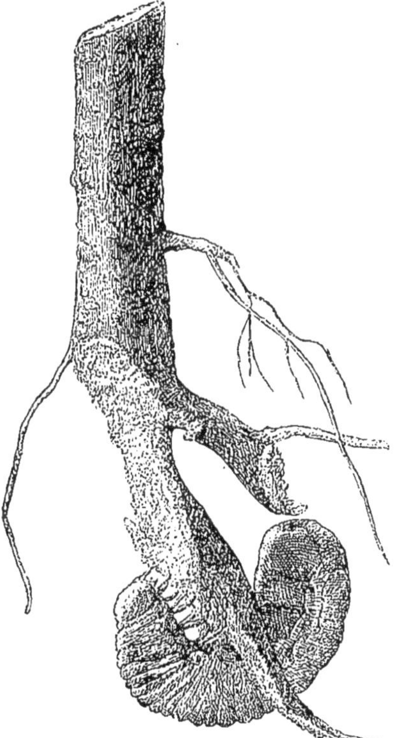

Fig. 145. — Larve ou ver blanc dévorant une racine.

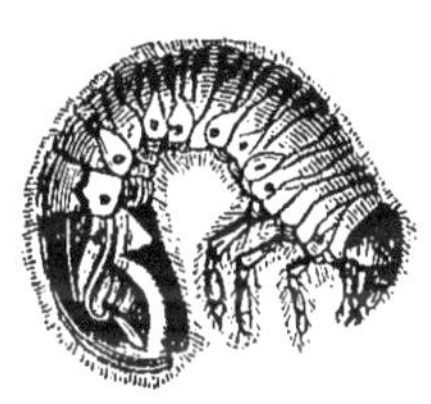

Fig. 142. — Larve prête à muer.

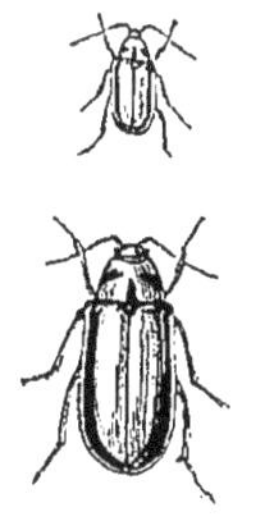

Fig. 146. — Galeruque de l'orme.

d'un cryptogamme, le *Botrytis tenella* (champignon microscopique), parasitaire de la larve du hanneton, qui se propage par contamination et qui fait périr les larves qui en sont atteintes.

Il est possible, dans certains cas, d'éviter, de prévenir la propagation des larves dans un sol sur une surface déterminée; il suffit en effet de tenir ce terrain nu sans aucune végétation au moment de la ponte des hannetons, qui a habituellement lieu fin avril et mai. Il est très remarquable, en effet, que les hannetons ne déposent surtout leurs œufs que dans les terrains où il y a de la végétation.

Le hannetonnage, c'est-à-dire la destruction de l'insecte parfait, de fin avril à fin mai, est à recommander et à généraliser comme moyen préservatif très efficace.

Dans quelques contrées, la chenille dite vers gris (*Agrotis segetum*) est également très redoutee.

La Cantharide (*Cantharis versicatoria*). — Coléoptère d'assez grosse dimension, d'un vert doré, brillant, exhalant une odeur forte; attaque surtout les feuilles de frênes et des érables.

Pour détruire les cantharides, il faut, en juin-juillet, de très bonne heure, le matin, les faire tomber en secouant fortement les arbres sur lesquels elles se trouvent et les écraser ou les brûler.

La Galeruque (*Galeruca ulmariensis*). — Coléoptère de petite dimension, d'un coloris jaunâtre; sa larve est noirâtre et attaque particulièrement les feuilles d'ormes, dont elle détruit le parenchyme en juin et juillet (fig. 146).

On n'a, pour ainsi dire, pas d'action pour détruire ce petit insecte, qui attaque particulièrement les vieux ormes. On devra toutefois enlever les feuilles tombées qui séjournent au pied des arbres.

Chenilles. — Plusieurs sortes de chenilles, appartenant surtout aux genres bombyx, dévorent les feuilles de presque tous les arbres (fig. 147-148-149).

On se débarrasse des chenilles en faisant une chasse assidue aux nids, soit à l'automne, soit avant le printemps, alors qu'ils sont bien visibles vers l'extrémité des rameaux et des brindilles.

Pour celles dont les nids sont moins apparents, le bombyx livrée

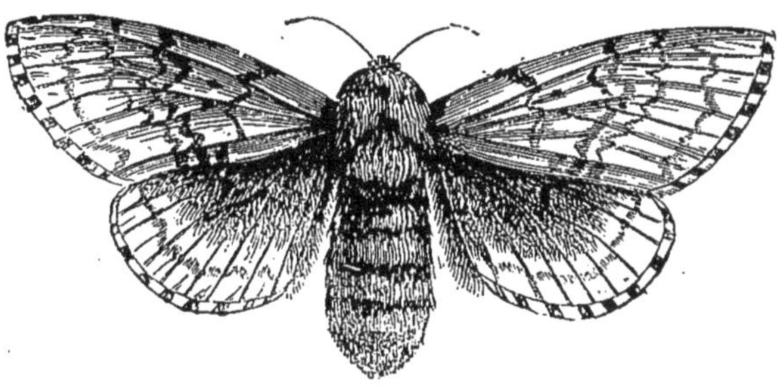

Fig. 148. — Bombyce femelle.

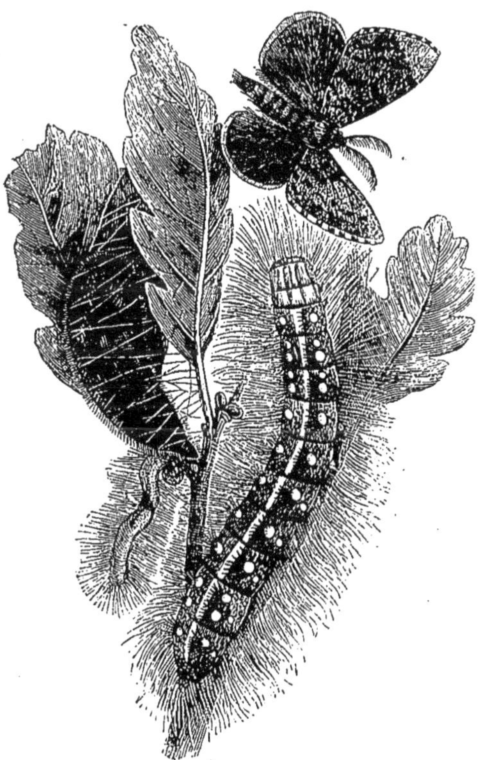

Fig. 147. — Bombyx dissemblable : mâle, chenille et chrysalide.

Fig. 149. — Bombyce spongieuse en train de pondre ses œufs.

par exemple (fig. 150), les œufs sont disposés en forme d'anneau ou bague autour des jeunes branches ; on les détruit au printemps, alors qu'elles se réunissent dans un nid où elles vivent quelque temps rassemblées.

Les chenilles processionnaires (fig. 151), qui déposent leurs œufs sous les écorces, se détruisent surtout au moment où elles sont rassemblées en grande quantité le matin, dans des nids temporaires qu'elles établissent au printemps à l'extrémité des rameaux.

La pyrale verte (*Tortrix viridona*) (fig. 152) et une autre chenille nommée géomètre effeuillante (cheimatobie) (fig. 153 et 154) se montrent parfois très abondantes et sont alors assez redoutables.

Les dispositions de la loi de l'échenillage, du 26 ventôse an IV (15 mars 1795), ont principalement pour but la destruction des chenilles connues vulgairement sous le nom de cul-brun (bombyx chrysorrhée) (fig. 155), qui passent l'hiver dans la bourre de soie, où elles sont réunies dès l'automne et où il est facile de les atteindre, étant bien visibles.

Les nids sont enlevés et brûlés (fig. 156-159).

On peut aussi détruire les chenilles en les aspergeant avec un liquide composé de 10 parties d'huile lourde, de gaz et 100 parties d'eau ; une aspersion au pétrole pulvérisé détruit également ces insectes.

Pucerons. — Plusieurs sortes de pucerons (aphis) (fig. 160 et 161) déterminent la chute des feuilles de certains arbres et particulièrement des érables.

Ces pucerons verts ou noirs se multiplient avec une rapidité prodigieuse ; ils naissent d'œufs, puis sont vivipares et sont déposés sur les jeunes bourgeons et rameaux en même temps que ces rameaux et bourgeons croissent et s'allongent. Les fourmis se chargent aussi parfois de la dispersion de ces pucerons.

A mesure que les feuilles se développent, une colonie de pucerons envahit leur face inférieure et le prolongement nouveau de la jeune pousse ; là, les pucerons se nourrissent des sucs contenus dans ces tissus nouveaux, et ils secrètent et provoquent la secrétion d'une substance huileuse nommée miellat.

Fig. 150. — Bombyce livrée. Papillons-chenille. Œufs disposé en anneau autour d'un rameau.

Fig. 151. — Bombyce processionnaire.

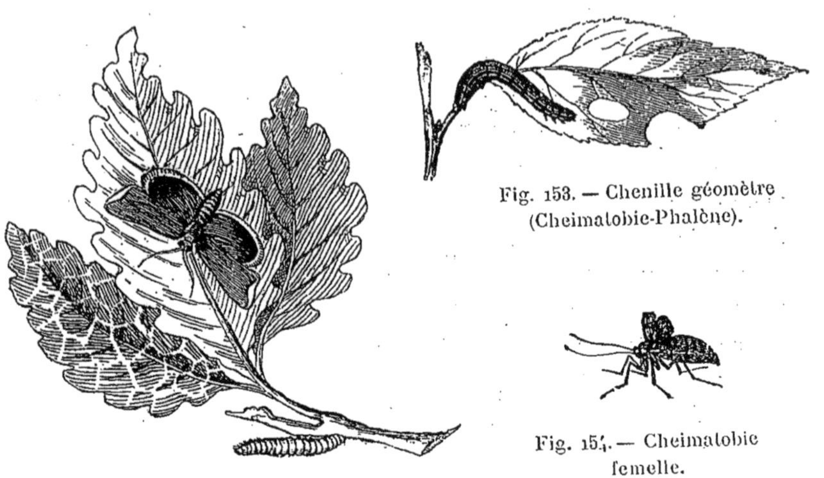

Fig. 153. — Chenille géomètre (Cheimatobie-Phalène).

Fig. 154. — Cheimatobie femelle.

Fig. 152. — Pyrale verte.

Fig. 155. — Nid de chenille.

Fig. 156. — Bombyce cul-brun (mâle et chenille).

Cette substance huileuse enduit d'abord la partie inférieure des feuilles, puis tombe sur la face supérieure de celles placées au-dessous, et enfin il arrive que peu à peu les feuilles sont complètement enduites de cette substance grasse, qui alors en détermine l'asphyxie, puis la chute.

Dans quelques cas, cette substance est tellement abondante, qu'on constate sa présence en gouttelettes sur le sol au-dessous des arbres.

Il est vrai de dire que les pluies, arrivant à propos, en lavant les feuilles, empêchent le mal d'arriver à cette extrémité.

Lorsqu'il ne pleuvra pas, de bons bassinages à la lance devront être donnés aux arbres trop envahis par les pucerons,

D'autres pucerons (aphis) vivent en très grande quantité sous les feuilles, dont ils déterminent la déformation à la suite de piqûres.

Les ormes sont assez souvent attaqués par des pucerons qui sont généralement recouverts d'un duvet cotonneux blanchâtre qui les fait ressembler aux pucerons lanigères qui attaquent particulièrement les poiriers et les pommiers.

Le jus de tabac tel qu'il est délivré par les manufactures, employé au dixième en lavages ou seringuages, détruit facilement les pucerons verts ou noirs. Le sublimé à la dose de 1 à 2 pour 1,000 produit le même effet, ainsi que le lysol à 4 pour 1,000.

Quant aux pucerons cotonneux lanigères, leur destruction est moins facile; cependant le même traitement bien pratiqué aussitôt l'apparition de ces pucerons et répété au besoin peut amener leur destruction.

On utilise avantageusement aussi contre ces pucerons le pétrole émulsionné (dit pétrole Garnot).

Acares. — Certains arbres et particulièrement les tilleuls de Hollande et quelquefois les marronniers ont leurs feuilles attaquées, à la face inférieure surtout, par de très petits insectes (acarus du tilleul) (fig. 162), qui provoquent la chute prématurée des feuilles.

Cet insecte, qui se multiplie avec une grande rapidité, surtout sur les arbres dont la végétation est peu vigoureuse, détermine cet état particulier des feuilles que les jardiniers appellent la grise.

Les essais de destruction de ces petits insectes n'ont pas donné de

Fig. 157. — Bombyce cul-brun (femelle toute blanche et chrysalide).

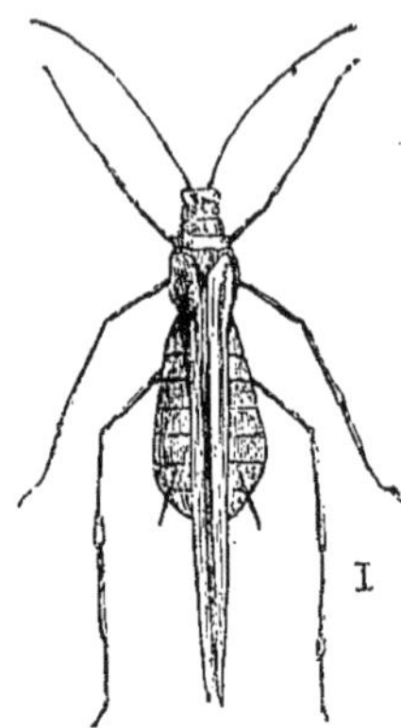

Fig. 161. — Puceron grossi.

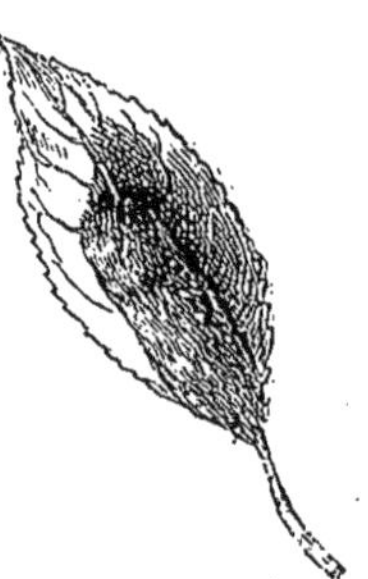

Fig. 158. — Nid poilu du bombyce.

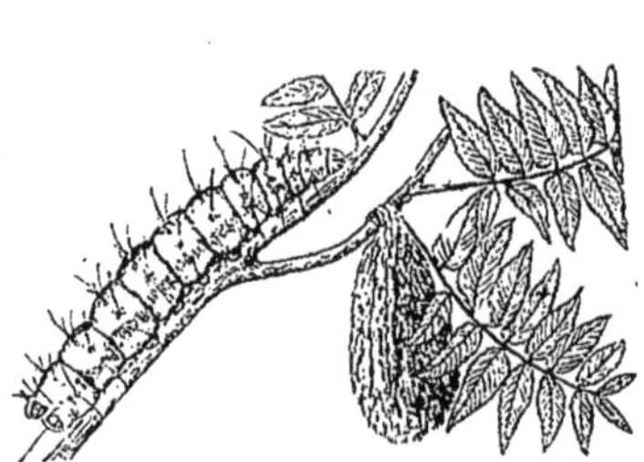

Fig. 159. — Bombyx de l'ailante. Chenille et son nid.

Fig. 160. — Pucerons sur jeune rameau.

résultats bien satisfaisants, les insecticides connus recommandés, efficaces cependant, étant d'un emploi très difficile sur les grands arbres.

Les arbres attaqués doivent être soignés de manière à leur favoriser une végétation vigoureuse qui triomphe des insectes.

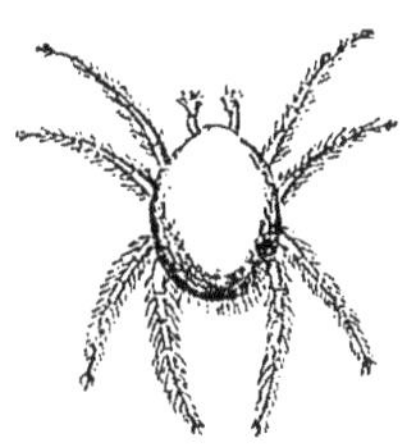

Fig. 162. — Acare du tilleul, très grossie.

On remarque parfois sur la face supérieure des feuilles des tilleuls, des érables (fig. 163), de nombreuses petites proéminences pointues, étroites, devenant souvent rouges, longues quelquefois de 1 centimètre. Ces petites proéminences contiennent un insecte (le *Phytocoptes gallarum*), qui les produit, et ne portent guère préjudice aux arbres.

De petits insectes du genre tinea (teigne), à l'état de larves, rongent le parenchyme des feuilles de certains arbres ; on remarque la présence de galeries entre les deux épidermes.

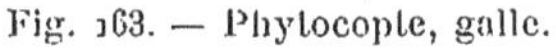

Fig. 163. — Phytocopte, galle.

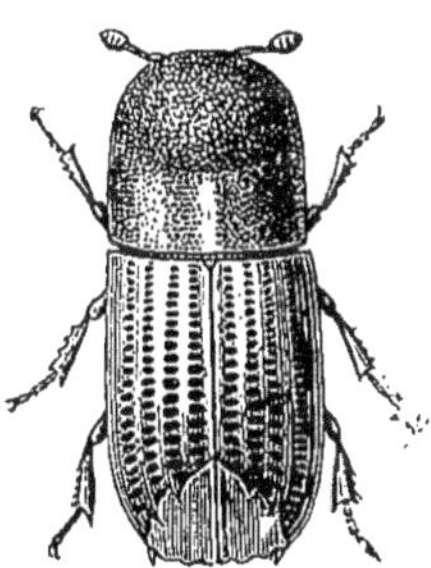

Fig. 164. — Bostryche typographe, grossi.

Ces petits insectes sont peu redoutables pour les grands arbres.

Insectes qui attaquent l'Écorce. — Les principaux insectes qui attaquent l'écorce des arbres sont surtout des scolytes, des bostriches (fig. 164 et 165), des buprestes et des hylésines (fig. 166).

Ce sont de petits coléoptères qui se creusent des galeries sous

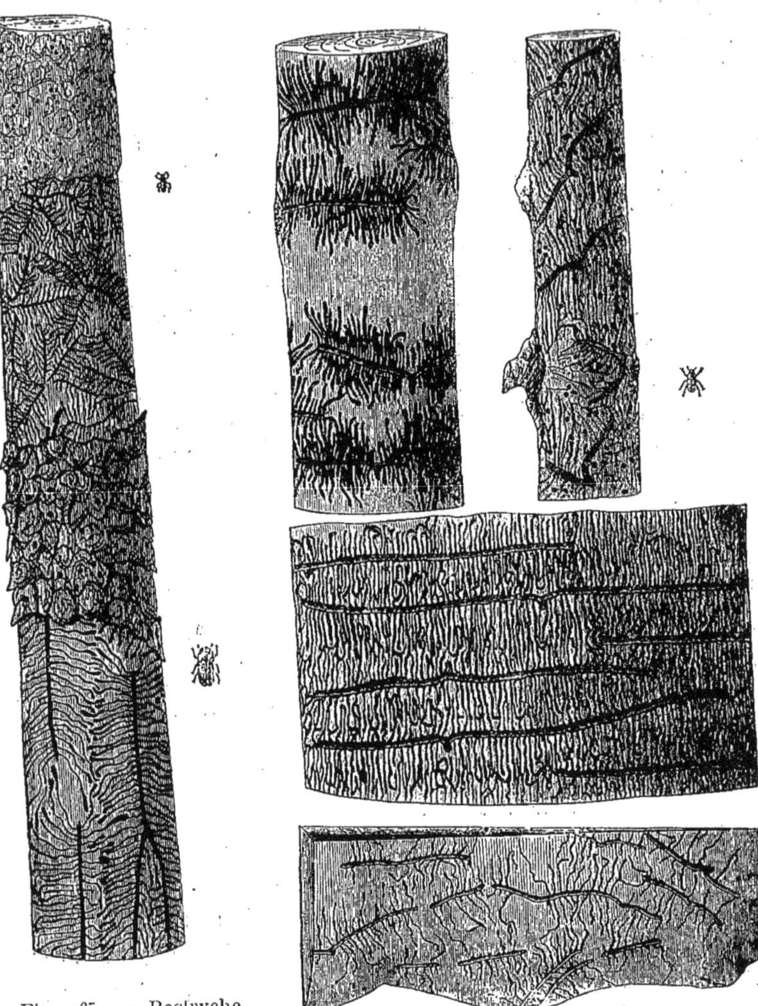

Fig. 165. — Bostryche typographe et chalcographe. B. Typographe (en bas).

Fig. 166. — Hylésine du frêne. Ses ravages sur le bois.

l'écorce des arbres ; ils attaquent surtout les sujets déjà languissants, peu vigoureux. Lorsque ces insectes sont nombreux, les galeries qu'ils creusent entre l'écorce et le bois peuvent intercepter la circulation de la sève, amener le dépérissement et enfin la mort de l'arbre.

Scolyte. — Les ormes sont particulièrement attaqués par des scolytes (*Scolytus destructor* et *Scolytus multistriatus*) (fig. 167-170).

On reconnaît la présence de ces scolytes aux nombreux petits trous ronds de 1 ou 2 millimètres seulement de diamètre que l'on remarque surtout à la surface de l'écorce du tronc et qui sont l'orifice de la galerie intérieure (fig. 171 et 172).

Lorsque les arbres sont âgés et ont une écorce épaisse, rugueuse, le traitement consiste à enlever sur le tronc envahi une épaisseur suffisante de vieille écorce, de manière à mettre à nu les galeries intérieures contenant les larves.

On devra, bien entendu, ne pas enlever la dernière couche d'écorce qui recouvre l'aubier, afin de ne pas mettre le tissu ligneux, le bois, à nu (fig. 173).

Après cette décortication, on appliquera un badigeonnage sur le tronc, ainsi nettoyé, avec du jus de tabac mélangé avec 50 0/0 d'eau [1].

Lorsque les arbres sont jeunes, à écorce lisse, le badigeonnage est fait sans décortication préalable.

L'huile lourde et le pétrole peuvent aussi être employés, mais avec précaution pour les arbres à écorce jeune, lisse.

On recommande également, pour la destruction des scolytes et autres petits insectes analogues, d'entourer les tiges ou branches atteintes à l'aide d'une toile imbibée de benzine, qu'on laisse séjourner de vingt-quatre à quarante-huit heures.

Kermès. — Certains kermès envahissent, recouvrent plus ou moins complètement les tiges, les branches et surtout les rameaux

1. — Le jus de tabac livré par les manufactures de l'Etat pèse environ 12 1/2 Beaumé.

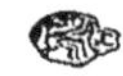

Fig. 168. — Scolyte (larve).

Fig. 170. — Scolyte, chenille.

Fig. 167. — Scolyte de l'orme.

Fig. 169. — Scolyte, chrysalide.

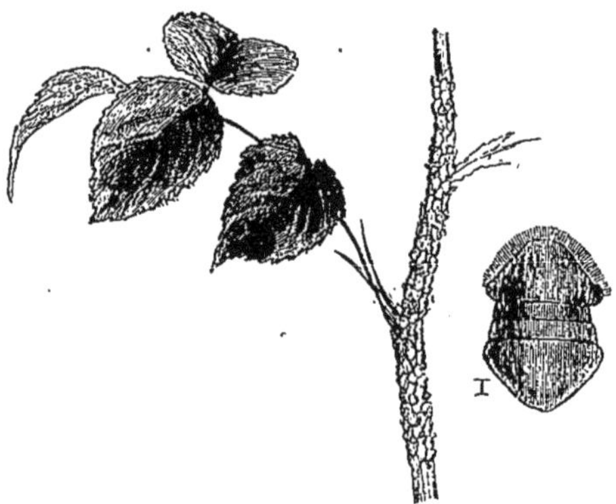

Fig. 174. — Rameau couvert de kermès
1. Kermès très grossi

Fig. 173. — Enlèvement de l'écorce pour faciliter la destruction des scolytes.

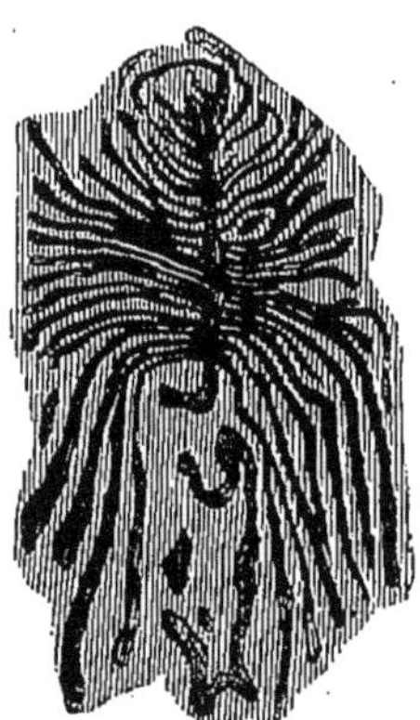

Fig. 171. — Scolyte, ravages dans l'écorce.

Fig. 172. — Scolyte (trous de sortie à travers l'écorce).

de certains arbres, principalement des platanes, des ormes, des érables, des tilleuls, surtout lorsque ces essences ont une végétation peu active, languissante (fig. 174).

La destruction de ces insectes est assez difficile; il faudrait les enlever à l'aide de grattage. On réussit cependant à l'aide de badigeonnages répétés au lait de chaux appliqués pendant le repos de la végétation.

Il convient d'ajouter au lait de chaux du jus de tabac dans les proportions de 1/20. L'huile de pétrole peut aussi être employée avantageusement, mais avec précaution, surtout pour les pousses nouvelles à écorce tendre.

Insectes qui attaquent le Bois. — Les principaux insectes qui attaquent le bois sont : le cossus gâte-bois, les longicornes, les saperdes (fig. 175-177), les zeuzères (fig. 178 et 179), le grand capricorne (fig. 180-183), le cerdo, la sésie, etc., etc.

Cossus. — Le plus redoutable de ces insectes, qui creuse des galeries dans le corps ligneux de la tige ou des branches des arbres des plantations d'alignement dans Paris est le cossus gâte-bois ou ronge-bois.

Le cossus est la chenille ou larve d'un papillon nocturne de grande dimension (fig. 184).

Cette larve, après avoir traversé l'écorce des arbres, se creuse de longues galeries dans tout le corps ligneux et peut ainsi déterminer la mort de l'arbre. Les jeunes arbres et les branches attaqués par les cossus sont sujets à être cassés par les vents, à cause du défaut de résistance qui résulte de la présence de ces galeries dans le tissu ligneux.

Cette chenille (fig. 185) atteint quelquefois 1 centimètre de diamètre sur 5 à 6 de longueur.

Elle peut vivre trois années continuant ses galeries de plus en plus grandes dans le corps de l'arbre avant d'atteindre sa phase de métamorphose en chrysalide (fig. 186), puis en papillon.

On reconnaît la présence du cossus dans un arbre à un suintement séveux roussâtre qui s'écoule sur la tige aux endroits où la galerie se rapproche le plus de l'extérieur de l'écorce. Enfin, on remarque souvent aux pieds des arbres attaqués des détritus du tissu ligneux ressemblant à de la sciure de bois agglomérée, quelquefois en petites boules sphériques.

Fig. 175. — Saperde chagriné. — Insecte parfait, larve, ravages.

Ces détritus sont des déjections venant de la larve et qui s'échappent par l'orifice de la galerie, dont l'emplacement se trouve de ce fait un peu indiqué. C'est particulièrement en juillet et août que ces détritus sont le plus abondants et visibles aux pieds des arbres.

Pour détruire le cossus dans l'intérieur du bois, il suffit presque toujours d'introduire dans la galerie un fil de fer un peu souple dont on a recourbé la pointe et que l'on enfonce en le faisant tourner, selon le besoin, de manière à écraser la chenille. On peut quelquefois la ramener à l'extérieur en retirant le fil de fer.

On devra aussi chercher à détruire les papillons et les chrysalides, qui sont très apparents, et qui se fixent sur l'écorce surtout à la base des arbres vers le milieu de l'été, particulièrement à la fin de juillet.

Les essences d'arbres surtout attaquées sont les ormes, les tilleuls, les platanes, les érables et les peupliers.

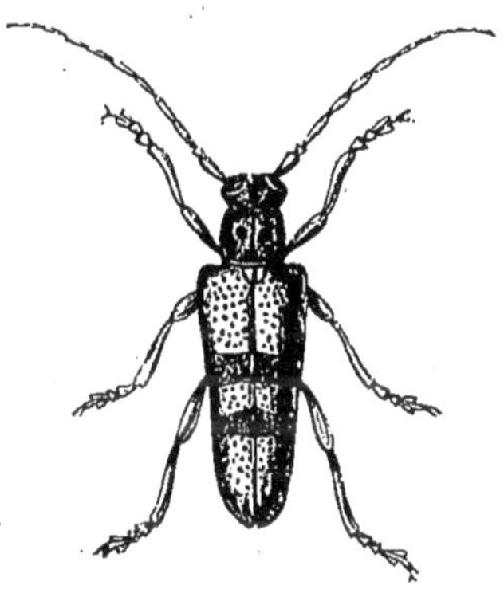

Fig. 176. — Saperde. Insecte parfait, grandeur naturelle.

Les autres insectes xylophages (fig. 187-188-189-190-191), la sésie, les zeuzères, les longicornes, les saperdes, le cerdo, attaquent surtout les peupliers, les ormes et sont moins communs sur les arbres de plantations dans les villes.

Lorsque les galeries décrivent des courbes qui ne permettent pas l'introduction du fil de fer jusqu'à l'insecte, il convient de boucher hermétiquement à l'aide de ciment ou de mastic à greffer l'orifice de cette galerie.

La larve se fait alors une nouvelle issue par où il est alors généralement facile de l'atteindre.

On recommande aussi, pour la destruction du cossus et autres larves et insectes xylophages, l'emploi d'un tampon de coton imbibé de benzine que l'on introduit aussi loin que possible dans la galerie. Le tampon doit être retiré après vingt-quatre heures de séjour. Ce procédé doit s'appliquer de préférence en mai et juin.

Décortication par les Animaux. — Sur certains emplacements et dans certaines circonstances ou occasions, il peut être utile de préserver l'écorce des arbres de la dent des animaux, des chevaux,

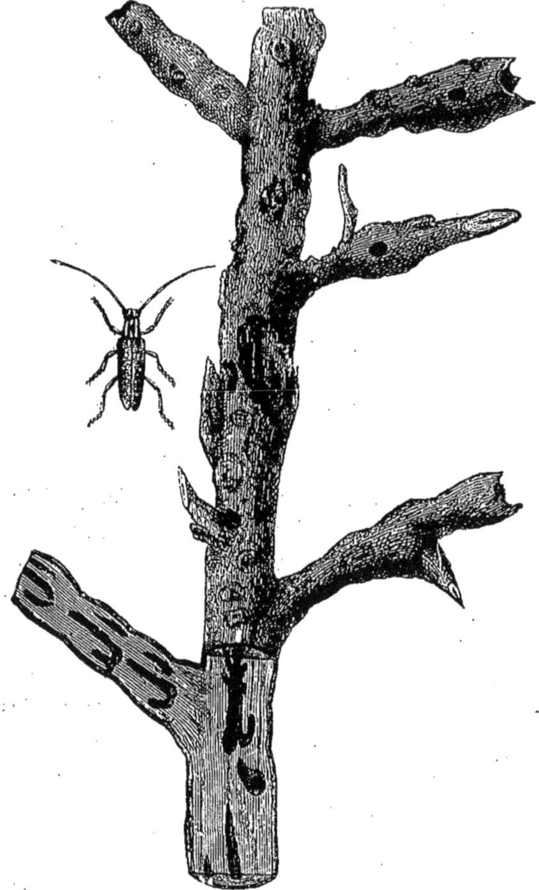

Fig. 177. — Saperde du Peuplier. Insecte parfait, grandeur naturelle.

qui peuvent être à même de manger l'écorce des arbres après lesquels ils sont attachés ou laissés en liberté.

Pour empêcher cette décortication, il suffira d'enduire ces arbres de goudron de houille jusqu'à la hauteur où peuvent atteindre ces animaux.

On ne devra pas recouvrir complètement tout le pourtour de la tige de l'arbre ; il suffira de l'enduire seulement par lignes parallèles assez rapprochées, laissant une faible partie d'écorce non recouverte.

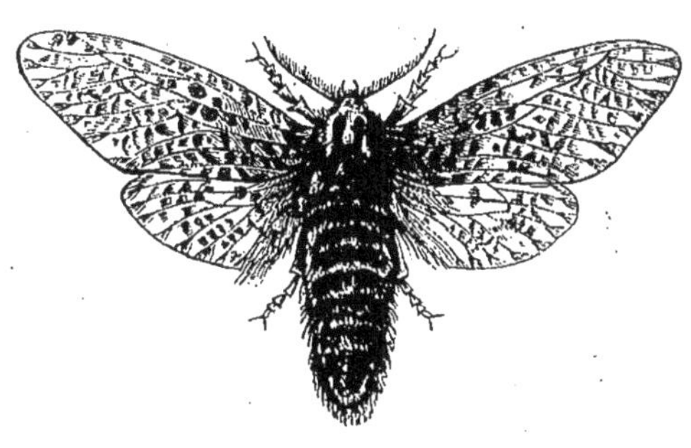

Fig. 178. — Zeuzère du marronnier.

Ce même procédé peut être employé pour préserver les jeunes arbres contre les ravages des lapins et autres animaux dans les pépinières.

Dans quelques contrées, certains arbres, particulièrement les frênes, ont leur écorce attaquée par des frelons ; l'emploi du goudron en badigeonnage sur les parties attaquées éloignera ces insectes.

§ VI. — VÉGÉTAUX PARASITES.

Les principaux végétaux parasites ou épiphytes sur les arbres d'alignement sont le gui (*Viscum album*) (fig. 192) et un certain nombre de champignons, de lichens, mousses, etc., etc.

Fig. 179. — Chenille de la zeuzère.

Gui. — Le gui est un végétal parasite, c'est-à-dire qui se nourrit aux dépens de la sève de l'arbre sur lequel il est fixé; il se propage par ses graines et se développe généralement en petites touffes buissonnantes autour des branches d'un grand nombre d'espèces d'arbres, principalement les peupliers, les robinias, les frênes, les chênes, les pommiers, etc.

Le développement du gui détermine d'abord peu à peu le dépérissement de la partie supérieure de la branche sur laquelle il vit ;

Fig. 180. — Carambix. Grand Capricorne, femelle et nymphe.

puis, en se propageant sur l'arbre, il peut déterminer la mort.

On devra toujours enlever le gui avec soin, à l'aide de la serpe et du croissant, aussitôt qu'on le verra apparaître.

Champignons. — Plusieurs espèces de champignons se dévelop-

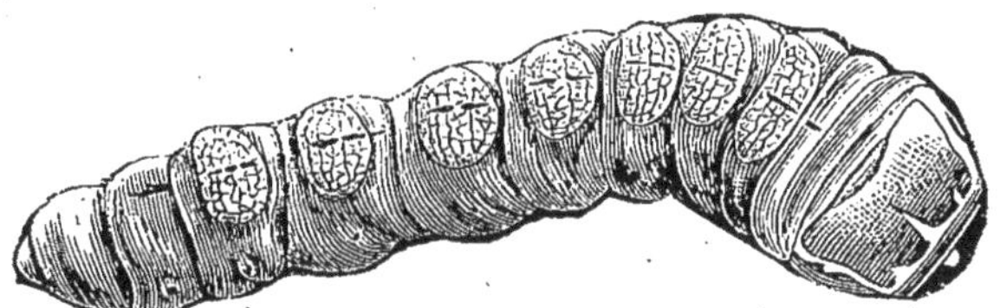

Fig. 182. — Larve de grand capricorne.

Fig. 181. — Grand capricorne, mâle.

pent sur les feuilles et les jeunes bourgeons et rameaux de certains arbres (platanes, érables, tilleuls, ormes).

Le dessèchement, pendant la période active de végétation, des feuilles et des jeunes rameaux, qu'on remarque parfois, sur le platane particulièrement, est dû à la présence d'un champignon microscopique (le *Discula platani*) qui attaque les feuilles et surtout leurs nervures; il détermine aussi souvent des pustules sous l'écorce des jeunes rameaux.

Fig. 183. — Bois ravagé par le grand capricorne.

Les feuilles des érables, plane et sycomore, sont fréquemment envahies par un champignon (*Rhytisma acerinum*) (fig. 193), qui se manifeste par des taches noires, larges, irrégulières, arrondies, luisantes, qui apparaissent à la fin de l'été et donnent un aspect désagréable aux arbres.

Plusieurs champignons très petits (des érysiphe, des erineum), désignés communément sous le nom de meunier ou de blanc à cause de l'aspect blanchâtre, farineux, que prennent les feuilles envahies, apparaissent surtout, dans les années humides, sur les tilleuls, les érables, les peupliers, les ormes.

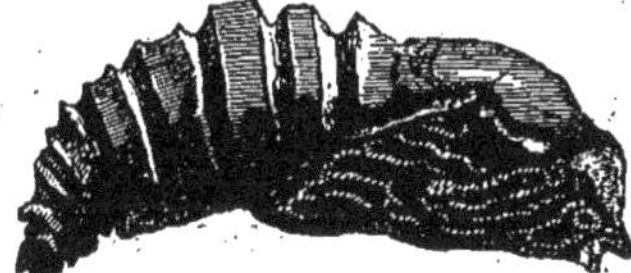

Fig. 186. — Cossus gâte-bois, chrysalide.

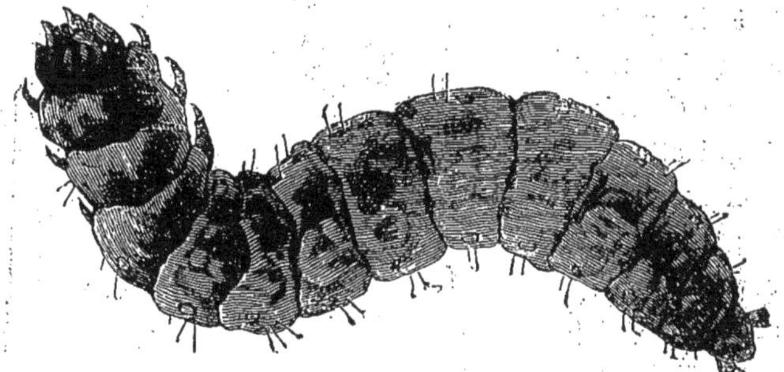

Fig. 185. — Cossus gâte-bois, chenille.

Fig. 184. — Cossus gâte-bois, papillon.

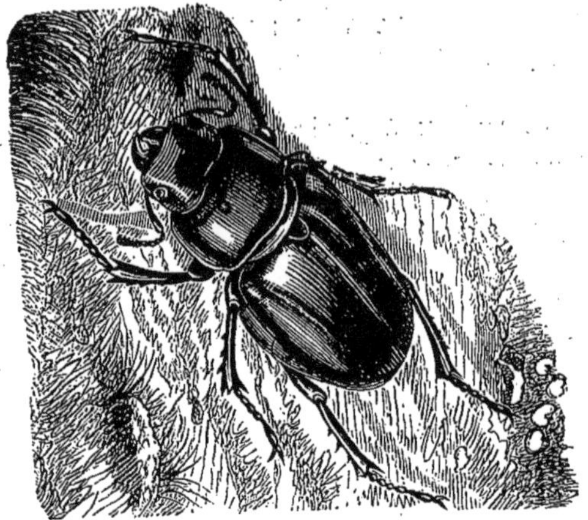

Fig. 188. — Lucane cerf-volant, femelle.

Fig. 190. — Nymphe de lucane cerf-volant.

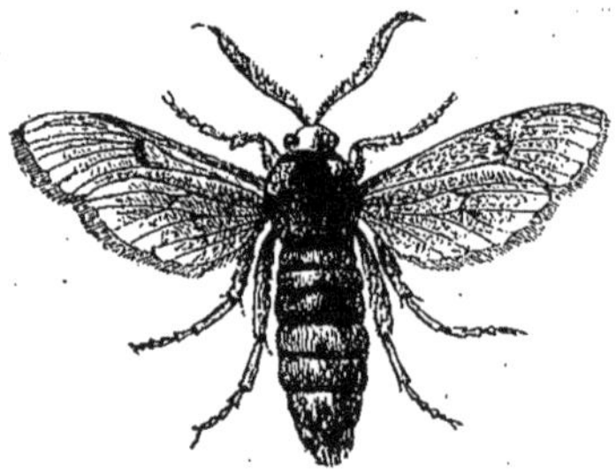

Fig. 191. — Sesie apiforme.

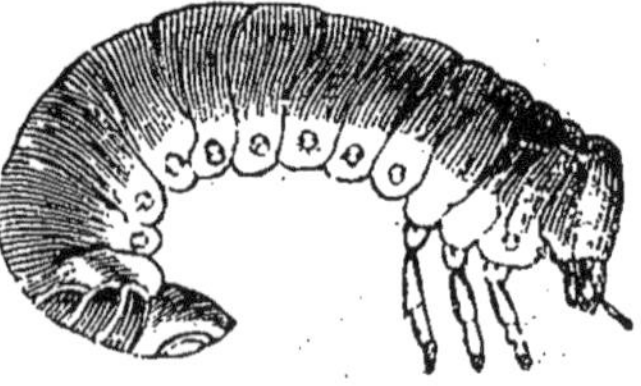

Fig. 189. — Larve de lucane cerf-volant.

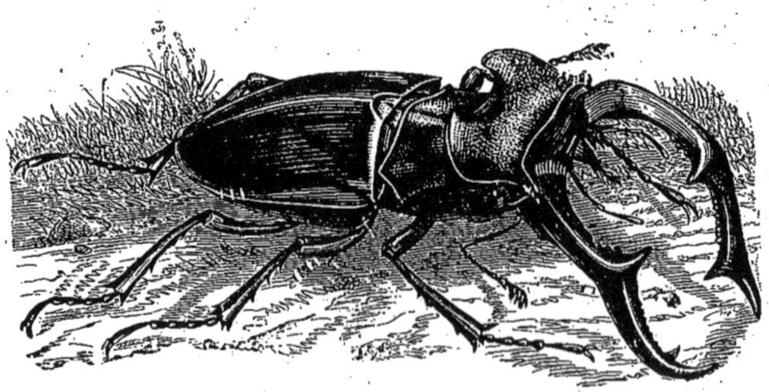

Fig. 187. — Lucane cerf-volant, mâle.

Ces divers cryptogames ne causent généralement pas de sérieux préjudices aux arbres dans les plantations d'alignement.

Sur les jeunes sujets, on peut employer comme traitement topique le sulfate de cuivre (à 2 %), en aspersion sur les feuilles et les rameaux. On recommande aussi le naphtolate de soude à la dose de 1 gramme pour 10 litres d'eau.

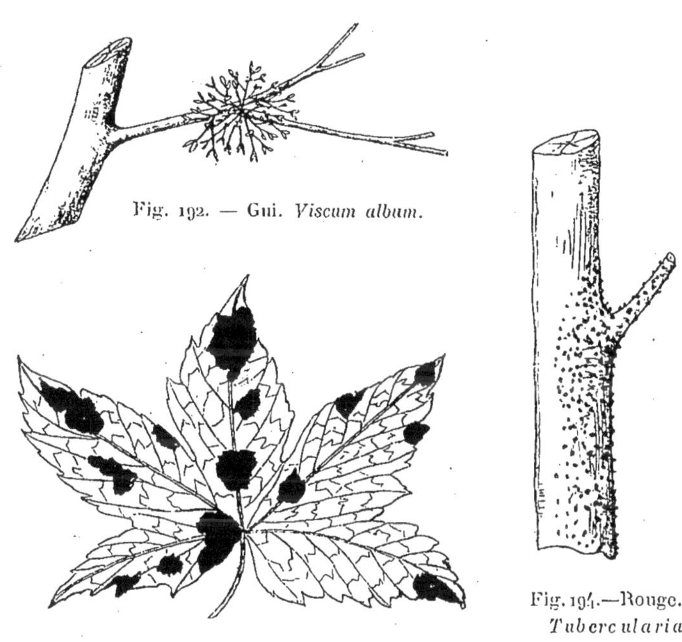

Fig. 192. — Gui. *Viscum album.*

Fig. 193. — Rhytisma. *Rhytisma acerinum.*

Fig. 194. — Rouge. *Tubercularia vulgaris.*

La destruction par le feu des feuilles tombées atteintes par les champignons, est dans tous les cas une opération à recommander.

Rouge. — On nomme le rouge un petit champignon (*Tubercularia vulgaris*) qui apparait assez fréquemment sur l'écorce morte des arbres ; il se manifeste sous forme de petites proéminences rouges, arrondies, rapprochées, souvent très nombreuses.

Ce petit champignon est l'indice de la mort de la portion de l'écorce sur laquelle il existe.

Il vient le plus souvent à la suite de fortes contusions ou blessures faites à l'écorce ou au pourtour des plaies faites pendant l'hiver à la base des branches ou brindilles mortes (fig. 194).

Les marronniers, les tilleuls, les ormes, les érables, en sont plus facilement atteints.

Lorsque ce petit champignon apparaît sur tout le pourtour d'une branche ou du tronc, c'est l'indice de la mort de la branche ou de la partie supérieure de l'arbre au-dessus de la partie atteinte.

Si ce champignon ne se manifeste que sur une faible portion d'écorce, il faut enlever de suite jusqu'à la partie saine cette écorce contaminée et morte, de façon à constituer une plaie simple, puis enduire le tissu mis à nu à l'aide de coaltar. Ce petit champignon ne paraît pas être la cause de la mort de l'écorce, mais seulement l'indice. Il ne paraît pas pouvoir se reproduire sur l'écorce saine d'un arbre vigoureux.

D'autres champignons plus connus : des agarics, des bolets, des thelephores, des polypores, etc., qui apparaissent sur les parties mortes des tiges ou des fortes branches, sont l'expansion fructifère d'une végétation de mycelium à l'intérieur, dans le tissu ligneux mort, ces arbres étant le plus souvent cariés.

Il faut enlever ces champignons, nettoyer les plaies ou parties atteintes de décomposition et recouvrir le tissu ligneux de coaltar.

Le lavage de ces plaies avec de l'eau contenant pour 100 litres d'eau 1 kilogramme de sulfate de cuivre et 500 grammes d'ammoniaque est une excellente précaution, ainsi que les lavages ou les aspersions avec de l'eau contenant du naphtol ou naphtolate de soude à la dose de 1 gramme pour 10 litres d'eau.

Végétaux épiphytes. — On désigne ainsi les végétaux qui croissent sur les arbres sans tirer leur nourriture de la sève des sujets qui leur servent de support.

Ce sont surtout des mousses, des lichens et autres cryptogames.

Les mousses et les lichens qui se développent sur l'écorce des branches et des tiges des arbres indiquent généralement une végélation peu active, un état languissant des arbres sur lesquels ces plantes végètent.

On devra enlever les mousses et les lichens et autres cryptogames au moyen de grattages, de frictions et de lavages énergiques. Il convient aussi, pour compléter l'opération, d'enduire pendant le repos de la végétation, par un temps sec, la tige et les branches d'une couche de chaux délayée à l'état de lait de chaux, à laquelle on ajoute du jus de tabac pour environ 1/20 et 2 grammes de sulfate de fer par litre de liquide.

Enfin, selon les cas particuliers, on devra donner à ces arbres les bonnes conditions de végétation qui doivent leur manquer.

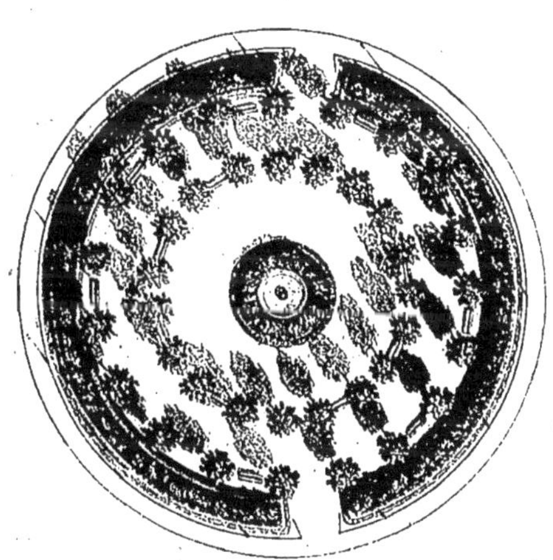

Square de la Réunion.

CHAPITRE VII

COUT DE L'INSTALLATION DES PLANTATIONS D'ALIGNEMENT

§ I. — DÉPENSES.

Les dépenses nécessaires pour l'installation des plantations d'alignement dans les villes sont extrêmement variables selon les circonstances, mais surtout en raison de la nature du sol, des conditions locales, de l'emplacement, des fournitures diverses et installations accessoires particulières qui peuvent être indispensables.

Dans Paris, généralement à cause des conditions particulières, c'est le remplacement partiel ou total du sol de la tranchée de plantation qui constitue la dépense la plus forte.

Dans le service des promenades et plantations de la ville de Paris, d'après M. Alphand, le prix de revient des arbres dans Paris a varié de 23 francs à 195 francs, selon que le sol naturel a été reconnu de bonne qualité ou au contraire a dû être remplacé partiellement ou totalement, et aussi en raison de la pose ou non des grilles, corsets, tuyaux de drainage, selon les circonstances et le besoin.

12

ÉTAT DE DÉPENSES POUR LA PLANTATION D'UN JEUNE ARBRE D'ALIGNEMENT EN SUPPOSANT LE SOL CONVENABLE ET EN BON ÉTAT

DÉSIGNATION	PRIX
	fr. c.
Achat d'un arbre	5 »
Creusement du trou (1 mètre carré sur 0m,75 de profondeur)	» 45
Plantation de l'arbre, pose du tuteur et attachage	1 50
Tuteur de 6m,00 de hauteur	2 »
Fournitures diverses : colliers, tampons, tresse, fil de fer	2 25
TOTAL	11 20

ÉTAT DE DÉPENSES POUR LA PLANTATION D'UN JEUNE ARBRE D'ALIGNEMENT DANS PARIS

D'après les données officielles de la direction des travaux de Paris.

DÉSIGNATION des ARTICLES	QUANTITÉ	PRIX de L'UNITÉ	SOMMES	TOTAUX
		fr. c.	fr. c.	
Achat d'un arbre	1		5 »	
Enlèvement de la mauvaise terre[1], déblai 3 × 5 × 1 =	15	4 50	67 50	
Fourniture de terre végétale 3 × 5 × 1 =	15	5 »	75 »	
Tuteur de 6m,00	1	2 »	2 »	
Préparation du trou de plantation, pose du tuteur, attache de l'arbre		1 75	1 75	
			151 25	
		A reporter	151 25	

1. — Il conviendrait souvent de faire l'enlèvement et le remplacement d'une plus grande partie du sol de la tranchée de plantation.

DÉSIGNATION des ARTICLES	QUANTITÉ	PRIX de L'UNITÉ	SOMMES	TOTAUX
	Report		fr. c. 151 25	
Fournitures, colliers Durand, tampons, tresses..		fr. c. 2 20	2 20	
Corset tuteur de 16 kilos...	1	10 50	10 50	
Grille en fonte de 150 kilos.	1	40 »	40 »	
Drainage, tuyaux en terre cuite [2]................				
Drainage, fournitures et installations...........		11 30	11 30	
			215 25	

A déduire un rabais moyen d'environ 15 %; la dépense peut être évaluée à raison d'environ 183 francs.

D'après les renseignements de la direction des travaux de Paris en 1895.

Les dépenses relatives à la mise en place d'un arbre d'alignement peuvent être ainsi évaluées :

Enlèvement de l'ancienne terre, 15 mètres cubes à 3 fr. 50	52 fr.	50
Fournitures et apport de terre végétale, 15 mètres cubes à 3 fr. 30.	49	50
Drainage	17	00
Grille en fonte.	36	00
Achat de l'arbre, tuteur, corset.	20	00
	175 fr.	00

1. — Le drainage à l'aide des tuyaux en bois créosoté revient, fourniture et pose, à 32 fr. pour deux arbres.

Tarif des Plantations au Chariot. — Les prix suivants sont établis par le service des travaux de plantation de la ville de Paris, en raison du diamètre de la motte et de la distance du parcours nécessaires pour la plantation.

DIAMÈTRE de la motte	PRIX pour un parcours de moins de 20m,00	PRIX pour un parcours de 20m,00 à 2.500m	PLUS-VALUE par fraction de 100m de parcours en plus de 2.500m
1m,20	18 fr.	25 fr.	0f 15
1m,40	20	30	0 20
1m,70	30	45	0 20
2m,20	50	70	0 20
2m,50	50	90	0 30

TRANSPLANTATION A FORFAIT AU CHARIOT

Série de prix ne comprenant pas l'acquisition de l'arbre

Arbre de 0m,30 à 0m,45 de circonférence.............	25 fr.
— de 0m,46 à 0m,60 de —	30
— de 0m,61 à 0m,90 de —	45
— de 0m,91 à 1m,20 de —	70
— de 1m,21 à 1m,50 de —	90

Frais d'Entretien (Main-d'œuvre). — Les dépenses annuelles nécessaires pour l'entretien des plantations d'alignement dans les villes sont très variables pour des causes diverses[1].

1. — Le prix d'entretien est évalué, en 1895, par le service des promenades et plantations de la ville de Paris, à 3 fr. par arbre.

En ce qui concerne la main-d'œuvre pour les soins de culture, d'entretien, plantation ou remplacement, arrosages, tuteurage, tailles et élagages, on peut évaluer que, dans Paris, les moyens d'exécution étant connus ainsi que l'état des arbres qui constituent l'ensemble des plantations actuelles, un ouvrier peut suffire à l'entretien en bon état de 500 arbres environ, soit 200 ouvriers pour les 100,000 arbres dont se composent les plantations d'alignement.

§ II. — DURÉE DES PLANTATIONS D'ALIGNEMENT DANS LES VILLES.

On ne peut assigner aux arbres d'alignement plantés dans les villes la longévité moyenne de ces mêmes essences placées dans des conditions naturelles favorables de végétation.

Dans les villes, les arbres se trouvent le plus souvent dans un milieu particulier qui constitue des conditions peu favorables à la végétation.

La durée des plantations varie en raison des précautions prises pour l'installation, des soins plus ou moins régulièrement et judicieusement donnés et aussi selon les conditions locales particulières plus ou moins défavorables contre lesquelles on n'a que trop souvent peu d'action.

Dans Paris, où les conditions de végétation sont généralement défavorables, on peut évaluer pour l'ensemble des voies plantées une durée moyenne en assez bon état de 40 à 45 années aux arbres d'alignement, ce qui entraîne, pour 100,000 arbres environ qui constituent les plantations d'alignement dans Paris, un renouvellement annuel de plus de 2,000 sujets.

Les prévisions de cultures dans les pépinières, la préparation des jeunes arbres destinés annuellement aux remplacements pour l'entretien de ces plantations, peuvent être basées sur ces données.

Il est bien certain, toutefois, qu'une installation bien faite et des soins toujours judicieusement donnés pourraient faire doubler la durée de ces arbres et, dans tous les cas, certainement prolonger notablement leur existence en bon état.

Sur les emplacements favorables, les plantations d'alignement peuvent durer, selon l'essence choisie, 60, 80, 100 ans et plus.

Les plantations d'alignement dans Paris sont l'objet de soins assidus et éclairés ; aussi sont-elles justement réputées les plus belles du monde.

Il est bien évident, toutefois, que des améliorations très importantes sont encore désirables et possibles, particulièrement en ce qui concerne l'installation, c'est-à-dire la préparation du sol, le choix des essences en raison des exigences locales, de la nature et de l'état des emplacements, et aussi dans l'application toujours judicieuse par un personnel suffisant et apte à ce travail des soins de culture, arrosages, engrais, fumures, tailles et élagages, qui auraient pour résultat de mieux assurer la bonne venue et de prolonger davantage la durée en bon état de ces plantations.

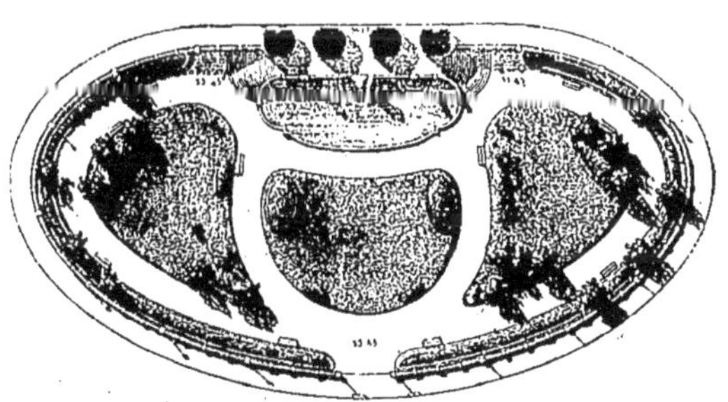

Square de la Trinité.

CHAPITRE VIII

SOINS GÉNÉRAUX A DONNER AUX PLANTATIONS D'ALIGNEMENT DANS LES VILLES SUIVANT LES DIFFÉRENTES ÉPOQUES DE L'ANNÉE

§ I. — PRINTEMPS (Mars, Avril, Mai).

Terminer les plantations (en mars et avril).

Règlement des grilles.

En mars, arrosage des arbres, des marronniers surtout et des autres essences à végétation hâtive, là où le sol n'a pu être pénétré, saturé d'eau pendant l'hiver, par suite des revêtements ou de toute autre cause.

En avril, arrosement des essences plus tardives : robinia, platane, ailante, noyer noir.

Emploi des engrais liquides et des engrais chimiques [1].

Taille et élagage jusqu'au moment de la pousse, pour le rétablissement de l'équilibre et de la régularité de la charpente ; enlèvement des fortes branches trop basses et autres suppressions importantes.

Reconnaissance, à l'aide de sondages, de l'état du sol et du sous-

---

1. — Lorsque les engrais liquides seront donnés dans les cuvettes ordinaires établies au pied des arbres, il conviendra d'en faciliter la pénétration immédiate dans le sol en pratiquant à l'aide d'une tige en fer, sur le pourtour de la cuvette, quatre ou six trous se dirigeant obliquement jusqu'à une profondeur de $0^m,50$ à $0^m,60$, de manière à faciliter l'accès du liquide nutritif jusqu'aux extrémités des racines.

sol au pied des arbres n'ayant pas une végétation satisfaisante, et où l'état du sol est douteux, au point de vue de sa perméabilité suffisante, pour la circulation de l'eau et de l'air.

§ II. — ÉTÉ (Juin, Juillet, Août).

Arrosages copieux et fréquents selon le besoin.

Surveillance active des arrosages pour les plantations nouvelles dans les sols légers, les arbres récemment élagués.

Surveillance des nouvelles pousses aux arbres, émondages, c'est-à-dire suppression des pousses inutiles qui se développent sur les tiges, surtout après l'enlèvement de branches fortes.

Tailles en vert pour maintien de l'équilibre et de la régularité dans l'ensemble du développement des branches, enlèvement des pousses inutiles; dressement du dessous des couverts, c'est-à-dire enlèvement des extrémités des branches qui s'abaissent au-dessous de la hauteur réglementaire ou ligne de feux.

Binages aux pieds des arbres nouvellement plantés.

Reconnaissance de l'état de végétation des arbres pour l'indication des soins de culture ou autres à donner en temps utile.

Enlèvement du bois mort.

Surveillance des tiges ou troncs d'arbres, recherche et enlèvement des écorces mortes, traitement des plaies.

Inventaire des arbres à remplacer, morts ou en trop mauvais état.

Indication par essences, âges et causes présumées ou constatées de la mort ou de dépérissement.

Propositions, selon les cas.

Préparation du terrain pour les plantations d'automne.

Sondage du terrain à proximité des racines des arbres malades ou dépérissants, sans causes extérieures appréciables, afin de constater l'état du sol, du sous-sol, sa nature, sa teneur en eau, et reconnaître les soins à donner en raison des constatations s'il y a lieu.

§ III. — AUTOMNE (Septembre, Octobre, Novembre).

Revue des attaches, colliers, tuteurs, corsets.

Règlement des grilles, nettoyage des cuvettes [1].

Fin Octobre et Novembre.

Changement de terre ou apports d'engrais organiques aux arbres languissants faute de nourriture [2].

Plantations.

Tailles, élagages, échenillages.

Suppression des cuvettes non recouvertes de grilles aux pieds des arbres.

§ IV. — HIVER (Décembre, Janvier, Février).

Continuer, lorsqu'il ne gèle pas, par un temps sec, les plantations qui n'auraient pu être faites à l'automne.

Fumures.

Tailles et élagages quand la température le permet.

Echenillage.

Vérification et mise en état des tuteurs, des attaches, des paillons, des colliers, des corsets.

---

1. — A moins de cas particuliers exceptionnels, il n'est pas utile de faire le nettoyage des cuvettes tous les ans. Lorsque ce travail est nécessaire, il est préférable de le faire après la saison des arrosages, car, pendant les arrosages, une partie des substances organiques accumulées habituellement sous les grilles peut être dissoute, entraînée dans le sol et servir ainsi à la nutrition de l'arbre.

2. — Une couche de $0^m,05$ à $0^m,10$ d'épaisseur de bon terreau de fumier, étendue sous les grilles, au pied des arbres, serait une très bonne pratique, les pluies d'hiver, puis les arrosages, entraînant dans le sol les substances fertilisantes.

D'autres engrais organiques, de compositions analogues, pourraient également être utilisés.

Éviter avec soin l'eau stagnante et les tas de neige ou de glace au pied des arbres.

Éviter l'accès dans les grilles au pied des arbres de l'eau provenant de la fonte des neiges où glaces à l'aide du sel.

Les contusions faites aux arbres pendant la gelée déterminent souvent des plaies qui sont toujours préjudiciables à la végétation.

Reconnaissance de l'état du sol, à l'aide de sondages, au pied des arbres remarqués malades pendant la période de la végétation.

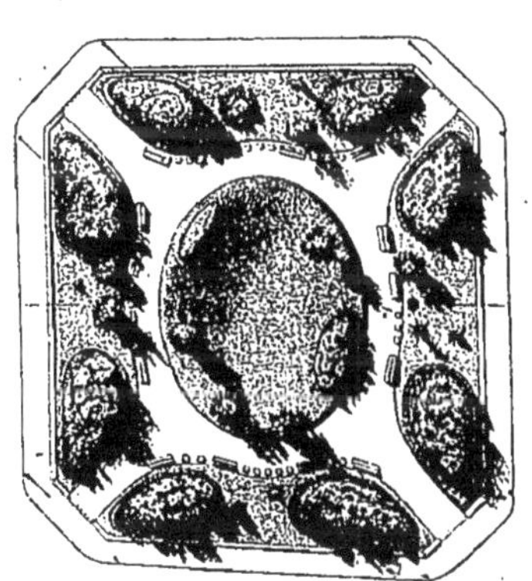

Square de Sainte-Clotilde.

CHAPITRE IX

ARBRES A UTILISER DANS LES PLANTATIONS D'ALIGNEMENT ET D'ORNEMENT

§ I. — NOMENCLATURE ET DESCRIPTION

(DESCRIPTION SOMMAIRE : *aptitude, emploi, distance de plantation, modes de multiplication.*)

ACACIA. — FAUX-ACACIA. — ROBINIER. (Famille des Légumineuses.)

obinia pseudo-acacia, L., Amérique septentrionale, Virginie (introduit en France en 1635).

Grand arbre se formant souvent en tête élargie irrégulière, à végétation rapide dans sa jeunesse.

Branches et rameaux cassants, épineux.

Écorce grise, roussâtre, largement et profondément sillonnée quand l'arbre est âgé.

Bois très dur, très résistant ; est recherché pour la menuiserie et le charronnage. Avantageux comme bois de chauffage.

Racines longues, traçantes, jaunâtres, odorantes.

Feuilles d'un vert pâle, alternes, composées, imparipennées, ordinairement de 17 à 21 folioles.

Feuillaison vers le 15 mai ; donne un ombrage léger.

Fleurs blanches, en grappes, pendantes, à odeur d'oranger très agréable.

Floraison vers le 15 juin.

Arbre peu exigeant sur la nature et l'état du sol, venant à peu près dans tous les terrains; préfère les terres légères, saines. Se prête mal à la taille.

Hauteur : 15 à 20 mètres.

Distance de plantation : 6 à 7 mètres.

Multiplication : semis, boutures de racines.

Les racines ont une odeur caractéristique agréable (rappelant l'odeur de la réglisse).

Le premier acacia planté en France en 1637 par Vespasien Robin, au Jardin des Plantes de Paris, existe encore, mais est dépérissant.

Acacia de Decaisne.

Robinia pseudo-acacia var. Decaisneana (hort.).

Arbre très vigoureux ayant le même aspect général que l'acacia commun; rameaux moins épineux (cassants), même époque de feuillaison et de floraison.

Fleurs roses lavées de blanc, très jolies.

Hauteur : 15 à 20 mètres.

Distance de plantation : 6 à 7 mètres.

Multiplication : greffe.

Il existe une variété encore nouvelle de robinier de Decaisne, à fleurs rouges, qui est des plus remarquables.

Même emploi que le robinier de Decaisne ordinaire.

Multiplication : greffe.

Acacia a feuilles ondulées.

Robinia pseudo-acacia var. undulata (hort.).

Très belle variété vigoureuse, se formant bien. Même dimension et même emploi que l'acacia de Decaisne.

Multiplication : greffe.

Acacia a une feuille.

Robinia pseudo-acacia var. monophylla (hort.).

Arbre vigoureux prenant naturellement une forme en cône élevé, arrondie; rameaux fins, nombreux.

Feuilles plus grandes que celles des autres acacias, quelquefois simples, ou composées de trois ou cinq folioles, la foliole terminale généralement plus large. Feuillage d'un vert plus foncé, plus persistant à l'automne.

Fleurs blanches odorantes.

Hauteur : 12 à 15 mètres.

Distance de plantation : 6 mètres.

Multiplication : greffe.

Variété très recommandable.

Trouvée dans un semis de Robinia ordinaire en 1855.

Acacia de Besson.

Robinia pseudo-acacia var. Bessoniana (hort.).

Arbre assez vigoureux se formant bien naturellement en cime arrondie, assez régulière.

Feuillage plus foncé et plus serré que celui du robinia commun.

Fleurs blanches odorantes.

Hauteur : 12 à 15 mètres.

Distance de plantation : 6 mètres.

On peut utiliser avantageusement dans les plantations d'alignement les variétés ou espèces suivantes d'acacia.

Acacia semperflorens.

Robinia pseudo-acacia var. semperflorens (hort.).

De même aspect de végétation et forme que le robinier commun, mais présentant cet avanage de refleurir en août.

Acacia visqueux.

Robinia viscosa, Vent., Amérique septentrionale (introduit en France en 1797).

Arbre de vigueur moyenne à rameaux roux, foncés, visqueux.

Feuillage plus serré, d'un vert plus foncé que celui du robinia commun.

Fleurs légèrement rosées, refleurissant plus ou moins abondamment en août.

Hauteur : 10 à 12 mètres.

Fig. 195. — Acacia-Boule. — *Robinia pseudo-acacia var. umbraculifera.*

Distance de plantation : 5 à 6 mètres.

Multiplication : semis, boutures de racines.

Acacia parasol.

Robinia pseudo-acacia var. inermis umbraculifera (hort.) (fig. 195).

Arbre très rameux ; ne peut s'employer comme arbre d'alignement que greffé sur robinia commun à hauteur de tige voulue, 3 ou 4 mètres, selon l'emplacement où il est destiné ; s'élève peu.

Se forme naturellement en boule ou tête arrondie, de 3 ou 4 mètres de diamètre ; supporte le rabattage.

Feuillage vert abondant.

Fleurit très rarement.

Hauteur : 6 à 8 mètres.

Distance de plantation : 4 à 5 mètres.

Bon arbre pour les petits emplacements.

AILANTE[1]. — VERNIS DU JAPON. (Famille des Zanthoxylées.)

Ailantus glandulosa, Desf., originaire du Japon (introduit en France en 1751, cultivé au Muséum de Paris en 1771) (fig. 196).

Grand arbre à tronc droit régulier, écorce amère, lisse ou légèrement rugueuse, gris noirâtre, se détachant parfois par plaques plus ou moins grandes.

Se forme naturellement en tête élargie, rameaux redressés paraissant comme tronqués, obtus à leur extrémité. Bois blanc jaunâtre assez dur, satiné, employé en ébénisterie et carrosserie.

Racines blanches traçantes.

Feuilles alternes, très longues, composées de 14 à 30 folioles larges, oblongues, aiguës, *dentées à la base*, d'un vert foncé luisant la face supérieure, et glauque, blanchâtre en dessous.

Les feuilles froissées exhalent une odeur désagréable ; elles peuvent servir à la nourriture d'un ver à soie, le *Bombix Cynthia*.

Feuillaison vers le 15 mai ; donne un couvert léger.

Fleurs monoïques ou quelquefois polygames réunies en panicules dressées d'un blanc verdâtre à odeur fade *généralement reconnue comme désagréable*. Les fleurs femelles répandent une odeur moins forte que les fleurs mâles.

1. — Ailante : nom chinois qui veut dire « monte au ciel », allusion à sa grande taille.

Floraison : fin juin.

Fruits ailés, pendants, réunis en panicules jaunes ou plus ou moins rougeâtres.

Fig. 196. — AILANTE, VERNIS DU JAPON
Ailantus glandulosa.

Arbre vigoureux à végétation rapide dans sa jeunesse, peu délicat sur la nature du sol; résiste un peu à la sécheresse et au terrain calcaire (fig. 197).

Hauteur : 15 à 20 mètres.

Distance de la plantation : 7 mètres.

Fig. 197. — Ailante. Vernis du Japon
Vue d'hiver.

Multiplication : semis, boutures de racines; greffes pour les variétés.

On rencontre aussi des ailantes à rameaux fastigiés.

Il existe des ailantes à fruits rouge vif qui présentent un caractère ornemental particulier.

Aune a feuilles en cœur. — A. d'Italie. (Famille des Betulacées.)

Alnus cordifolia, Ten., Europe méridionale.

Grand arbre à tronc droit se formant en cône élevé.

Écorce lisse, grisâtre, légèrement fendillée.

Feuilles alternes, grandes, entières, cordiformes, légèrement dentées, restant vertes sur l'arbre très tard en saison.

Feuillaison : commencement de mai.

Fleurs monoïques en chatons. Les chatons mâles jaunes, longs, élégants.

Floraison en février-mars.

Hauteur : 15 à 20 mètres.

Distance de plantation : 6 à 7 mètres.

Multiplication : Semis, boutures.

Catalpa commun. (Famille des Bignoniacées.)

Catalpa syringœfolia, Sims, Amérique septentrionale (introduit en France en 1726).

Bel arbre se formant en tête élargie, rameaux peu nombreux, bois cassant, redoute les vents un peu violents.

Exigeant un bon sol, un peu frais pour bien venir.

Feuilles simples, larges, en cœur, verticillées par trois ; quelquefois les feuilles paraissent opposées ou éparses.

Feuillaison : fin mai.

Fleurs tubuleuses, grandes, blanches, légèrement ponctuées de jaune et rose, réunies en belles panicules dressées.

Floraison : mi-juillet.

Fruits : capsules longues cylindriques pendantes.

Hauteur : 8 à 10 mètres.

Distance de plantation : 5 mètres.

Multiplication : semis.

Catalpa speciosa, Warder, États-Unis d'Amérique.

Espèce voisine de la précédente, préférable, à végétation plus rapide, fleurs plus grandes.

Distance de plantation : 5 mètres.

Multiplication : semis.

Il existe une variété à feuilles pourpre bronzé.

Même emploi que l'espèce précédente.

Multiplication : greffe.

CATALPA BOULE.

Catalpa Bungei var. nana ; C. umbraculifera, Kœmpferi (hort.), originaire de la Chine.

Petit arbre très rameux, se développant en forme de tête élargie régulière très touffue.

Demande un sol substantiel.

Feuilles grandes, cordiformes, verticillées.

Feuillaison en mai.

Ne fleurit pas.

Hauteur : 4 à 5 mètres.

Ce petit arbre ne peut s'employer dans les plantations d'alignement que greffé sur le catalpa commun à une hauteur de tige d'environ 3 mètres ; il forme alors une tête ronde régulière dont le diamètre ne dépasse guère 2 mètres.

Distance de plantation : 4 mètres.

A recommander pour les petits emplacements.

CEDRELA CEDRELIER. (Famille des Cédrelacées.)

Cedrela Sinensis, Juss., Chine (introduit en France en 1861).

Grand arbre se formant régulièrement en dôme élargi. Tige droite ; écorce lisse, roussâtre, devenant très épaisse et un peu rugueuse.

Végétation vigoureuse pendant sa jeunesse ; rameaux peu nombreux, gros.

Peu délicat sur la nature du sol.

Feuilles un peu semblables à celles du vernis du Japon, alternes, composées ; très longues folioles, paripennées par avortement de la foliole terminale, généralement au nombre de 30, quelquefois plus régulières, *non dentées*. Les feuilles du vernis du Japon sont dentées à la base.

Feuillaison : mi-mai.

Fleurs blanches, agréablement odorantes, réunies en grandes panicules terminales pendantes.

Floraison : fin juin, juillet.

Fruit : capsule ovoïde, de la grosseur d'une petite noix.

Hauteur : 12 à 15 mètres.

Distance de plantation : 7 mètres.

Multiplication : Semis, boutures de racines.

Les jeunes bourgeons et les racines, lorsqu'on les froisse, exhalent une odeur alliacée.

CHARME COMMUN. (Famille des Cupulifères.)

Carpinus betula, originaire d'Europe.

Arbre de taille moyenne à tronc non régulièrement cylindrique; écorce lisse grisâtre; rameaux fins, nombreux; se forme en tête arrondie.

Végétation lente; peu exigeant sur la nature du sol; supporte bien la taille pour forme à la française.

Charmille. Bois blanc très dur.

Feuilles simples, alternes.

Feuillaison en avril-mai; les feuilles sèchent sur l'arbre à l'automne et ne tombent qu'au printemps.

Fleurs peu apparentes en avril-mai, en chatons unisexués.

Fruits pendants ailés.

Hauteur : 8 à 12 mètres.

Distance de plantation : 5 mètres.

CHÊNE COMMUN. (Famille des Quercinées.)

Quercus pedunculata, Wild., Europe.

Très grand arbre se formant régulièrement en cime élargie.

Demande un sol profond ne se desséchant pas trop.

Élevé et préparé pour en faciliter la replantation comme arbre d'alignement, le chêne ordinaire pourrait être planté dans les villes, là où le sol serait suffisant, mais sa croissance est trop lente pour qu'il soit réellement très recommandable.

Le bois de chêne est le meilleur et le plus recherché pour l'ébénisterie, la menuiserie, la charpente, etc., etc.

Feuilles alternes, oblongues, profondément lobées, glâbres, un peu glauques en dessous.

Feuillaison : avril-mai

Fleurs monoïques, peu apparentes, en chatons.

Floraison : avril-mai.

Fruits nommés glands.

Hauteur : 15 à 25 mètres.

Distance de plantation : 7 à 8 mètres.

Multiplication : semis, graines semées ou stratifiées aussitôt leur maturité.

Chêne chevelu.

Quercus Cerris, L., Europe méridionale.

Grand et bel arbre ressemblant au chêne commun.

Feuilles pubescentes en dessous, profondément sinuées, lobées.

Cupule du fruit muni d'écailles subulées.

Cette espèce devra être utilisée de préférence ; elle est plus résistante aux sols de natures diverses

Hauteur : 15 mètres.

Distance de plantation : 7 mètres.

Multiplication : semis ; graines semées ou stratifiées aussitôt leur maturité.

Chêne d'Amérique [1].

Quercus alba, L., Amérique septentrionale (introduit en France en 1724). — Chêne blanc.

Quercus rubra, L., Géorgie. — Chêne rouge.

Ces chênes pourraient aussi être utilisés dans les plantations d'alignement ; mais ils exigent un bon sol profond et frais.

Feuilles rougissant à l'automne.

---

1. — Le *Quercus bicolor* ou *Michauxii* est aussi recommandé.

Distance de plantation : 7 mètres.

Multiplication : semis ; graines semées ou stratifiées aussitôt leur maturité.

Chicot du Canada. — Bonduc. (Famille des Cesalpinées.)

Gymnocladus Canadensis, Lam., Amérique septentrionale (introduit en France en 1748).

Grand et bel arbre se couronnant par une cime bien arrondie. Écorce rugueuse.

Arbre rustique peu délicat sur la nature du sol, végétation un peu lente.

Feuilles alternes très longues composées, bipennées, folioles larges bien vertes. Feuillaison : fin mai.

Fleurs blanches terminales. Floraison juin-juillet.

Hauteur : 15 à 20 mètres.

Distance de plantation : 7 mètres.

Multiplication : semis, boutures de racines.

Érable plane. (Famille des Acérinées.)

Acer platanoides, L., originaire d'Europe (introduit en France en 1683).

Arbre de taille moyenne prenant naturellement une forme en tête arrondie, rameaux étalés (fig. 198).

Tronc droit régulier, écorce grise lisse et plus tard légèrement sillonnée, restant adhérente au tronc.

Boutons à écaille rougeâtre.

Bois d'un grain fin serré, blanc gris ou miroité de teintes diverses, très utilisé en ébénisterie.

Feuilles (tous les érables ont les feuilles opposées) simples ordinairement à cinq lobes, dentées, luisantes, d'un vert pâle, glâbre sur les deux faces.

Feuillaison : commencement de mai ; donne un couvert épais.

Lorsqu'on détache une feuille de cet érable alors que l'arbre est encore en végétation, on constate sur l'emplacement du pétiole l'apparition d'un suc blanchâtre laiteux.

Les feuilles se colorent d'un beau jaune à l'automne; quelques sujets ont leurs feuilles naissantes légèrement colorées en rouge.

Jeunes rameaux et feuilles quelquefois attaqués par des pucerons qui secrètent une substance huileuse nommée miellat.

Lorsqu'il fait sec longtemps et que ce miellat est très abondant, il détermine la chute des feuilles les plus atteintes.

Fleurs jaunâtres réunies en corymbes dressés.

Floraison : fin avril.

Fig. 198. — Plane. Érable plane. *Acer platanoïdes.*

Arbre rustique, résistant assez à la sécheresse et au terrain calcaire.

Peut être utilisé comme essence à soumettre à la taille à la française.

Hauteur : 10 à 15 mètres.

Distance de plantation : 6 mètres.

Multiplication : semis ; graines semées ou stratifiées aussitôt leur maturité.

ÉRABLE GLOBE.

Acer platonoïdes var. globosum (hort.).

Variété d'érable plane à petite dimension, se formant bien en tête arrondie.

Rameaux nombreux, serrés.

Hauteur : 5 à 6 mètres.

Distance de plantation : 4 à 5 mètres.

Multiplication : greffe à hauteur de tige voulue.

Bon arbre pour les petits emplacements, peu exigeant sur la nature du sol.

ERABLE DE SCHWEDLER.

Acer platanoïdes var. Schwedlerii (hort.).

Variété d'érable plane, surtout recommandable à cause de l'effet ornemental produit au printemps par ses jeunes pousses et feuilles qui sont d'un rouge vif, passant au rouge foncé.

S'il se produit une nouvelle végétation en août, les nouvelles pousses et feuilles sont également rouges.

Ce caractère fait que cet arbre est très recommandable pour être soumis à une taille régulière à la française, qui peut provoquer régulièrement une seconde végétation.

Hauteur : 10 à 12 mètres.

Distance de plantation : 5 à 6 mètres.

Multiplication : greffes.

ÉRABLE SYCOMORE. — FAUX PLATANE

Acer pseudo-platanus, L., Europe.

Grand arbre d'une belle forme régulière en cime élargie, rameaux redressés. Tronc droit régulier ; écorce lisse, puis se soulevant par petites plaques lorsque l'arbre est très âgé.

Arbre rustique résistant assez à la sécheresse et au sol calcaire. Souffre un peu des pucerons, de même que l'érable plane.

Peut être soumis à un élagage annuel pour forme à la française.

Bois utilisé en ébénisterie.

Feuilles opposées simples à cinq lobes, allongées, d'un vert foncé dessus, un peu glauque dessous, un peu duveteuse au long des nervures. Plus grandes, plus épaisses que les feuilles de l'érable plane.

Boutons à écailles verdâtres.

Feuillaison : commencement de mai.

Fleurs réunies en grappes, pendantes, jaunes, verdâtres.

Floraison : mi-mai.

Hauteur : 15 à 20 mètres.

Distance de plantation : 7 mètres.

Multiplication : semis.

Les graines d'érables doivent être semées ou stratifiées aussitôt leur maturité.

Érable a feuille pourpre.

Acer pseudo-platanus var. atropurpurea (hort.).

Variété de sycomore, à dimension un peu moindre, recommandable à cause de la coloration pourpre du dessous de ses feuilles.

Hauteur : 10 à 15 mètres.

Distance de plantation : 6 mètres.

Multiplication : greffes.

Peut être utilisé pour produire un contraste agréable en plantation en lignes parallèles avec le *Tilia argentea*.

Érable a grandes feuilles.

Acer macrophyllum, Pursh, originaire de l'Amérique du Nord (introduit en France en 1826).

Grand et bel arbre présentant l'aspect de l'érable sycomore, à feuilles un peu plus grandes, fleurs en grappes pendantes plus longues.

Moins rustique : demande un sol léger, sain et frais; végétation capricieuse.

Hauteur : 15 à 20 mètres.

Distance de plantation : 7 mètres.

Érable de Naples. — É. d'Italie.

Acer Neapolitanum, Terr., Italie (introduit en France en 1825).

Bel arbre assez vigoureux, se formant régulièrement en tête arrondie compacte.

Peu exigeant sur la nature du sol.

Feuilles grandes un peu épaisses à cinq lobes obtus, un peu cotonneuse en dessous.

Feuillaison : fin avril.

Fleurs en panicules jaunâtres.

Floraison : fin avril.

Hauteur : 10 à 15 mètres.

Distance de plantation : 6 mètres.

Multiplication : semis.

Érable champêtre.

Acer campestre, L., Europe.

Arbre de petite et moyenne dimension, rustique, mais avec une végétation un peu lente ; cime touffue arrondie.

Écorce quelquefois subéreuse, sur certains sujets.

Feuilles petites, luisantes, à cinq lobes.

Hauteur : 8 à 10 mètres.

Multiplication : semis.

Arbre à utiliser pour les petits emplacements.

Distance de plantation : 5 mètres.

Érable américain. — É. a fruits velus.

Acer eriocarpum, Mich., Amérique septentrionale (introduit en France en 1725).

Grand et bel arbre de forme assez régulière.

Demande un bon sol assez frais.

Feuilles profondément lobées, vert pâle en dessus, glauques-blanches en dessous.

Feuillaison : commencement de mai.

Fleurs peu apparentes en petites ombelles sessiles, rougeâtres.

Floraison : février-mars.

Hauteur : 12 à 15 mètres.

Distance de plantation : 6 à 7 mètres.

Multiplication : semis et greffes. — Les graines devront être semées ou stratifiées aussitôt leur maturité, en juin.

Érable rouge. — É. de Virginie.

Acer rubrum, Michaux, Amérique septentrionale (introduit en France en 1656).

Grand et bel arbre, de forme assez régulière, élargie.

Demande un sol léger et frais.

Feuilles à 5 lobes, triangulaires, dentées, blanchâtres en dessous, devenant rouges à l'automne.

Fleurs réunies en petites ombelles nombreuses, très rouges, bien apparentes.

Floraison : février-mars. Fruits rouges.

Hauteur : 12 à 15 mètres.

Distance de plantation : 6 à 7 mètres.

Multiplication : semis, greffes. — Les graines doivent être semées ou stratifiées aussitôt leur maturité.

Févier. — Acacia triacanthos. (Famille des Légumineuses.)

Gleditschia triacanthos, L., originaire de l'Amérique du Nord (introduit en France en 1700).

Grand arbre à tronc droit, muni d'épines fortes, trifides; rameaux étalés, divariqués, se formant en tête irrégulière.

Feuillaison : fin mai.

Peu exigeant sur la nature du sol.

Feuilles alternes composées, bipennées.

Donne un ombrage léger.

Fleurs peu apparentes, en juin.

Hauteur : 10 à 15 mètres.

Distance de plantation : 7 mètres.

Multiplication : semis.

On peut aussi utiliser dans les plantations d'alignement le févier sans épines (*Gleditschia triacanthos var. inermis*) (hort.), le févier de Chine (*Gleditschia Sinensis*, Lamk) et le févier de la mer Caspienne (*Gleditschia Caspica*, Desf.), introduit en France en 1822, celui-ci à folioles plus larges.

Même emploi que le *G. Triacanthos.*

Frêne commun. (Famille des Oléacées.)

Fraxinus excelsior, L., Europe.

Grand arbre se formant bien en tête élargie ; rameaux peu nombreux.

Vient bien dans les sols consistants et frais.

Bois souple, pliant, très recherché pour l'ébénisterie, la menuiserie et le charronnage.

Boutons recouverts d'écailles noirâtres.

Feuilles opposées, composées de 9 à 11 folioles, imparipennées, quelquefois envahies par les cantharides.

Donne un ombrage peu épais.

Feuillaison en mai.

Fleurs peu apparentes, en avril-mai.

Hauteur : 10 à 20 mètres.

Distance de plantation : 7 mètres.

Multiplication : semis.

Frêne a une feuille.

Fraxinus excelsior var. monophylla (hort.) (fig. 199).

Grand et bel arbre, variété de l'espèce précédente, se formant bien régulièrement en tête arrondie.

Peu exigeant sur la nature du sol.

Feuilles opposées, simples, grandes, dentées.

Hauteur : 15 à 20 mètres.

Distance de plantation : 7 mètres.

Multiplication : greffe.

Frêne a fleurs.

Fraxinus ornus, L., Europe australe.

Arbre de petite dimension se formant en tête touffue.

Boutons recouverts d'écailles grisâtres.

Croissance un peu lente.

Feuilles opposées, composées de 7 à 9 folioles.

Fleurs nombreuses réunies en belles et grandes panicules blanches d'une odeur agréable.

Floraison en mai.

Hauteur : 8 à 10 mètres.

Distance de plantation : 5 mètres.

Multiplication : semis.

Fig. 199. — Frène a une feuille.
Fraxinus excelsior var. monophylla.

Frêne d'Amérique.

Fraxinus Americana, L., Amérique boréale (introduit en France en 1723).

Grand arbre à tronc droit se formant en tête élargie.

Demande un bon sol un peu frais.

Feuilles opposées, composées, folioles grandes, grisâtres, cotonneuses en dessous.

Feuillaison en mai.

Fleurs peu apparentes, en mars.

Hauteur : 10 à 20 mètres.

Distance de plantation : 7 mètres.

Multiplication : semis, greffes.

Frêne noir d'Amérique.

Fraxinus nigra, Bosc, Amérique septentrionale (introduit en France en 1808).

Bel arbre ayant un peu l'aspect du Frêne ordinaire à rameaux plus nombreux, noirâtre, végétation rapide.

Peu exigeant sur la nature du sol.

Feuilles opposées, composées, folioles elliptiques allongées, acuminées, dentées, d'un vert foncé.

Donne assez d'ombrage.

Feuillaison en mai.

Fleurs peu apparentes, en mars.

Hauteur : 10 à 15 mètres.

Distance de plantation : 7 mètres.

Multiplication : semis, greffes.

Frênes a feuilles de noyer.

Fraxinus juglandifolia, Lamk., Amérique septentrionale (introduit en France en 1783).

Assez grand arbre se formant bien, à végétation rapide, surtout dans les sols un peu frais; vient encore dans les sols un peu secs.

Feuilles opposées, composées de trois à quatre paires de folioles larges, un peu glauques en dessous, vert luisant dessus, ressemblant aux feuilles de noyer ordinaire.

Feuillaison en mai.

Fleurs dioïques peu apparentes en mars.

Hauteur : 10 à 15 mètres.

Distance de plantation : 7 mètres.

Multiplication : semis, greffes.

Gainier. — Bois de Judée. Famille des Légumineuses.)

Cercis siliquastrum, L., Europe australe (introduit en France en 1596).

Arbre de hauteur moyenne, se forme un peu irrégulièrement en tête diffuse.

Écorce d'abord lisse, noirâtre, devenant rugueuse. Accroissement peu rapide; peu exigeant sur la nature du sol; souffre du froid dans les hivers très rigoureux sous le climat de Paris.

Bois très dur.

Feuilles réniformes, arrondies assez, grandes, lisses.

Feuillaison en mai.

Fleurs roses rouges, nombreuses, rassemblées en petits bouquets sur les rameaux de deux ou trois ans, et même sur le vieux bois.

Il en existe une variété à fleurs blanches, floraison avril-mai.

Les fruits restent attachés sur l'arbre jusqu'au printemps. Il en existe des sujets ne donnant pas de fruits.

Hauteur : 8 à 10 mètres.

Distance de plantation : 6 mètres.

Multiplication : semis.

HÊTRE COMMUN. (Famille des Cupulifères.)

Fagus sylvatica, L., originaire d'Europe.

Très grand et bel arbre à tronc droit, cylindrique; écorce lisse et blanchâtre. Rameaux nombreux terminés par des boutons allongés pointus.

Se forme en cime élevée, arrondie, régulière.

Demande un sol assez profond, ne se desséchant pas trop; croissance lente. Peu recommandable comme arbre d'alignement dans les villes.

Bois de peu de durée, très bon pour chauffage.

Feuilles simples alternes, lisses, d'un vert gai; sèchent et prennent une teinte rouge sur l'arbre en automne et persistant jusqu'en hiver.

Feuillaison en mai.

Fleurs peu apparentes unisexuées, en mai.

Le fruit, nommé faîne, est une amande à trois angles renfermée dans une enveloppe hérissée; on en tire une huile comestible assez estimée.

Hauteur : 15 à 20 mètres.

Distance de plantation : 7 mètres.

Multiplication : semis, graines semées ou stratifiées aussitôt la maturité.

HÊTRE POURPRE.

Fagus sylvatica purpurea (hort.).

Variété de l'espèce précédente.

Feuilles d'un rouge vif, devenant ensuite d'un rouge foncé. Très joli arbre d'ornement.

Croissance un peu lente. Demande un bon sol profond, un peu frais.

Feuillaison en mai.

Hauteur : 12 à 15 mètres.

Distance de plantation : 7 mètres.

MARRONNIER D'INDE. — MARRONNIER COMMUN. — CHATAIGNIER DE CHEVAL.
(Famille des Hippocastanées.)

Æsculus hippocastanum, originaire de la Grèce (introduit en France en 1615).

Grand et très bel arbre prenant naturellement une forme régulière en tête sphérique ; rameaux forts, croissance rapide. *L'allongement définitif de la pousse annuelle se fait habituellement en moins d'un mois.*

Tronc droit, écorce d'abord lisse grisâtre, puis devenant fendillée, rugueuse, noirâtre, en vieillissant.

Boutons gros se couvrant d'une substance visqueuse.

Bois tendre, blanc, prenant un beau poli.

Feuilles opposées, grandes, digitées, formées le plus souvent de sept folioles dentées à *limbe élargi vers son extrémité* d'un beau vert.

Donne un couvert épais.

Feuillaison hâtive, commencement d'avril ; quelques sujets commencent à feuiller en mars.

Fleurs nombreuses réunies en belles et fortes grappes ou thyrses dressées, blanches ou plus ou moins tachetées de rose (fig. 200).

Floraison : commencement de mai.

Fruits assez gros à enveloppe verte hérissée de pointes épineuses.

Graine luisante, brune.

Fig. 200. — MARRONNIER BLANC. *Æsculus hippocastanum*. — En fleurs.

Dans quelques cas, la présence de ces fruits est un inconvénient, à cause des enfants, qui jettent des pierres pour les faire tomber.

Arbre vigoureux, très rustique, venant surtout très bien dans les sols légers un peu frais.

Très bon arbre pour les plantations d'alignement.

Hauteur : 15 à 20 mètres.

Distance de plantation : 7 mètres.

Multiplication : semis, graines semées ou stratifiées aussitôt leur maturité.

Les marronniers, placés dans les villes dans des conditions défavorables : trop exposés à la grande chaleur, à la sécheresse, dans les sols insuffisants ou de mauvaise nature, perdent leurs feuilles de bonne heure, en saison, quelquefois en juin-juillet (fig. 201).

Ces arbres recommencent parfois une seconde végétation, surtout si à cette époque on leur donne des arrosages abondants ; ils refleurissent même partiellement et ont alors parfois en même temps, en septembre, des fleurs et des fruits.

Cette seconde pousse annuelle, s'aoûtant mal, est préjudiciable à la bonne végétation régulière de l'année suivante.

Si ce fait de deux végétations annuelles se reproduit régulièrement, les arbres deviennent dépérissants.

Il faut éviter d'avoir à pratiquer des tailles déterminant de larges plaies, surtout sur les sujets languissants, ou sur ceux qui viennent d'être transplantés, car les marronniers prennent facilement le *rouge*.

On ne devra pas tailler le rameau de prolongement de la tige, si on veut lui conserver sûrement une direction bien verticale. Les tailles pratiquées sur les branches âgées de cet arbre déterminent des courbes qui ne se redressent pas ou disparaissent lentement et difficilement.

Il existe une variété recommandable du marronnier blanc ordinaire, à rameaux nombreux, dressés, fastigiés (fig. 202).

Multiplication : greffe.

Marronnier d'Inde a fleurs doubles.

Æsculus Hippocastanum var. flore pleno (hort.).

Cette variété présente tous les caractères avantageux de végétation et de forme du marronnier ordinaire avec une écorce un peu plus blanche et le feuillage d'un ton un peu plus clair.

Elle présente de plus ce grand avantage de ne pas donner de

fruit, lorsque toutefois les sujets sont bien à fleurs très doubles, pleines.

Fleurs d'un blanc crème ; fleurit quelques jours plus tard et dure

Fig. 201. — MARRONNIER BLANC. — Vue d'hiver.

souvent un peu plus en fleurs que le marronnier ordinaire.

Variété très recommandable.

Hauteur : 15 à 20 mètres.

Distance de plantation : 7 mètres.

Multiplication : greffe ; ne bien multiplier que les sujets à fleurs très pleines ne donnant pas de fruits.

Marronnier rouge.

Æsculus rubicunda, Lois., patrie inconnue (cultivé en France en 1812).

Arbre de dimension souvent un peu moindre en hauteur que le marronnier blanc ; il se forme moins régulièrement bien.

Feuilles luisantes, d'un vert plus foncé, souvent formées de cinq folioles dentées, *ayant leur plus grande largeur vers le milieu du limbe.*

Feuillaison en avril.

Boutons non visqueux, moins gros, plus arrondis que ceux du marronnier ordinaire, souvent réunis par deux à l'extrémité des rameaux.

Fleurs rouge plus ou moins pâle ou vif, selon les sujets.

Floraison : commencement de mai.

Fruits, ovales ou oblongs, peu nombreux, à enveloppe rousse, peu ou point épineuse.

Multiplication : semis.

Hauteur : 15 à 18 mètres.

Distance de plantation : 7 mètres.

Marronnier rouge var. de Briot.

Æsculus rubicunda var. Brioti (hort.).

Cultivée depuis environ une trentaine d'années.

Cette belle variété devra être préférée au marronnier rouge ordinaire, dont elle a les dimensions et le développement, mais avec des fleurs d'un très beau rouge vif régulier.

Distance de plantation : 7 mètres.

Pour cette variété, dont la tige droite ne s'obtient qu'avec difficulté, à cause de sa bifurcation continue, les rameaux se terminant le plus souvent par deux boutons, on peut utiliser des sujets greffés en écusson en tête à la hauteur voulue de $3^m,50$ environ. — Produirait un très bel effet planté en lignes parallèles avec le marronnier blanc.

Fig. 202. — MARRONNIER BLANC. Variété à rameaux fastigiés. — Vue d'hiver.

MURIER A PAPIER. (Famille des Morées.)

Broussonetia papyrifera, Vent., originaire de la Chine (introduit en France en 1751).

Arbre de moyenne grandeur, à cime arrondie.

Peu difficile sur la nature du sol.

Tronc souvent irrégulier, écorce jaunâtre.

Feuilles alternes, entières ou échancrées, plus ou moins profondément et irrégulièrement, rudes au toucher. — Feuillaison en mai.

Floraison en mai-juin.

Fleurs mâles et fleurs femelles sur des sujets différents. Fleurs mâles en châtons, fleurs femelles réunies en petites têtes globuleuses, desquelles il sort à l'automne des fruits allongés d'un rouge corail très joli. — Il en existe une variété à fruits blancs.

Hauteur : 8 à 10 mètres.

Distance de plantation : 6 mètres.

Multiplication : semis, boutures.

Négundo. — Érable négundo. (Famille des Acérinées.)

Negundo fraxinifolium, L., originaire de l'Amérique du Nord (introduit en France en 1688).

Grand arbre de forme naturelle souvent irrégulière.

Tronc irrégulier à écorce grisâtre, fendillée.

Croissance rapide dans sa jeunesse, venant bien dans les terrains légers un peu frais.

Branches et rameaux cassants, assez sujets à se dégarnir.

Feuilles opposées, composées; donne un ombrage léger, de peu de durée. — Feuillaison : fin avril.

Fleurs mâles et fleurs femelles en grappes pendantes sur des pieds différents. On rencontre des sujets à fleurs mâles dont les étamines ont une coloration rouge vif très remarquable.

Floraison : mars-avril.

Hauteur : 12 à 15 mètres.

Multiplication : semis. — Distance de plantation : 6 mètres.

Négundo de Californie.

Negundo Californicum, Torr., Californie.

Grand arbre se formant en tête irrégulière. — D'une très grande vigueur.

Branches et rameaux glauques, blanchâtres, cassants.

Demande un terrain frais.

Même aspect que l'érable négundo. — Végétation plus vigoureuse.

Hauteur : 15 à 20 mètres.

Distance de plantation : 6 à 7 mètres.

Noisetier de Byzance. — Coudrier.

Corylus Colurna, L. (Turquie d'Europe).

Arbre de 15 à 20 mètres de hauteur. — De forme un peu pyramidale.

Feuilles cardiformes. — Feuillaison en avril.

Fleurs en chatons monoïques.

Floraison : février-mars.

Distance de plantation : 5 mètres.

Multiplication : semis, marcottes.

NOYER NOIR. (Famille des Juglandées.)

Juglans nigra, L., originaire de l'Amérique du Nord (introduit en France en 1656).

Grand arbre se formant en tête irrégulière.

Branches et rameaux peu nombreux.

Arbre rustique, peu exigeant sur la nature du sol ; résiste au terrain calcaire et sec ; racines très fortes.

Bois dur, noirâtre, recherché en ébénisterie.

Feuilles alternes, composées, imparipennées ; folioles dentées pubescentes, d'un vert pâle, glabres en dessous.

Donne un ombrage léger. — Supporte mal la taille.

Feuillaison en mai.

Fruits gros, arrondis ; brou très épais ; noyaux profondément sillonnés, très durs.

Hauteur : 15 à 20 mètres. — Distance de plantation : 6 à 7 mètres.

Multiplication : semis, graines semées ou stratifiées aussitôt leur maturité.

ORANGER DES OSAGES. — BOIS D'ARC.

Maclura aurantiaca, Nutt., Amérique septentrionale, Louisiane (introduit en France en 1824). — Arbre se formant en cime élargie, branches fortes, rameaux nombreux, épineux.

Bois d'un beau jaune, utilisé en teinture, flexible, d'une grande élasticité. — Écorce gris jaunâtre, légèrement fendillée.

Feuilles alternes, entières, ovales, longuement acuminées, luisantes, d'un vert gai, devenant d'un beau jaune à l'automne.

Feuillaison : avril-mai.

Fleurs dioïques, les mâles disposées en grappes, les femelles réunies en têtes globuleuses formant une masse semblable à une orange pour la forme et la couleur, d'une saveur douce.

Floraison : juin-juillet.

Arbre peu exigeant sur la nature du sol ; croît rapidement dans les sols un peu frais ; résiste à la sécheresse.

Hauteur : 10 à 15 mètres.

Distance de plantation : 6 à 7 mètres.

Multiplication : semis, boutures de racines.

Orme commun. — Orme champêtre. (Famille des Ulmacées.)

Ulmus campestris, L., originaire d'Europe.

Très grand arbre se formant en tête arrondie, large ; branches fortes ; rameaux nombreux, fins, quelquefois inclinés.

Supporte bien la taille pour former à la française.

L'un des arbres d'alignement les plus anciennement employés, et des plus recommandables.

Écorce noirâtre, rugueuse. Est attaqué par un petit insecte (scolyte), qui creuse des galeries sous l'écorce, et peut déterminer le dépérissement rapide et la mort de l'arbre si l'on n'y remédie pas à temps par les soins nécessaires.

Bois recherché pour le charronnage.

Feuilles alternes souvent distiques, simples, entières, dentées, rudes.

Les feuilles et les jeunes pousses constituent un bon fourrage.

Feuillaison : commencement de mai.

Fleurs petites, agglomérées, rougeâtres, peu apparentes.

Floraison : commencement d'avril.

Fruits nommés samares, aplatis, munis d'une aile circulaire ; se détachant de l'arbre en mai.

Arbre rustique, vigoureux, peu difficile sur la nature du sol ; résiste à la sécheresse et un peu au sol calcaire.

Hauteur : 15 à 25 mètres.

Distance de plantation : 7 à 8 mètres.

Multiplication : semis ; graines semées ou stratifiées aussitôt leur maturité, en mai-juin.

Le semis donne fréquemment des sujets de végétation et d'aspect différents.

Il est utile de s'assurer dans le choix en pépinière que les jeunes sujets de semis sont bien semblables, comme aspect général de végétation, vigueur et grandeur de feuillage (fig. 203).

Fig. 203. — Orme commun *Ulmus campestris*.

Orme a larges feuilles.

Ulmus campestris var. latifolia (hort.).

Variété vigoureuse, à gros bois, à écorce lisse dans sa jeunesse.

Feuilles larges, rugueuses, dures.

Distance de plantation : 8 mètres.

Multiplication : greffe.

On trouve dans le commerce un certain nombre d'autres variétés horticoles recommandables, quelquefois peu distinctes les unes des autres et parfois même confondues.

Ce sont surtout :

Orme de Clemmer (hort.).

Écorce très peu rugueuse, feuilles larges, se formant assez régulièrement.

Orme de Belgique (hort.).

Écorce peu rugueuse, feuilles assez larges.

Orme de Dumont (hort.).

Écorce très lisse, feuilles moyennes, jeunes rameaux érigés.

Orme blanc du Nord (hort.).

Même aspect que l'orme de Dumont.

Orme vegeta (hort.).

L'un des plus vigoureux, écorce lisse grise, feuilles larges un peu rudes.

L'essentiel dans le choix de ces ormes est de bien s'assurer que tous les sujets de la variété choisie présentent exactement les mêmes caractères comme forme ou aspect de végétation et dimensions de feuillage, de manière à constituer des avenues régulières.

Les ormes à écorce lisse sont préférables, étant moins facilement attaqués par les scolytes et autres insectes.

Distance de plantation : 8 mètres.

Multiplication des variétés : greffes, boutures en cépées (fig. 204).

Orme boule.

Ulmus campestris var. umbraculifera (hort.).

Variété d'orme, de petite dimension, se formant bien en têtes sphériques, d'un diamètre de 3 à 5 mètres.

Rameaux nombreux, feuilles de moyenne dimension.

Hauteur : 5 à 6 mètres.

Distance de plantation : 4 à 5 mètres.

Multiplication : greffe à hauteur de tige voulue pour l'emploi.

Arbre très élégant, peu exigeant sur la nature du sol ; pourra être avantageusement utilisé pour les petits emplacements.

Orme de Weathley.

Ulmus campestris var. Weathleyi (hort.).

Belle variété d'orme champêtre à forme pyramidale.

Branches latérales s'allongeant peu, rameaux nombreux, fins, ramifiés.

Feuilles de la dimension de celles de l'orme champêtre ordinaire.

Arbre très élégant, à végétation régulière, se formant bien, d'un port dressé, léger, agréable.

Hauteur facile à maintenir entre 8 et 10 mètres.

Distance de plantation : 4 à 5 mètres.

Multiplication : greffe.

Très bon arbre à utiliser sur les emplacements offrant peu de largeur.

Fig. 204. — Orme commun. — Vue d'hiver.

Orme pyramidal.

Ulmus campestris var. pyramidalis (hort.).

Variété d'orme champêtre à rameaux bien érigés, forts, vigoureux, rappelant la forme du peuplier d'Italie; feuillage large, abondant.

Hauteur : 10 à 12 mètres.

Distance de plantation : 5 mètres.

Multiplication : greffe.

Très bon arbre à utiliser sur les emplacements offrant peu de largeur.

Orme de Chine.

Ulmus Sinensis (hort.) (introduit en France en 1827).

Orme à rameaux nombreux, longs; brindilles très fines, flexibles. retombantes.

Arbre très élégant à végétation un peu capricieuse, irrégulière,

Feuilles petites, elliptiques, allongées, très nombreuses, régulièrement dentées.

Même époque de végétation que l'orme ordinaire, floraison un peu plus hâtive, en mars.

Hauteur : 12 à 15 mètres.

Distance de plantation : 7 mètres.

Multiplication : semis, marcottage.

On peut aussi utiliser dans les plantations d'alignement : l'orme des montagnes (*Ulmus montana*, Smith), l'orme pedonculé (*Ulmus pedunculata*, Foug.), l'orme d'Amérique, orme rouge (*Ulmus fulva*, Micht.).

Ces espèces sont vigoureuses et à feuillage large, rude, surtout les deux espèces américaines.

Distance de plantation : 8 mètres.

Multiplication : semis, greffe, boutures en cépées.

PAULOWNIA. (Famille des Scrophularisés.)

Paulownia imperialis, Sieb. et Zucc., originaire du Japon (introduit en 1834 au jardin des plantes de Paris, où le premier sujet existe encore.)

Arbre de taille moyenne, se formant naturellement en tête élargie (fig. 205).

Tronc droit, généralement peu élevé; branches fortes, divariquées; jeune écorce lisse, ponctuée, puis devenant fendillée; pousses vigoureuses, surtout pendant la jeunesse de l'arbre. Donne assez souvent des rameaux gourmands, qu'il faut surveiller et enlever selon le besoin.

Redoute les vents violents.

Bois utilisable dans l'industrie, l'un des plus légers.

Feuilles opposées, très grandes, — c'est, parmi les arbres d'alignement, celui dont les feuilles atteignent les plus grandes dimensions, — entières, quelquefois échancrées à la base, largement cordiformes, pubescentes en dessous.

Fig. 205. — PAULOWNIA. *Paulownia imperialis.*

Feuillaison : fin mai.

Quelques feuilles tombent pendant toute la période de végétation, surtout dans les terrains secs et sous l'influence des grands vents.

Fleurs bleues, violacées, grandes, campanulées, réunies en panicules terminales dressées; odeur douce, agréable, rappelant la violette.

Floraison : mi-mai. Les boutons à fleurs sont très apparents et formés dès l'automne. Arbre très vigoureux, surtout dans sa jeunesse; peu exigeant sur la nature du sol; résiste au terrain un peu calcaire; ne se prête pas à une taille pour forme régulière; n'est pas recherché par les insectes.

Les pousses tardives des jeunes sujets gèlent parfois, ainsi que les boutons à fleurs, dans les hivers très rigoureux (fig. 206).

Hauteur : 10 à 14 mètres.

Distance de plantation : 7 mètres.

Multiplication : semis, boutures de racines.

Pavia jaune. (Famille des Hippocastanées.)

Pavia lutea, Poir., Amérique septentrionale (introduit en France en 1711).

Arbre ressemblant au marronnier, avec des dimensions moindres.

Se forme assez bien en tête touffue.

Feuilles composées de 5 à 7 folioles oblongues, lisses, un peu pédonculées.

Boutons moins volumineux que ceux du marronnier rouge, souvent réunis par deux à l'extrémité des pousses.

Feuillaison en avril.

Fleurs jaunâtres.

Floraison en mai. Fruits non épineux.

Exige, pour bien venir, un terrain un peu frais.

Hauteur : 10 à 12 mètres.

Distance de plantation : 5 à 6 mètres.

Multiplication : semis, greffes.

On pourrait aussi utiliser plusieurs autres espèces et variétés de pavia à fleurs rouges ou roses.

Ces arbres sont tous un peu exigeants sur la nature et l'état du sol.

PEUPLIER SUISSE. — PEUPLIER DE VIRGINIE. (Famille des Salicinées.)

Populus monilifera ; P. Canadensis, Desf., originaire d'Amérique (introduit en France en 1772).

Très grand arbre à tronc droit, à écorce blanchâtre, lisse, puis crevassée. Se forme en tête large, donne des branches fortes.

Jeunes rameaux légèrement anguleux.

Végétation vigoureuse, surtout dans les terrains frais.

Bois blanc, léger, tendre; est utilisé en menuiserie.

Fig. 206. — PAULOWNIA. — Vue d'hiver.

Les racines fournissent un très beau bois, qui est utilisé en ébénisterie.

Feuilles alternes, grandes, cordiformes.

Feuillaison en avril.

Fleurs en chatons, unisexuées. Chatons mâles rougeâtres, se détachant, tombant aussitôt la floraison passée.

Chatons femelles verdâtres, sur des pieds différents, persistant après la fécondation jusqu'à la dissémination des graines, en mai.

Floraison : mars-avril.

Fruits contenant un duvet blanc cotonneux très abondant, présentant des inconvénients pour le voisinage au moment de sa dispersion dans l'air, à la maturité des fruits, en mai.

Pour planter dans les villes, on devra toujours choisir des peupliers du sexe mâle, pour éviter l'inconvénient du duvet cotonneux des fruits des sujets femelles.

On peut reconnaître le peuplier mâle à la coloration un peu bronzée des chatons au moment de la floraison, et des jeunes feuilles en voie de développement; les jeunes feuilles et les chatons des individus femelles sont le plus souvent verdâtres.

Pour être certain du sexe du sujet qu'on veut élever, on devra, pour la multiplication, qui se fait très facilement de boutures ou de plançon, prendre des rameaux sur des individus qu'on a pu voir fleurir et par conséquent dont on a pu s'assurer du sexe.

Hauteur : 20 à 30 mètres.

Distance, de plantation : 8 à 10 mètres.

Multiplication : semis, boutures.

Peuplier régénéré.

Très belle et bonne variété de peuplier suisse.

Même dimension, même emploi. Tous les sujets *vrais* sont du sexe mâle.

Multiplication : bouture.

Peuplier dit l'Eucalyptus.

Bonne variété, vigoureuse, de peuplier suisse ; même aspect général, même emploi.

Multiplication : boutures.

Peuplier noir.

Populus nigra, L.

Même aspect que le peuplier suisse.

Feuilles un peu moins grandes.

Même emploi.

PEUPLIER D'ITALIE. — PEUPLIER PYRAMIDAL.

Variété de peuplier noir à rameaux érigés, serrés (introduit en France en 1749) (fig. 207).

Tous les individus cultivés en France appartiennent au sexe mâle.

Arbre se formant en colonne pouvant s'élever à 20 ou 30 mètres.

Distance de plantation : 5 mètres.

On peut aussi utiliser le peuplier de la Caroline (*Populus angulata*), et le peuplier du lac Ontario (*Populus Ontariensis*), espèces à grand feuillage, à rameaux cassants, à gros bois.

Tous les peupliers à gros bois, à rameaux cassants exigent un sol assez étendu et frais pour atteindre en bon état tout leur développement.

Ils redoutent les vents violents.

Distance de plantation : 8 mètres.

Fig. 207. — PEUPLIER D'ITALIE. *Populus nigra var. fastigiata.*

PEUPLIER BLANC DE HOLLANDE.

Populus alba, L., originaire d'Europe, Ypréau.

Grand arbre se formant en cime très étalée.

Écorce lisse, blanchâtre, puis rugueuse, noirâtre à la base ; racines traçantes donnant des rejetons.

Feuilles assez grandes, plus ou moins profondément dentées, cotonneuses, blanchâtres en dessous.

Fleurs unisexuées en chatons. Floraison en mars-avril. Fruits cotonneux, abondants.

Hauteur: 12 à 15 mètres.

Distance de plantation : 8 à 10 mètres.

Moins exigeant sur l'humidité du sol que le peuplier suisse.

Multiplication : boutures.

Il existe plusieurs variétés de peupliers dits : *blanc de Hollande*, à feuilles moins grandes, plus blanches.

Populus nivea, P. acerifolia, P. argentea.

Même emploi que le peuplier blanc, même aspect.

Populus Bolleana.

Très belle variété de peuplier blanc à rameaux érigés.

Même emploi que le peuplier d'Italie.

Distance de plantation : 5 mètres.

PEUPLIER GRISARD.

Populus canescens, Smith, originaire d'Europe.

Grand arbre à cime étalée, large.

Écorce lisse, blanche, verdâtre, puis crevassée et noirâtre à la base.

Racine traçante, donnant des rejetons.

Feuilles arrondies, moins cotonneuses que celles du peuplier blanc.

Même emploi, même mode et époque de floraison.

Hauteur : 20 à 22 mètres.

Distance de plantation : 7 à 8 mètres.

Multiplication : boutures.

Pour les plantations dans les villes, il convient toujours de choisir les peupliers du sexe mâle afin d'éviter le duvet cotonneux si désagréable qui accompagne les graines.

PLATANE COMMUN. — P. D'ORIENT. (Famille des Plantanées.)

Platanus orientalis, L., originaire du Levant (introduit en Italie, puis dans le midi de la France depuis plusieurs siècles).

Très grand et bel arbre vigoureux, à végétation rapide, s'élevant en forme de pyramide assez régulière, élargie ; ramifications nombreuses (fig. 208).

Tronc droit ; écorce lisse, grisâtre, se détachant à l'automne par plaques plus ou moins grandes, surtout lorsque les arbres sont vigoureux.

Écorce nouvelle, jaunâtre, claire.

Bois assez dur utilisé en menuiserie et en ébénisterie.

Fig. 208. — PLATANE COMMUN. *Platanus orientalis.*

Ne doit être planté que sur les grands emplacements comme surface de sol et situation extérieure.

Peu exigeant sur la nature du sol. Vient surtout très vigoureusement dans les sols un peu frais, légers.

N'est pas recherché par les insectes.

Supporte facilement les opérations, même importantes, de taille et d'élagage.

A besoin d'être soumis à une taille raisonnée pour conserver des proportions et un état convenables et rendre les services qu'on demande aux arbres d'alignement dans les villes.

A Paris et dans le Nord, les jeunes pousses au printemps sont quelquefois gelées.

Feuilles alternes très grandes, lobées, dentées, recouvertes à leur partie inférieure de poils roussâtres, qui se détachent et peuvent, dans certains cas, lorsque les arbres sont jeunes et travaillés en pépinière, déterminer l'irritation des voies respiratoires.

Ces inconvénients ne semblent pas à redouter lorsque les arbres sont grands.

Feuillaison : commencement de mai, pétiole devenant rougeâtre.

Floraison : mai.

Fleurs monoïques réunies en chatons globuleux.

Fruits en boules globuleuses, hérissées, solitaires ou souvent réunies par trois pendants brunâtres, persistant habituellement jusqu'au printemps.

Hauteur : 20 à 30 mètres.

Distance de plantation : 8 à 10 mètres.

Multiplication : boutures, semis.

Platane d'Occident. — P. de Virginie.

Platanus occidentalis, L., originaire de l'Amérique du Nord.

Ne diffère pas très sensiblement du platane d'Orient au point de vue de son utilisation dans les plantations d'alignement.

Il a les feuilles moins profondément lobées, palmées ; le pétiole ne se colore généralement pas en rouge.

Les fruits sont le plus souvent réunis par deux ou solitaires.

L'exfoliation annuelle de son écorce est moins apparente, moins régulière que pour le platane d'Orient ; l'écorce nouvelle est plus grisâtre. Son bois est moins dur.

Il donne des brindilles latérales plus menues, plus longues.

Il existe plusieurs variétés ou formes de ces platanes à feuilles plus ou moins profondément lobées, palmées, dentées.

PLANÈRE PLANERA. (Famille des Ulmacées.)

Planère crenata, Desf., originaire du Caucase (introduit en France depuis 1750).

Grand arbre à cime élevée, à tronc droit, écorce lisse, branches dressées; rameaux fins, flexibles, étalés.

Arbre vigoureux.

Demande un bon terrain un peu frais.

Feuilles alternes, distiques, entières, crénelées, dures, luisantes.

Feuillaison en mai.

Fleurs peu apparentes, agglomérées, en avril-mai.

Hauteur : 15 à 20 mètres.

Distance de plantation : 7 mètres.

Multiplication : semis, boutures en cepée, greffé sur l'orme.

PLAQUEMINIER D'ITALIE. (Famille des Ébénacées.)

Diospyros Lotus, L., Europe méridionale.

Arbre de moyenne dimension se formant assez naturellement en tête arrondie.

Écorce lisse grise. Bois dur, utilisable pour l'industrie.

Feuilles alternes, distiques, lancéolées, entières, d'un vert foncé dessus, luisantes, d'un vert pâle en dessous.

Feuillaison en mai ; conserve ses feuilles jusqu'aux gelées.

Fleurs petites, verdâtres, axillaires.

Floraison en juin.

Fruits : baies noirâtres, mangeables, de la grosseur d'une cerise.

Arbre peu exigeant sur la nature du sol.

Hauteur : 8 à 10 mètres.

Distance de plantation : 5 à 6 mètres.

Multiplication : semis.

Ptérocaryer du Caucase. — Noyer a feuilles de frêne. (Famille des Juglandées.)

Pterocarya fraxinifolia; **P. Caucasica, Kunth.**, originaire de l'Asie Mineure.

Grand arbre se formant en cime étalée; écorce lisse grisâtre, puis fendillée, épaisse.

Demande un sol assez étendu et un peu frais; pousse très vigoureusement dans sa jeunesse; les extrémités des jeunes rameaux gèlent quelquefois.

Feuilles alternes, composées; folioles généralement au nombre de 15, 17 ou 19, assez larges, bien vertes, luisantes.

Feuillaison en mai.

Fleurs en chatons monoïques.

Chatons femelles longs, pendants, fruits ailés.

Floraison en mai-juin.

Hauteur : 12 à 15 mètres.

Distance de plantation : 7 mètres.

Multiplication : semis, marcottes.

On peut aussi utiliser le pterocaryer de la Chine ou du Japon (*Pterocaria stenoptera*, *P. Japonica*) (fig. 209).

Sophora du Japon. (Famille des Papillonnacées.)

Sophora Japonica, L.; **Styphnolobium Japonicum, Scht.**, Japon (introduit en France en 1763).

Grand arbre se formant en tête élargie.

Écorce lisse, verdâtre, puis devenant grisâtre, fendillée profondément.

Branches fortes; rameaux divariqués, étalés, un peu pendants.

Arbre peu délicat sur la nature du sol; résiste à la sécheresse. Bois extrêmement dur.

Feuilles alternes, composées, imparipennées; folioles d'un beau vert foncé.

Feuillaison : mi-mai.

Fleurs blanchâtres, réunies en grandes panicules dressées.

Floraison : fin août.

Hauteur : 12 à 15 mètres.

Distance de plantation : 7 mètres.

Multiplication : semis.

SOPHORA DE LA CHINE.

Sophora Sinensis, Chine et Japon.

Espèce voisine de la précédente, à croissance plus rapide ; folioles un peu plus larges, à fleurs plus grandes, tintées de lilas.

Arbre peu répandu, à recommander pour les plantations d'alignement.

Même emploi que le sophora du Japon.

Fig. 209. — PTEROCARYER. *Pterocarya stenoptera.*

SORBIER DES OISELEURS. (Famille des Rosacées.)

Sorbus aucuparia, L., originaire d'Europe.

Arbre de petite dimension, exigeant une bonne terre substantielle un peu fraîche et une situation mi-ombragée.

Tronc droit, écorce lisse ; rameaux longs, flexibles, pendants lorsqu'ils sont chargés de fruits.

Feuilles alternes, composées, imparipennées.

Feuillaison : mars-avril.

Fleurs blanches, agréablement odorantes réunies, en fortes panicules dressées.

Floraison en mai.

Fruits rouge corail, produisant un bel effet à l'automne.

Hauteur : 6 à 8 mètres.

Distance de plantation : 5 mètres.

Multiplication : semis, greffes.

Greffé sur l'aubépine, ce sorbier peut venir dans les terrains médiocres.

SORBIER DE LAPONIE. — S. HYBRIDE.

Sorbus hybrida, L., Europe septentrionale.

Arbre de petite dimension, moins exigeant sur la nature du sol que le sorbier des oiseleurs.

Tronc droit, écorce lisse ; rameaux nombreux, dressés, maintenant à l'arbre une forme ovoïde.

Feuilles simples, lobées, cotonneuses en dessous.

Feuillaison en avril.

Fleurs blanches, nombreuses, serrées.

Floraison en mai.

Fruits rouges.

Hauteur : 6 à 8 mètres.

Distance de plantation : 5 mètres.

Multiplication : semis, greffes.

A utiliser sur les emplacements restreints.

TILLEUL ORDINAIRE. — T. DE HOLLANDE. (Famille des Tiliacées.)

Tilia platyphylla ; T. mollis, Spach, Europe centrale.

Grand arbre à tronc droit assez régulier, se formant en cime élargie.

Écorce lisse, grisâtre, puis fendillée ; est utilisée pour faire des cordes.

Arbre rustique demandant, pour bien venir, un sol léger et frais.

Supporte bien les élagages annuels ou tontes pour formes à la française ; l'un des plus anciennement employés.

Bois léger, tendre, utilisé en sculpture et menuiserie.

Feuilles alternes, cordiformes, entières, dentées.

Feuillaison : fin avril.

Les feuilles de ce tilleul sont souvent attaquées par de très petits insectes (acare) qui provoquent leur chute prématurée, surtout dans les terrains secs.

Fleurs petites, nombreuses, blanc jaunâtre, réunies en corymbes, d'une odeur très agréable.

Floraison : mi-juin.

Hauteur : 15 à 20 mètres.

Distance de plantation : 7 mètres.

Multiplication : semis.

Pour obtenir une plantation bien uniforme et régulière, il faut, en pépinière, bien choisir les jeunes sujets présentant bien les mêmes caractères de développement et aussi d'époque de végétation, certains sujets étant plus hâtifs que d'autres.

Tilleul a bois rouge.

Tilia mollis var. corallina (hort.).

Variété très recommandable à cause de la coloration rouge de l'écorce des jeunes pousses.

A choisir de préférence pour les plantations à soumettre en forme à la française.

Même emploi que le tilleul ordinaire.

Tilleul sauvage.

Tilia sylvestris, Desf.

Grand arbre se formant bien, en tête un peu élargie.

Feuilles moins grandes que celles du tilleul de Hollande, glauques en dessous.

Même emploi que le tilleul ordinaire.

Fig. 210. — TILLEUL ARGENTÉ. *Tilia argentea.*

TILLEUL D'ASIE.

Tilia euchlora, Koch. ; T. dasystyla, Stev., Tauride.

Grand et bel arbre se formant bien, à branches dressées et rameaux étalés; jeune écorce lisse, luisante, verte, vigoureuse, robuste, quelquefois rouge; peu difficile sur la nature du terrain.

Feuilles assez grandes, bien vertes, luisantes, résistantes, de plus longue durée sur l'arbre que celles du tilleul de Hollande.

Feuillaison : fin avril.
Fleurs odorantes; floraison : mi-juin.
Distance de plantation : 6 à 7 mètres.

TILLEUL ARGENTÉ. — T. DE HONGRIE.

Tilia argentea, Desf., Hongrie (introduit en France en 1767). Grand arbre à tronc droit; écorce lisse, blanchâtre; rameaux

Fig. 211. — TILLEUL ARGENTÉ. — Vue d'hiver.

nombreux, dressés, serrés, donnant une forme régulière ovoïde à l'arbre (fig. 210).

Peu difficile sur la nature du sol; préfère cependant les terrains un peu frais.

Feuilles grandes, cordiformes, dentées, vertes en dessus, blanches cotonneuses en dessous. Ne perdant pas ses feuilles pendant l'été, comme le tilleul de Hollande. Feuillaison : fin avril.

Fleurs blanc jaunâtre, très nombreuses, très agréablement odorantes.

Floraison : mi-juillet.

Hauteur : 12 à 15 mètres.

Distance de plantation : 6 à 7 mètres.

Multiplication : greffe.

Bien choisir en pépinière des sujets de même mode de développement pour avoir une plantation bien uniforme, régulière comme aspect de végétation (fig. 211).

Éviter les fortes opérations de taille sur les arbres peu vigoureux ou nouvellement transplantés, déterminant de grandes plaies qui prennent facilement le *rouge* au pourtour.

A planter de préférence au printemps, au commencement de la pousse.

TILLEUL D'AMÉRIQUE.

Tilia glabra, Vent., Amérique septentrionale (introduit en France en 1752).

Très grand et bel arbre vigoureux prenant la forme élargie du tilleul de Hollande à feuilles larges, vertes dessus, blanches en dessous, ressemblant à celles du tilleul argenté.

Même époque de feuillaison et de floraison que le tilleul argenté.

Hauteur : 15 à 20 mètres.

Distance de plantation : 7 mètres.

Multiplication : semis.

Bien choisir en pépinière les sujets présentant le même aspect de végétation.

TULIPIER. (Famille des Magnoliacées.)

Liriodendron tulipifera, L., originaire de l'Amérique du Nord (introduit en France en 1663).

Grand arbre à tige droite, écorce lisse, puis légèrement fendillée.

Très bel arbre, d'une reprise capricieuse et exigeant un bon sol substantiel et frais.

Bois jaunâtre, susceptible d'un très beau poli, d'une odeur aromatique agréable.

Ne supporte pas bien la taille.

Feuilles grandes, alternes, glabres, lobées, le lobe terminal paraissant comme coupé, tronqué; devenant d'un beau jaune à l'automne. — Feuillaison en mai.

Fleurs grandes, jaunâtres, solitaires, dressées, ressemblant assez à une fleur de tulipe.

Floraison : fin juin.

Hauteur : 15 à 20 mètres.

Distance de plantation : 6 à 7 mètres.

Multiplication : semis, graines semées aussitôt la maturité.

VIRGILIA A BOIS JAUNE. — CLADASTRIS. (Famille des Papilionacées.)

Virgilia lutea, Mich.; **Cladastris tinctoria**, originaire de l'Amérique du Nord (introduit en France en 1812).

Arbre de taille moyenne se formant bien en tête arrondie.

Tronc droit, écorce grisâtre légèrement fendillée; bois jaune, fort, élastique.

Arbre peu exigeant sur la nature du sol; végétation lente.

Feuilles alternes, composées; folioles assez grandes, arrondies, devenant d'un beau jaune à l'automne.

Feuillaison commencement de mai.

Fleurs nombreuses, réunies en longues grappes pendantes d'une odeur agréable.

Floraison : mi-juin.

Hauteur : 10 à 12 mètres.

Distance de plantation : 5 à 6 mètres.

Multiplication : semis.

Arbre à utiliser pour les petits emplacements.

Arbres résineux. — Arbres Verts. — Conifères.

ÉPICEA. — SAPIN. — PESSE. — SAPIN ROUGE. (Famille des Conifères.)

Abies excelsa, D. C.; Picea excelsa, Link., Europe.

Très grand arbre; se forme en pyramide élancée, à rameaux un peu retombants.

Croissance rapide.

Son bois est très estimé; on en extrait la résine appelée poix de Bourgogne.

Fleurs monoïques en chatons.

Floraison en mai.

Cônes pendants, écailles persistantes.

Feuilles aciculaires éparses.

Hauteur : 20 à 30 mètres.

Distance de plantation : 6 mètres.

Multiplication : semis.

Demande un sol léger assez profond ; redoute les terrains calcaires et à humidité stagnante.

SAPIN COMMUN. — S. ARGENTÉ. — S. A FEUILLES D'IF. — SAPIN DE NORMANDIE. S. DES VOSGES.

Abies pectinata, D. C.; A. taxifolia, Desf., indigène.

Très grand arbre à croissance rapide, à port un peu raide. Très rustique. Peu exigeant sur la nature du sol (fig. 212).

Bois très utilisé en menuiserie, ébénisterie, charpente.

Fournit la térébenthine de Strasbourg.

Feuilles planes distiques, sillonnées en dessous de deux lignes parallèles argentées.

Fleurs monoïques, en chatons.

Floraison en avril-mai.

Cônes dressés, écailles caduques.

Hauteur : 20 à 30 mètres.

Distance de plantation : 6 mètres.

Multiplication : semis.

MÉLÈZE.

Larix Europæa, D. C. ; **Pinus Larix, L.**, indigène.

Grand ardre à croissance rapide. Bois très dur.

Perd ses feuilles en hiver.

Fournit la résine appelée térébenthine de Venise.

Fleurs monoïques en chatons.

Floraison en avril-mai.

Hauteur : 20 à 30 mètres.

Distance de plantation : 6 mètres.

A utiliser dans les pays de montagnes.

Multiplication : semis.

PIN SYLVESTRE. — P. SAUVAGE. — P. D'ÉCOSSE. — P. ROUGE. (Famille des Conifères.)

Pinus sylvestris, L., Europe.

Grand arbre à écorce rugueuse, grise, puis devenant rougeâtre, se détachant par plaques minces.

Branches verticillées (deux feuilles à la gaine). Cime pyramidale dans sa jeunesse, s'élargissant au terme de sa croissance.

Fleurs monoïques en chatons.

Floraison en avril-mai.

Hauteur : 15 à 20 mètres. Bon bois de construction.

Distance de plantation : 5 à 6 mètres.

Multiplication : semis.

PIN DE CORSE. — P. LARICIO.

Pinus Laricio, Poir., Europe australe.

Très grand arbre pyramidal à écorce grise.

Branches verticillées, étalées. Deux feuilles à la gaine.

Hauteur : 20 à 30 mètres. Bon bois de construction.

Distance de plantation : 6 mètres.

Multiplication : semis.

Fig. 212. — Sapin commun. *Abies pectinata.*

PIN D'AUTRICHE. — P. NOIR.

Pinus Laricio var. Austriaca, Europe.

Grand arbre, écorce plus foncée que celle du laricio.

Port pyramidal, moins élancé que le laricio.

Peu exigeant sur la nature du sol; l'un des plus rustiques pour la région parisienne, dans les sols un peu calcaires.

Hauteur : 10 à 15 mètres. — Distance de plantation : 6 mètres.

Multiplication : semis.

PIN DU LORD. — P. DU LORD WEYMOUTH.

Pinus strobus, L., Amérique du Nord.

Grand arbre à croissance rapide dans sa jeunesse.

Branches disposées en verticilles réguliers. Écorce verte et lisse, ne devenant que tard grise et rugueuse.

Feuilles fines, flexibles, longues, réunies par cinq dans la gaîne.

Fleurs monoïques en chatons. -- Floraison en avril-mai.

Cônes longs de 10 à 12 cent., pendants au bout des rameaux.

Hauteur : 20 à 25 mètres. — Distance de plantation : 6 mètres.

Demande un bon sol léger, un peu frais.

Les arbres résineux et particulièrement les pinus et les abies ne doivent pas être soumis aux opérations successives de tailles et d'élagages répétés qui peuvent être appliqués aux arbres feuillus.

On ne doit pratiquer sur ces conifères que l'enlèvement nécessaire des branches de la base pour élever progressivement la tige nue jusqu'à la hauteur voulue.

L'enlèvement des branches doit se faire rez tronc, par couronne, annuellement selon la force et le développement du sujet, et plutôt à l'automne, afin d'éviter autant que possible l'écoulement résineux qui se manifeste parfois abondamment sur ces arbres lorsque les coupes sont faites pendant la période active de la végétation.

Les conifères, en général, exigent un sol sain, plutôt léger, très perméable, ne retenant pas un excès d'humidité, et préfèrent les situations au nord ou à l'est.

§ II. — LISTE DES ARBRES A UTILISER
(noms botaniques ou scientifiques).

Abies excelsa, D. C.
Abies pectinata, D. C.
Abies taxifolia, Desf.
Acer campestre, L.
Acer eriocarpum, Michaux fils.
Acer macrophyllum, Pursh.
Acer Neapolitanum, Ten.
Acer platanoïdes, L.
Acer platanoïdes var. Schwedlerii (hort.).
Acer platanoïdes var. globosa (hort.).
Acer pseudo-platanus, L.
Acer pseudo-platanus var. purpurea (hort.).
Acer rubrum, L.
Æsculus hippocastanum, L.
Æsculus hippocastanum var. flore pleno (hort.),
Æsculus rubicunda, Lois.
Æsculus rubicunda var. de Briot (hort.).
Ailantus glandulosa, Desf.
Alnus cordifolia, Ten.
Broussonetia papyrifera, Vent.
Carpinus betula, L.
Catalpa Bungei nana (hort.); C. umbraculifera, Kœmpferi (hort.).
Catalpa speciosa (hort.).
Catalpa syringæfolia, Sims; C. bignonioïdes, Walt.
Cedrela Sinensis, A. Juss.
Cercis siliquastrum, L.
Cladastris tinctoria, Rafin; Virgilia lutea, Michaux fils.
Corylus Colurna, L.
Diospyros Lotus, L.
Fagus sylvatica, L.; var. nigra, Bosc.
Fagus sylvatica var. purpurea (hort.).
Fraxinus Americana, L.

Fraxinus excelsior, L.
Fraxinus excelsior var. monophylla, Willd.
Fraxinus juglandifolia, Lamk.
Fraxinus ornus, L.
Gleditschia triacanthos, L.
Gleditschia triacanthos inermis (hort.).
Gleditschia Caspica, Desf.
Gymnocladus Canadensis, Lamk.
Juglans nigra, L.
Larix Europæa, D. C.
Liriodendron tulipifera, L.
Maclura aurantiaca, Nutt.
Negundo Californicum, Torr.
Negundo fraxinifolium, Nutt.
Paulownia imperialis, Sieb.-Zucc.
Pavia lutea, Poir.; P. flava, D. C.
Picea excelsa, Link.
Pinus Laricio, Pois.
Pinus Laricio var. Austriaca, Hoss.; P. nigra, Link.
Pinus Larix, L.
Pinus strobus, L.
Pinus sylvestris, L.
Planera crenata, Desf.
Platanus occidentalis, L.
Platanus orientalis, L.
Populus alba, L.
Populus angulata, Michaux fils.
Populus Bolleana (hort.).
Populus canescens, Smith.
Populus monilifera, Ait.; P. Canadensis, Desf.
Populus nigra, L.
Populus nivea, Willd.; P. argentea (hort.); P. acerifolia (hort.).
Populus Ontariensis, Desf; P. candicans ait., Michaux fils.
Pterocarya fraxinifolia, Spach; P. Caucasica, C.-A. Meyer.

Pterocarya stenoptera, Cas. D. C. ; P. Japonica (hort.).
Quercus alba, L.
Quercus Cerris, L.
Quercus pedunculata, Willd.
Quercus rubra, L.
Robinia pseudo-acacia, L.
Robinia pseudo-acacia var. Bessoniana (hort.).
Robinia pseudo-acacia var. Decaisneana (hort.).
Robinia pseudo-acacia var. Decaisneana, rubra (hort.).
Robinia pseudo-acacia var. monophylla (hort.).
Robinia pseudo-acacia var. inermis umbraculifera (hort.).
Robinia pseudo-acacia var. semperflorens (hort.).
Robinia pseudo-acacia var. undulata (hort.).
Robinia viscosa, Vent.
Sophora Japonica, L. ; Styphnolobium Japonicum, Scht.
Sophora Sinensis.
Sorbus aucuparia, L.
Sorbus hybrida, L.
Styphnolobium Japonicum ; Sophora Japonica.
Tilia argentea, Desf.
Tilia euchlora, C. Koch ; T. dasystyla, Stev.
Tilia glabra, Vent.
Tilia mollis var. corallina (hort.).
Tilia platyphylla ; T. mollis, Spach.
Tilia sylvestris, Desf.
Ulmus Americana, Willd.
Ulmus campestris, L.
Ulmus campestris var. blanc du Nord (hort.).
Ulmus campestris var. de Clemmer (hort.).
Ulmus campestris var. de Dumont (hort.).
Ulmus campestris var. latifolia (hort.).
Ulmus campestris var. pyramidalis (hort.).
Ulmus campestris var. umbraculifera (hort.).
Ulmus campestris var. vegeta (hort.).

Ulmus campestris var. Weathleyi (hort.).
Ulmus fulva, Michaux.
Ulmus montana, Witcher.
Ulmus pedunculata, Foug.
Ulmus Sinensis parvifolia (hort.).
Virgilia lutea, Michaux fils ; Cladastris tinctoria, Rafin.

§ III. — LISTE DES ARBRES (noms français ou communs).

Acacia à feuilles ondulées.
Acacia à une feuille.
Acacia de Besson.
Acacia de Decaisne.
Acacia de Decaisne, var. à fleurs rouges.
Acacia, faux acacia, robinier.
Acacia parasol.
Acacia semperflorens.
Acacia visqueux.
Ailante, vernis du Japon.
Aune à feuille en cœur, aune d'Italie.
Blanc de Hollande.
Bois d'Arc.
Bois de Judée.
Bonduc.
Catalpa boule.
Catalpa commun.
Catalpa remarquable.
Cedrela, Cedrelier.
Charme commun.
Châtaignier de cheval.
Chêne chevelu.
Chêne commun.
Chêne d'Amérique.
Chicot du Canada (Bonduc).
Epicea.

Erable à grandes feuilles.
Erable américain, érable à fruits velus.
Erable champêtre.
Erable de Naples, érable d'Italie.
Erable de Schwedler.
Erable globe.
Erable negundo.
Erable plane.
Erable rouge, érable de Virginie.
Erable sycomore, faux platane.
Faux acacia.
Févier, acacia triacanthos.
Frêne à feuille de noyer.
Frêne à fleurs.
Frêne à une feuille.
Frêne commun.
Frêne d'Amérique.
Frêne noir d'Amérique.
Gainier, bois de Judée.
Grisard.
Hêtre commun.
Hêtre pourpre.
Marronnier d'Inde à fleurs doubles.
Marronnier d'Inde, marronnier commun.
Marronnier rouge.
Marronnier rouge var. de Briot.
Mélèze.
Mûrier à papier.
Négundo de Californie.
Négundo, érable négundo.
Noisetier de Byzance, Coudrier.
Noyer noir.
Oranger des osages.
Orme à larges feuilles.

Orme blanc du Nord.
Orme boule.
Orme commun, orme champêtre.
Orme d'Amérique.
Orme de Belgique.
Orme de Chine.
Orme de Clemmer.
Orme de Dumont.
Orme de montagne.
Orme de Weathley.
Orme gras d'Amérique, orme rouge.
Orme pédonculé.
Orme pyramidal.
Orme végéta.
Paulownia.
Pavia jaune.
Peuplier blanc de Hollande.
Peuplier blanc fastigié.
Peuplier de la Caroline.
Peuplier d'Italie.
Peuplier dit l'eucalyptus.
Peuplier du lac Ontario.
Peuplier grisard.
Peuplier noir.
Peuplier régénéré.
Peuplier suisse, peuplier de Virginie.
Plane.
Plaqueminier.
Platane commun, P. d'Orient.
Platane d'Occident, P. de Virginie.
Planère, planera.
Pterocaryer du Caucase.
Pterocaryer du Japon.
Pin sylvestre, pin sauvage, pin d'Écosse, pin rouge.

Pin d'Autriche.

Pin de Corse.

Pin du lord Weymouth.

Robinier.

Sapin commun, sapin de Normandie, sapin des Vosges, sapin argenté, sapin à feuilles d'If.

Sapin, épicea, sapin rouge.

Sorbier des oiseleurs.

Sorbier de Laponie, sorbier hybride.

Sophora de la Chine.

Sophora du Japon.

Sycomore.

Tilleul argenté, tilleul de Hongrie.

Tilleul à bois rouge.

Tilleul d'Amérique.

Tilleul d'Asie.

Tilleul ordinaire, tilleul de Hollande.

Tilleul sauvage.

Triacanthos.

Tulipier.

Vernis du Japon.

Virgilia à bois jaune (Cladastris).

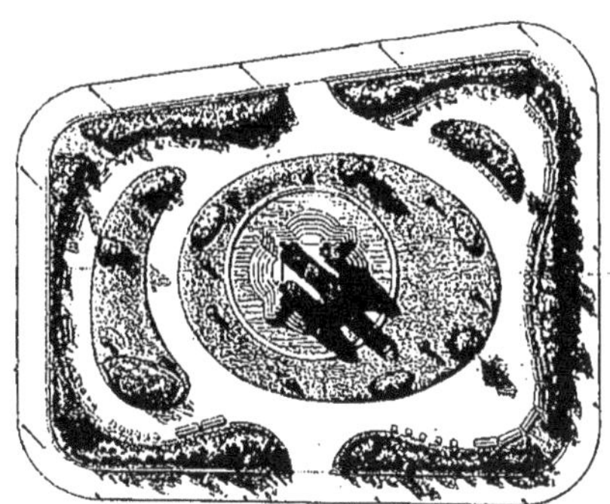

Square des Innocents.

§ IV. — LISTE ET NOMBRE DES ARBRES D'ALIGNEMENT DANS PARIS (1895)[1]

NOMS	NOMRBE
Platanes	26.207
Marronniers	17.050
Ormes	15.619
Vernis (Ailante)	9.767
Sycomores	6.485
Érables	4.411
Acacias	4.069
Tilleuls	2.720
Paulownias	1.034
Noyer d'Amérique	387
Negundos	102
Cedreliers	38
Planeras	25
Pterocaryas	13
Peupliers	12
Frênes	4
Catalpa	1
Chêne	1
Murier	1
Sophoras	1
TOTAL	87.947
Essences diverses : Préaux des Écoles	6.630
— — Cimetières	28.300
TOTAL GÉNÉRAL	122.877

1. — A Londres, d'après une statistique récente, le nombre des arbres plantés sur les voies publiques est de 14,700. — Depuis quelques années, des plantations considérables ont été faites, et un service important chargé de leur entretien.

Cedrus Libani.

DEUXIÈME PARTIE

LES PLANTATIONS

SUR LES ROUTES

LES PLANTATIONS
SUR LES ROUTES

ARBRES FORESTIERS

CHAPITRE Ier

PLANTATIONS ÉCONOMIQUES SUR LES ROUTES [1]

§ I. — INSTALLATION. — UTILITÉ.

Les plantations d'alignement en dehors des villes, sur les routes nationales, départementales, les chemins communaux, sont non seulement agréables par l'ornementation qui résulte de leur présence, et l'ombrage qu'elles procurent pendant les grandes chaleurs, mais elles sont utiles parce qu'elles facilitent l'entretien des chaussées ; elles maintiennent le sol des routes qui sont en remblais et sujettes aux inondations; elles retiennent la terre dans les pays montueux, l'hiver pendant les neiges; elles peuvent servir de guide, enfin elles sont susceptibles de donner un produit très rémunérateur par le rendement en bois ou en fruits qu'on peut obtenir par une installa-

1. — En France, les premières ordonnances royales concernant les plantations d'arbres sur les routes remontent à Henri II, en 1552. Elles avaient surtout pour but, paraît-il, la production du bois pour l'artillerie.

tion judicieuse, des soins appropriés et une exploitation bien faite.

On reproche parfois à ces plantations de porter préjudice aux cultures riveraines par leur ombrage et en épuisant le sol dans les champs cultivés où leurs racines s'étendent. On remédie à ces inconvénients, généralement peu préjudiciables, en ne plantant que les essences convenables, selon les emplacements, en tenant la charpente de ces arbres dans les conditions et dimensions voulues et en séparant ces plantations des champs par un fossé assez profond ou, selon les circonstances, en plantant en contrebas ou en surélévation du sol des champs.

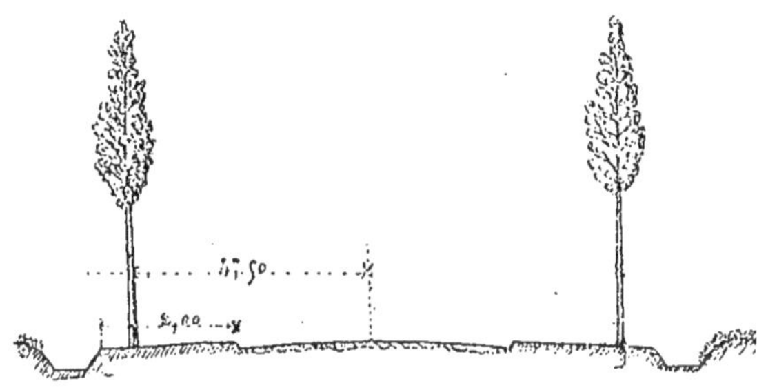

Fig. 213. — Coupe d'une route; largeur totale, 10 mètres; chaussée, 5 mètres; accotements, $2^m,50 \times 2 = 5$ mètres; fossés de 1 mètre de largeur et $0^m,50$ de profondeur; arbres plantés à $4^m,50$ de l'axe de la chaussée et à $0^m,50$ en dedans de l'arête extérieure de l'accotement.

Emplacement des Arbres. — En exécution d'une circulaire ministérielle du 17 juin 1851, il est interdit de faire des plantations d'arbres sur les routes nationales et départementales qui ont moins de 10 mètres de largeur; les deux lignes d'arbres doivent être éloignées chacune de $4^m,50$ de l'axe de la route, c'est-à-dire distantes l'une de l'autre de 9 mètres, et plantées au moins à $0^m,50$ en dedans de l'arête extérieure de l'accotement de la route (fig. 213); on admet généralement comme distance minimum 7 mètres entre chaque arbre sur la ligne et 15 mètres comme grande distance.

Ces prescriptions sont établies afin d'assurer la libre circulation des voitures et pour assurer l'assainissement des routes où un excès d'humidité serait à redouter du trop d'ombrage résultant de plantations trop rapprochées.

TABLEAU DES DIFFÉRENTES PARTIES DES ROUTES

DÉSIGNATION des ROUTES	LARGEUR			
	de la chaussée	de chaque accotement	de chaque fossé A	Totale non compris les fossés B
Routes nationales......	7m00 à 5m00	3m50 à 2m50	1m50	14m à 10m
Routes départementales	5m00 à 4m00	2m50 à 2m00	1m50	10 à 8m
Chemins vicinaux de grande communication	5m00 à 3m00	2m00 à 1m50	1m00	8m à 6m

A. — La profondeur des fossés est ordinairement de 0m50.
B. — Près de Paris la longueur totale atteint quelquefois jusqu'à 20 mètres et plus.

Largeur des Routes. — La largeur des routes nationales et départementales varie le plus souvent entre 6 et 14 mètres, chaussées et accotements compris.

Généralement, pour une route de 12 mètres, la chaussée a une largeur qui varie entre 4 et 6 mètres, et les accotements 2 ou 3 mètres. La largeur de la chaussée des routes doit être en rapport avec l'importance et l'activité du trafic des villes reliées par ces routes.

On ne peut planter plusieurs lignes d'arbres sur le même accotement qu'autant que, en dehors de la première ligne, distante de 4m,50 de l'axe de la route, il reste disponible une largeur de 5 mètres pour l'écartement entre les lignes, les arbres pouvant être disposés en quinconce (fig. 214). Ces routes sont établies et entretenues aux frais de l'État ou du département.

Pour les autres routes et chemins communaux, ruraux, etc., dont les frais d'installation et d'entretien incombent aux communes propriétaires, il ne paraît pas y avoir de réglementation précise pour la largeur des voies et la distance de plantation des arbres; ces détails sont laissés à l'initiative communale, qui les règle en raison des besoins et des convenances particulières locales.

Sur les routes étroites on peut ne planter qu'une ligne d'arbres. On devra choisir le côté du sud pour les routes dirigées de l'est à l'ouest.

Ces plantations sur les différentes routes nationales, départementales ou communales, en bordure des canaux, des rivières, des chemins de fer, sur les digues, les talus, etc., etc., peuvent être

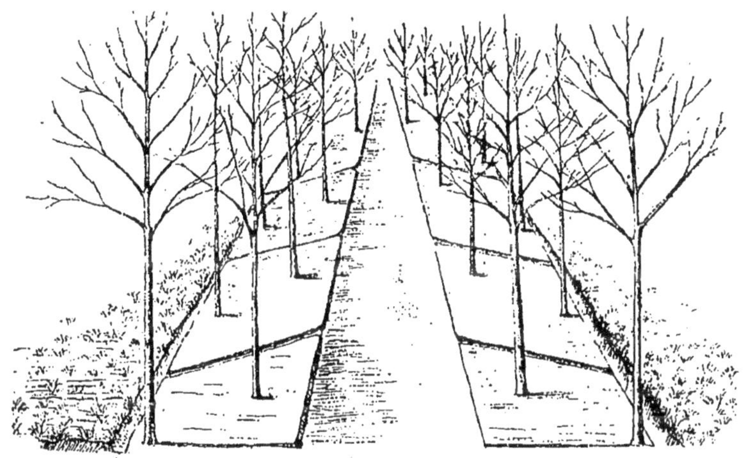

Fig. 214. — Arbres plantés en quinconces sur accotements étroits.

faites en essences forestières choisies en vue de la production du bois, ou essences fruitières comestibles ou utilisables.

§ II. — PLANTATION

Pour la plantation des arbres sur les routes, à moins de causes et circonstances exceptionnelles, on ne prévoit pas le changement de nature du sol de l'emplacement ; il conviendra donc tout particulièrement pour ces installations de rechercher les essences susceptibles de s'accommoder de la nature et de l'état du sol, et des autres conditions locales de végétation [1].

Les plantations faites sur les routes en remblais sont généralement dans des conditions plus favorables comme sous-sol que les plantations faites sur les routes en déblais.

La plantation des jeunes sujets de 3 ou 4 mètres de hauteur, ordinairement choisis pour ces installations, se fait dans des trous carrés de 0m,80 à 1 mètre de côté, et ayant la profondeur nécessaire (environ 0m,60 à 0m,70), pour que les racines s'y trouvent bien à l'aise, et le collet de l'arbre à la hauteur voulue, au ras du sol.

Pour faciliter la reprise, il conviendra toujours, en faisant la plantation, d'entourer les racines du jeune arbre avec la terre la meilleure qu on rencontre en faisant le trou, celle de la surface du terrain généralement ; ensuite l'arbre sera tuteuré solidement pour maintenir sa direction bien verticale et faciliter sa reprise, en empêchant l'ébranlement de ses racines dans le sol.

Pour les détails de l'exécution de la plantation, voir ce qui est dit sur ce sujet page 49.)

Ces plantations devront, autant que possible, surtout dans les terrains secs, être faites à l'automne, parce que les plantations faites à cette saison sont généralement moins exigeantes d'arrosage pour faciliter leur reprise que celles faites au printemps, les pluies et neiges d'hiver ayant saturé le sol.

Plantation en Terrains humides, inondés. — Dans quelques cas particuliers, là où le sol est très humide ou sujet périodiquement aux inondations pendant l'hiver, il conviendra de faire les plantations au printemps, et de plus de les faire sur buttes, de manière à éviter aux racines un excès d'humidité. Pour faire ce genre de plantation, on surélève le sol d'environ 0m,30 à 0m,40 de hauteur à l'emplacement de l'arbre, c'est-à-dire sur une surface de 1m,50 à 2 mètres de diamètre environ.

1. — Dans le cas où il faudrait constituer l'emplacement nécessaire de terre végétale, voir *Plantation dans les villes*, page 6.

Une fois l'arbre planté, ce sol en surélévation est recouvert de gazon solidement plaqué de façon à bien fixer et retenir la terre,

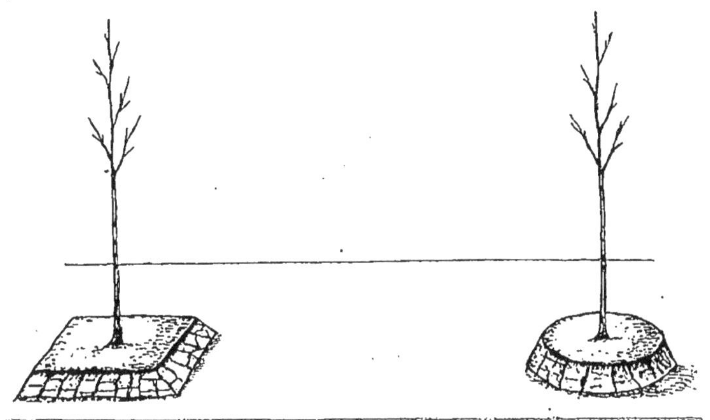

Fig. 215. — Plantations sur buttes pour emplacements humides.

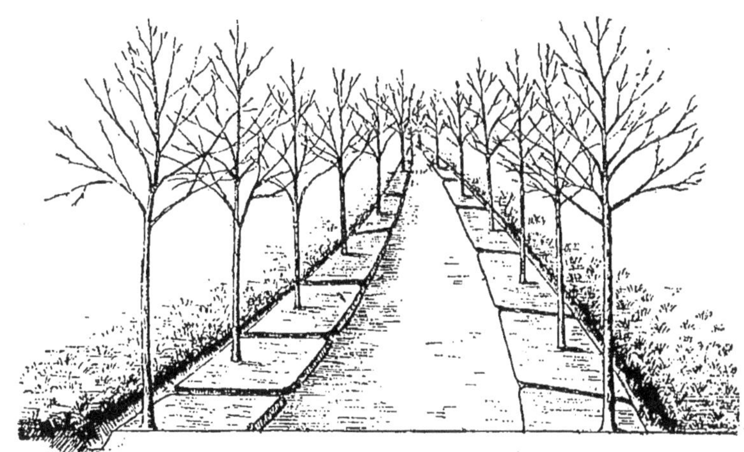

Fig. 216. — Rigoles traversant les accotements pour faciliter l'écoulement de l'eau de la chaussée dans les fossés.

qui sans cette précaution pourrait être facilement entraînée par les eaux (fig. 215). Enfin, dans des cas spéciaux, il convient de faire l'installation de drainage utile pour l'assainissement du sol.

Sur les routes habituellement humides à cause de leur situation ou de la nature du sol, il conviendra de choisir les essences venant le mieux et le plus rapidement dans ces conditions ; toutefois, pour éviter un excès d'humidité qui pourrait résulter de l'ombrage, il conviendra de pratiquer les opérations de taille et d'élagage utiles pour élever rapidement la charpente de ces arbres assez haut pour faciliter toute l'évaporation possible.

On évite aussi l'excès d'humidité de la route en facilitant l'écoulement de l'eau de la chaussée par de petites rigoles établies tous les 10 mètres et traversant les accotements et amenant l'eau dans les ruisseaux latéraux ou fossés (fig. 216).

Distance de Plantation. — La distance de plantation des arbres sur les routes est variable pour des causes diverses, mais surtout en raison du mode de développement de l'essence choisie et du but à atteindre ; parmi les arbres cultivés pour leur bois, le peuplier d'Italie, par exemple, peut être planté beaucoup plus rapproché que le peuplier de Virginie.

Toutefois, on admet comme distance minimum 7 mètres et comme grand maximum 15 mètres; la distance de plantation adoptée est le plus habituellement de 10 mètres sur la ligne.

Frais de Plantation

Achat de l'arbre . . .	de 1 fr. 00 à 2 fr.	selon l'essence et le choix de l'arbre
Creusement du trou. .	0 fr. 30	
Plantation	0 fr. 25	
Tuteur et épines . . .	0 fr. 50	
Total. . .	2 fr. 05	

§ III. — CHOIX DES ESSENCES FORESTIÈRES POUR LA PRODUCTION DU BOIS.

Sur les routes larges, très longues, là où il convient surtout d'avoir de l'ombrage, on devra, en raison du but à atteindre, rechercher les essences à très grand développement et cependant susceptibles de fournir, par l'exploitation du bois, le rendement le plus rémunérateur possible.

PRINCIPALES ESSENCES QUI PEUVENT ÊTRE PLANTÉES SUR LES ROUTES EN VUE DE L'EXPLOITATION DU BOIS

NOMS FRANÇAIS	NOMS BOTANIQUES	SOL	AGE d'exploitation
Orme champêtre.	Ulmus campestris.	peu exigeant, résistant au sol médiocre.	90
— à larges feuilles.	— var.	—	90
— de Dumont.	— var.	—	90
— de Belgique.	— var.	—	90
— de Clemmer.	— var.	—	90
— Végéta.	— var.	—	90
Peuplier suisse.	Populus monilifera.	frais.	30
— de Virginie.	— var.	—	»
Peuplier régénéré.	— var.	—	30
— dit l'Eucalyptus.	— var.	—	30
— Grisard.	— canescens.	peu exigeant.	30
— blanc de Hollande	— alba.	—	30
Frêne.	Fraxinus excelsior.	frais.	60
Érable sycomore.	Acer pseudo-platanus	peu exigeant	60
— plane.	— platanoïdes.	—	60
Hêtre.	Fagus sylvatica.	frais profond	90
Noyer noir.	Juglans nigra,	peu exigeant	90
— ordinaire.	— regia.	—	90
Platane commun.	Platanus occidentalis	frais profond	60
Acacia, faux acacia.	Robinia pseudo-acacia.	peu exigeant	60
Ailante-Vernis.	Ailantus glandulosa.	—	30
— du Japon.	— —	—	»
Pterocaryer.	Pterocarya stenoptera	—	30
Bouleau blanc.	Betula alba.	frais	60
Chêne commun.	Quercus pedunculata.	peu exigeant	90
Épicea.	Abies excelsa.	frais, substantiel, profond	90
Sapin commun.	Abies pectinata.	frais, profond.	90
Pin sauvage.	Pinus sylvestris.	sain non calcaire	90
Pin du Lord.	Pinus strobus.	léger, frais.	90
— de Corse.	— Laricio.	peu exigeant	60
— d'Autriche.	— Austriaca.	—	60
— maritime.	— maritima.	léger et frais	60
Mélèze.	Larix Europæa.	frais, profond.	60

Soins après la Plantation. — Les principaux soins de culture qu'il convient de donner aux arbres nouvellement plantés pour faciliter leur reprise consisteront à pratiquer annuellement le binage nécessaire pour entretenir meuble, perméable, la surface du sol, au pied de l'arbre, sur un diamètre d'environ 1 mètre à $1^m,50$, et de recouvrir, en cas de besoin, ce sol d'un paillis de fumier, de feuilles ou d'herbages, etc., etc., ou même de pierrailles sur une épaisseur de 5 à 6 centimètres, dans le but de conserver la fraîcheur nécessaire. Les attaches qui fixent le jeune arbre au tuteur seront vérifiées et remplacées selon le besoin.

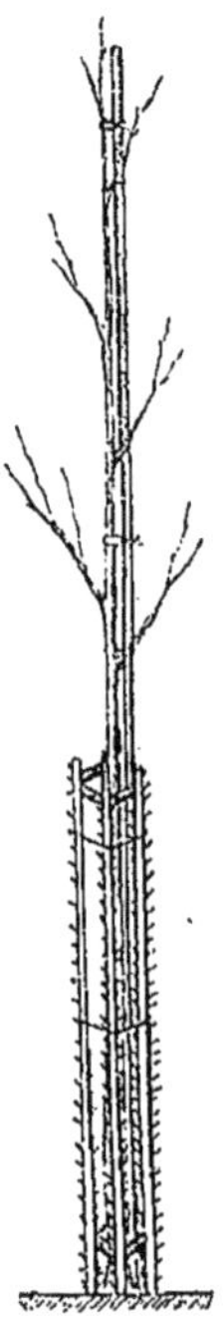

Il est parfois utile, sur les routes et chemins, de garantir, à l'aide d'armature en fer (fig. 217) ou en bois (fig. 218), la tige des jeunes arbres des chocs ou autres causes de destruction, ou blessures.

Fig. 217. — Armature en fer.

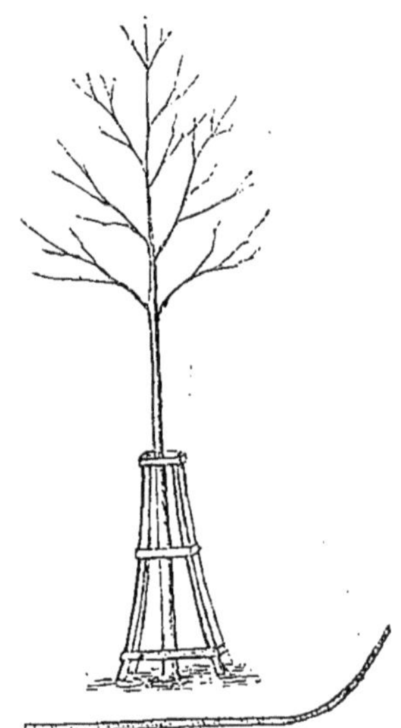

Fig. 218. — Armature en bois pour préserver la tige des jeunes arbres.

Conduite des Arbres. — Les arbres forestiers plantés en bordure des routes doivent être soumis à des tailles et des élagages rationnels capables de diriger leur développement de manière que, tout en procurant l'ombrage agréable, ils fournissent à l'exploitation, à l'abattage, le plus tôt, le meilleur bois possible en bon état.

Après leur reprise, les jeunes baliveaux seront taillés de manière à favoriser le développement et l'allongement régulier et rapide de la tige ; les branches latérales inférieures seront raccourcies, selon le besoin, de manière à ne leur laisser que la moitié ou les deux tiers de la longueur de la tige mesurée à partir de leur point d'insertion.

Les branches latérales constituant la jeune charpente ne devront pas exister sur plus des deux tiers supérieurs de la tige de l'arbre et devront être maintenues moins longues que le prolongement de la tige.

A mesure que les arbres grandiront et que la tige sera assez forte, bien constituée, proportionnée, les branches inférieures seront successivement enlevées au ras du tronc (fig. 219).

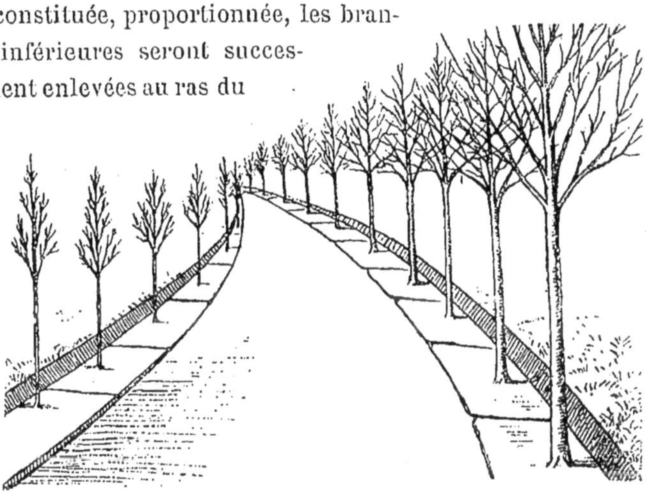

Fig. 219. — Arbres jeunes et arbres âgés en bon état : tige nue assez haute, charpente suffisante.

Cette opération de l'enlèvement successif des branches se fait habituellement tous les quatre ou cinq ans, en même temps qu'on fait l'enlèvement des pousses développées sur les tiges autour des coupes précédemment faites et dont la cicatrisation doit être à peu près achevée.

Les arbres bien tenus doivent toujours présenter environ la moitié inférieure de leur tige nue (fig. 220) et la moitié supérieure garnie de branches latérales régulières moins vigoureuses que le prolongement.

Exploitation, Remplacement. — Lorsque les arbres ont atteint un développement suffisant, lorsque leur végétation commence à se ralentir, il convient de les abattre.

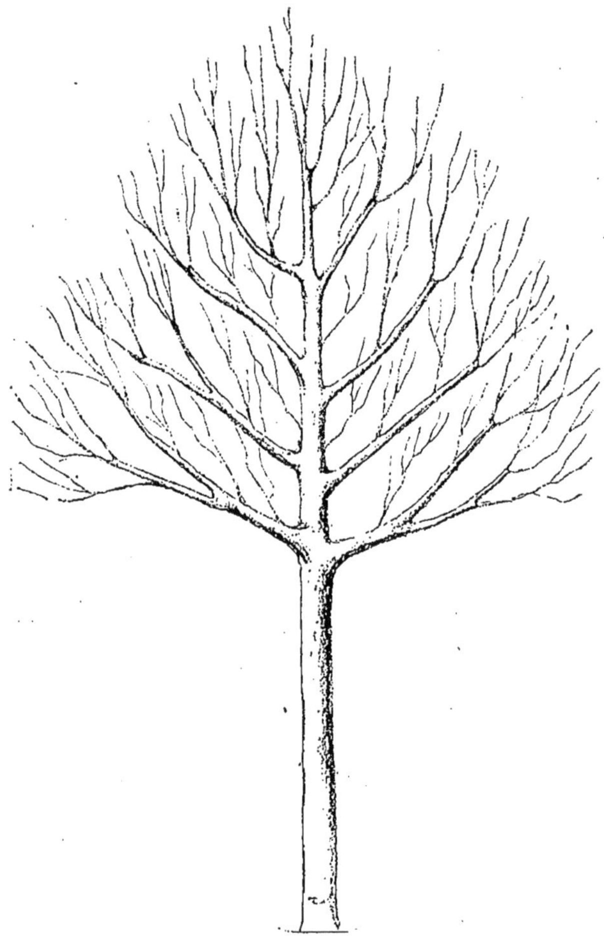

Fig. 220. — Arbre bien maintenu dans les proportions voulues.

L'exploitation se fait généralement par période de trente, soixante ou quatre-vingt-dix ans selon les essences et aussi la nature du sol.

L'abattage des arbres s'opère, soit en coupant le tronc au ras du sol, réservant l'extraction de la souche, ou en faisant une tranchée circulaire de 40 ou 50 centimètres de largeur, autour du tronc, assez profonde, de manière à couper les racines, faisant ainsi une sorte d'équarrissage de la souche, à laquelle on laisse un diamètre qui excède un peu celui du tronc. Ce second procédé a l'avantage de faire tomber l'arbre doucement sans risquer de briser la tige et aussi de pouvoir plus sûrement utiliser toute sa longueur.

Remplacement. — Pour la replantation, il convient généralement de choisir une essence différente de la précédente.

On reproche à l'exploitation habituelle, qui résulte du mode de plantation, de laisser pendant dix et quelquefois quinze ans et plus après l'abattage la route nue, sans ombrage suffisant, en attendant le développement nécessaire des plantations nouvelles.

Cet inconvénient peut être évité par une diposition spéciale d'essences choisies et plantées alternativement et successivement, au lieu de faire des plantations d'essences uniques.

On a dit que ces plantations alternées d'essences différentes étaient disgracieuses et défectueuses à cause du manque d'uniformité dans le développement et parce que les arbres à croissance rapide portaient préjudice à ceux d'une croissance plus lente.

Il est certain que ces plantations donneront un ensemble moins uniforme que les plantations d'essences uniques, mais il n'est pas certain que ce manque d'uniformité absolue soit désagréable pour les longues plantations sur les routes.

Quant au préjudice causé aux arbres moins vigoureux par les arbres plus vigoureux, ce fait ne se présente que lorsque les arbres sont trop rapprochés, mais ne se produit pas lorsqu'on laisse entre chaque sujet l'écartement, la distance nécessaire, comme cela est facile dans ce genre de plantation.

Dans quelques cas, au contraire, le léger abri des uns favorise la reprise et la venue des autres.

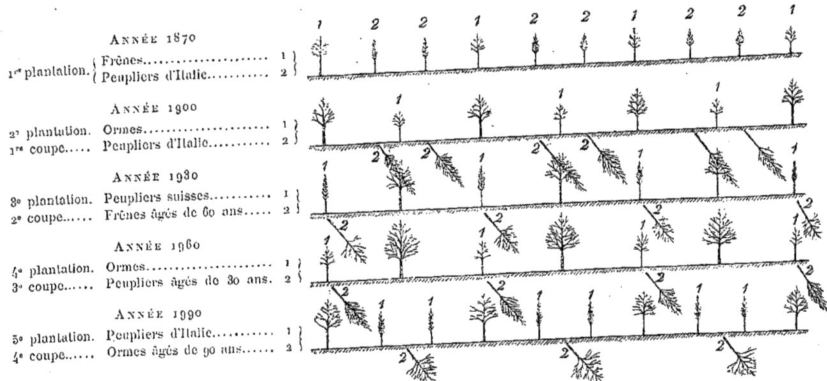

Fig. 221. — Exemple de plantation perpétuelle sur route. — Séries de plantations et de coupes.

§ IV. — PLANTATION PERPÉTUELLE.

Ce mode de plantation, autrefois indiqué, consiste à réunir sur une même route, alternativement, des essences à développement très rapide et d'autres à développement plus lent et combiné pour que l'exploitation puisse se faire à des périodes régulières assez éloignées et de manière que toujours un arbre sur deux se trouve en état de procurer l'ombrage utile.

Il est possible de rassembler des essences susceptibles de croitre dans un sol et des conditions de même nature et cependant d'un développement en rapidité pour assurer l'alternance voulue d'exploitation (fig. 221).

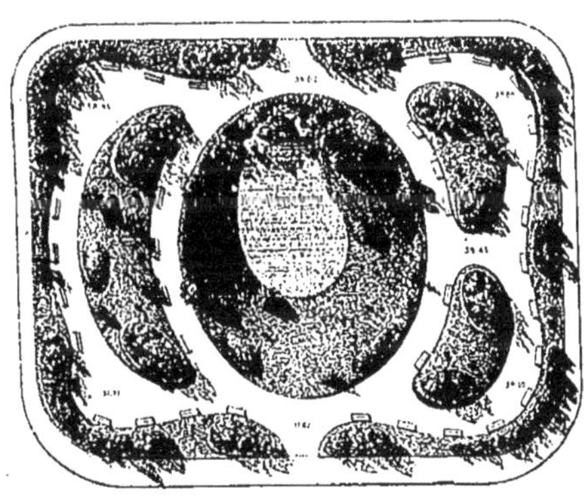

Square Montholon.

CHAPITRE II

PLANTATIONS D'ARBRES FRUITIERS

§ 1. — CHOIX DES ESPÈCES.

Les routes et les chemins offrent des emplacements tout disposés, favorables pour recevoir ces sortes de plantations : l'air et la lumière ne manquent pas, et le sol, en cas de besoin, peut le plus souvent être modifié et amélioré facilement.

Ces sortes de plantation ne sont pas répandues en France comme elles le méritent, car elles peuvent être une source de revenus très importants; aussi ne saurait-on trop en recommander l'installation.

Les principaux arbres fruitiers qui peuvent être plantés en bordure des voies de communication dans le centre de la France, l'est, l'ouest, le nord, sont : les pommiers, poiriers (fig. 222), cerisiers, pruniers, noyers, châtaigniers.

Choix des Arbres fruitiers. — L'une des conditions essentielles pour obtenir une production rémunératrice des plantations d'arbres fruitiers, c'est de faire un choix judicieux des meilleures espèces et variétés de fruits de qualité connue pour le but à atteindre. Ce choix doit être fait aussi en tenant compte des conditions locales de végétation, de la facilité de l'emploi ou de l'écoulement des produits.

Au point de vue des conditions locales, la constatation de l'état de végétation des essences qui peuvent exister dans le voisinage de la plantation à faire peuvent fournir de précieuses indications.

Il importe de ne planter que de jeunes sujets greffés ou francs de pied, appartenant bien aux espèces et variétés voulues.

Dans les plantations faites sans études préalables, dont on ne connaît pas les exigences de végétation ni la production, il arrive trop souvent que ces arbres végètent mal, ou, lorsqu'ils sont en état de produire, on constate que leurs fruits n'ont pas les qualités voulues ; il faut alors beaucoup de temps et de nouveaux frais pour les remplacer.

Choix des Sujets. — Les jeunes sujets choisis devront être sains, robustes, d'une belle venue ; présenter une écorce vive, exempte de

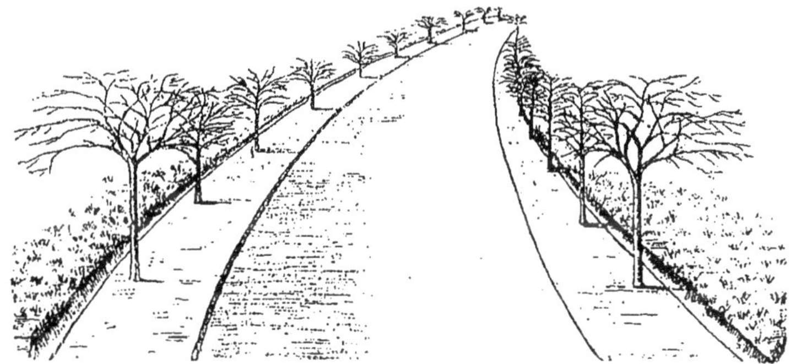

Fig. 222. — Route plantée de pommiers.

plaies, avoir une tige droite assez forte, grosse en proportion de sa longueur, environ de 14 à 16 de circonférence, mesurée à 1 mètre au-dessus du sol, pour une hauteur de 3 à 4 mètres, ou de 12 à 14 de circonférence pour une hauteur de 2 à 3 mètres.

Ces jeunes arbres auront dû être contre-plantés en pépinière, avoir de nombreuses racines chevelues en bon état, bien conservées par une déplantation bien faite.

Pour les sujets greffés à hauteur de tige, la plaie devra être cicatrisée ou au moins en très bonne voie de cicatrisation. Les premières branches qui devront commencer la charpente devront être régulièrement placées et bien équilibrées.

Les plantations faites avec des sujets non choisis et ne présentant pas les conditions voulues ne donnent le plus souvent que de mauvais résultats; la reprise est irrégulière, douteuse, la végétation chétive et la durée incertaine.

Les sujets greffés au ras du sol et ceux greffés en écusson sont préférables à ceux greffés en fente.

§ II. — PLANTATIONS ET SOINS DE CULTURE

La plantation sera faite, et les soins de culture donnés avec toutes les précautions recommandées (voir p. 49).

Distance de Plantation. — Les arbres fruitiers sur les routes, chemins, etc., etc., doivent être plantés aux distances convenables pour occuper suffisamment tout l'emplacement qui leur est donné et pour pouvoir acquérir librement le développement nécessaire dans des conditions favorables pour la meilleure et la plus grande production possible de leurs fruits.

Ces distances sont les suivantes :

Noyers.	10 mètres	Châtaigniers. .	10 mètres
Poiriers	7 —	Pommiers . . .	7 —
Cerisiers. . . .	8 —	Pruniers. . . .	5 —

Si la plantation comporte plusieurs espèces d'arbres fruitiers, chacune des espèces sera plantée successivement à la suite de l'autre, afin de faciliter les soins de culture et la récolte.

Formes à donner aux Arbres fruitiers. — Les arbres fruitiers sur les routes ne doivent pas être assujettis à des formes symétriques ou imposées; on doit laisser à chaque arbre la forme générale qu'il affectionne, soit ordinairement la forme un peu en pyramide (les poiriers le plus souvent) et en arrondie (les pommiers, cerisiers, pruniers, etc.). Il convient seulement d'aider à l'établissement de la forme régulière, naturelle, de ces arbres en équilibrant leur développement et en maintenant leur charpente dans l'état voulu.

Formation de la Charpente. Élévation de la Tige. — Les opérations de taille à pratiquer sur les jeunes arbres fruitiers nouvellement plantés doivent avoir pour but d'abord de donner la hauteur de tige nue nécessaire qui doit être de $2^m,50$ à 3 mètres. Si les jeunes sujets plantés francs de pied, ou greffés, ont des branches placées trop bas sur la tige, on fera le raccourcissement de ces branches au moment de la plantation, puis leur enlèvement au fur et à mesure que l'arbre grandira et que sa tige sera assez forte, et que de nouvelles branches bien placées seront en voie de développement.

Fig. 223. — Jeune sujet bien préparé pour forme en pyramide.

Fig. 224. — Jeune sujet formé en pyramide, bien commencé.

Les premières tailles suivantes auront seulement pour but de maintenir le développement progressif régulier de la charpente selon la forme naturelle à l'arbre, puis ensuite de maintenir l'équilibre et la bonne répartition dans l'ensemble du développement.

Lorsque l'arbre affectionnera une forme en pyramide, on maintiendra la prédominance de la flèche ou prolongement de la tige tout en assurant l'accroissement annuel suffisant des branches latérales, qui devront se développer régulièrement au fur et à mesure que la tige s'élèvera (fig. 223).

Les opérations utiles de taille seront faites pour obtenir les bifurcations nécessaires surtout aux premières branches latérales qui forment l'étage inférieur de la charpente, qu'il faut toujours bien établir (fig. 224).

Lorsque l'arbre affectionne une forme en tête arrondie, la formation de la charpente est des plus faciles : On favorise le développement simultané des premières branches, au nombre de deux, trois ou quatre (fig. 225), dont on maintient et règle d'abord l'égalité de développement, puis dont on provoque les ramifications ou bifurcations selon le besoin à l'aide de taille (fig. 226).

On devra veiller aussi à ce que les branches de la base ne prennent pas une direction trop retombante.

Fig. 225. — Jeune sujet bien préparé pour forme en tête, indication des premières coupes.

Entretien. — Une fois les premières branches charpentières bien établies, les opérations utiles de taille seront appliquées pour maintenir dans l'ensemble du développement la régularité voulue ; les branches trop vigoureuses par rapport aux autres seront raccourcies, et celles qui seraient inutiles, mal placées ou qui feraient confusion seraient enlevées.

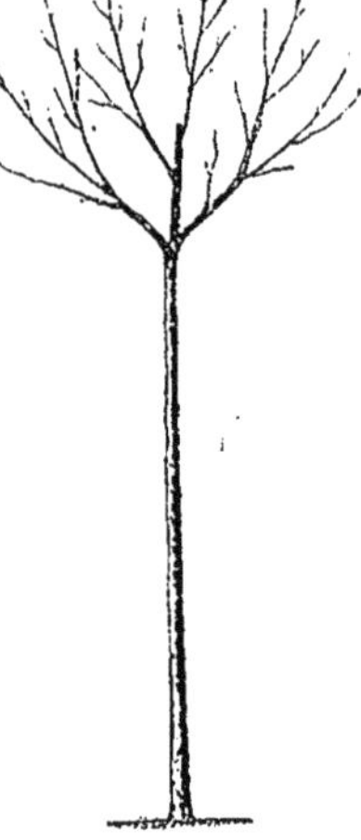

Fig. 226. — Jeune sujet formé en tête, bien commencé.

Le but à atteindre est, en maintenant une formation générale assez régulière et équilibrée, de faciliter l'accès suffisant de la lumière et de l'air dans l'intérieur de la charpente de l'arbre.

Cette condition est essentielle pour assurer la meilleure production fruitière possible (fig. 227).

Enfin les branches cassées, mortes ou dépérissantes seront enlevées avec soin, les plaies soignées (voir détails p. 141) ; les vieilles écorces, les mousses, les lichens, le gui, seront enlevés aussitôt leur apparition.

Dans certaines contrées où les cultures fruitières en bordure des routes sont déjà très répandues, l'entretien et la surveillance de ces arbres sont confiés aux cantonniers dans un parcours de 1 kilomètre pour chacun d'eux.

§ III. — CHOIX DES ESPÈCES ET DES VARIÉTÉS.

Poirier (*Pirus communis*, famille des Rosacées). — Le poirier croît à l'état spontané dans les parties tempérées, boisées, de l'Europe; il aime les bons terrains substantiels, perméables et profonds ; il redoute les sols secs, calcaires ou humides à l'excès.

Fig. 227. — POIRIER en bon état. — Louise bonne d'Avranches. Charpente bien équilibrée.

Le poirier paraît convenir particulièrement pour le centre et l'est de la France. Les situations abritées des bourrasques, des vents froids, des brouillards permanents lui sont avantageuses.

Dans le Midi on devra les planter sur le versant nord des collines; dans le Nord, on le plantera de préférence sur les parties exposées au soleil.

L'importance de cet arbre est très grande par la production de ses fruits qui sont sains, hygiéniques et d'une grande consommation, soit à l'état frais, soit secs, ou sous des formes diverses et enfin pour la fabrication du poiré ou de l'alcool.

Le bois du poirier est très recherché pour l'ébénisterie.

Les sujets destinés aux plantations sur les routes doivent être greffés sur franc ou sauvageon, pour pouvoir acquérir les dimensions voulues ; greffé sur cognassier, le poirier n'a pas la longévité et n'acquiert pas les dimensions nécessaires pour ce genre de plantation.

POIRES A COUTEAU. — *Choix des variétés de fruits pour plein vent par ordre de maturité.*

NOMS DES FRUITS	SAISONS	ÉPOQUE de Maturité
Doyenné de Juillet	Été.	Juillet-août-sept.
Citron des Carmes	—	—
Épargne	—	—
Bon chrétien Williams	—	—
Clapp's Favorite	—	—
Doyenné de Mérode	Été-automne.	Septembre-oct.-nov.
Beurré d'Amanlis	—	—
Beurré d'Angleterre	—	—
Louise bonne d'Avranches	—	—
Doyenné du Comice	—	—
Beurré Hardy	—	—
— Capiaumont	—	—
— Diel	—	—
Curé (dans les terrains siliceux et calcaires)	Hiver.	Décembre à mars.
Bonne de Malines	—	—
Passe-crassane	—	—
Olivier de Serres	—	—
Doyenné d'Alençon	—	—
Le Lectier	—	—

POIRES A CUIRE PAR ORDRE DE MATURITÉ.

NOMS DES FRUITS	SAISONS	ÉPOQUE de maturité
Messire Jean..................	Automne.	Octobre-novembre.
Certeau d'automne.............	—	—
Curé..........................	Hiver.	Décembre-janvier.
D'Abbeville...................	—	—
Martin-sec....................	—	—
Belle des Abrès...............	Hiver et printemps.	Février-mars-avril.
Catillac......................	—	—

POIRES A POIRÉ ET POIRES A ALCOOL.

NOMS DES FRUITS	USAGES	DENSITÉ	TANNIN
Cirole (Brie)	Poiré.	10,75	2.700
Carisi blanc (Normandie et Picardie) . .	Poiré.	10,63	5,509
— gros (Normandie et Brie).	Poiré.	10,70	4,614
Poire de Souris (Normandie).	Poiré.	10.75	13,772
— de Croix mare (Normandie) . . .	Alcool.	10.75	Peu.
— de Navet (Normandie).	Alcool.	10,90	2,066
— de Sauge (Gatinais).	Poiré.	10,65	3.600
— Louise.	Poiré.	10,63	6.000

Pommier (MALUS COMMUNIS, famille des Rosacées). — Le pommier croît à l'état spontané dans les différentes contrées tempérées de l'Europe.

Le pommier vient bien à peu près dans toutes les parties de la France, mais particulièrement dans le Centre et le Nord-Ouest.

Il est plus résistant que le poirier aux conditions un peu défavorables de végétation.

Une bonne terre franche, meuble, douce, un peu fraîche, est la terre de prédilection du pommier.

Ses fruits sont d'une consommation générale sous des formes très variées.

Certaines variétés devront être plus spécialement recherchées comme fruits de table, d'autres pour la fabrication du cidre.

Les sujets destinés aux plantations sur routes devront être greffés sur franc; greffés sur doucin ou paradis, ils ne prennent pas les dimensions nécessaires.

POMMES A COUTEAU. — *Choix des variétés par ordre de maturité.*

NOMS DES FRUITS	SAISONS	ÉPOQUE de Maturité
Borowitsky (vigueur moyenne, très fertile)	Été.	Juillet-août.
Calville rouge d'été (vigueur moyenne, très fertile)	—	—
Transparente de Croncels	—	Septembre.
Rambour franc	Automne.	Septembre-octobre.
Royale d'Angleterre	—	Novembre-décembre.
Doux d'argent	—	—
Reines des Reinettes	Hiver.	Décembre-mars.
Reinette franche	—	—
Reinette du Canada	—	—
Reinette du Canada grise	—	—
Reinette de Cuzy	—	—
Calville rouge d'hiver	—	—
Rambour d'hiver	—	—
Châtaignier	—	—
Court pendu	—	—
De Cusset	—	—
De Jaune ou d'argent	—	—
Reinette de Caux	—	—
Fenouillet gris-gros	—	—
Fenouillet gris-petit anisé	—	—
Api gros (vigueur moyenne)	Hiver et printemps.	—
Belle fille	—	—
De lande	—	—

Pommes à Cidre. — Dans le choix des variétés, il n'est pas nécessaire de rechercher la grosseur des fruits, car on dit avec raison le plus souvent : petites pommes, gros cidre.

Ce qu'il faut rechercher avant tout, ce sont les variétés vigoureuses produisant beaucoup de fruits et qui présentent en proportion élevée les éléments nécessaires à la formation du bon cidre.

L'expérience paraît démontrer que le meilleur cidre est obtenu par mélange en proportion voulue de variétés de pommes, choisies de manière que les principes sucré, amer, doux, entrent par parties à peu près égales dans les plantations. Quelques pommes parfumées rendent la boisson agréable à l'odorat.

Le tannin sert à fixer la saveur du cidre, à tempérer son action excitante et à lui procurer des propriétés toniques. On prolonge le pouvoir de conservation du cidre en augmentant la proportion de fruits amers qui doit être de deux tiers pour un tiers de fruits doux sucrés.

Actuellement, la production moyenne de cidre en France n'excède pas vingt millions d'hectolitres par an, et la consommation d'une beaucoup plus grande quantité de bon cidre serait assurée à un prix rémunérateur.

POMMES A CIDRE. — *Fruits de première saison.*
(*Courant septembre et octobre.*)

NOMS DES FRUITS	ÉPOQUE de floraison	PRINCIPE	DENSITÉ	TANNIN
Amer doux	1er au 15 mai.	Amer.	1.072	4.000
Blanc Mollet.	—	Amer doux.	1.075	4.614
Doux Évêque	20 au 30 mai.	Doux.	1.075	5.179
Jaunet pointu.	15 au 30 avril.	Doux.	1.075	5.509
Raillé Varin.	1er au 10 mai.	Doux amer.	1.070	3.443
Reine des hâtives. . . .	15 au 30 avril.	Sucré.	1.072	4.130
Saint-Laurent	1er au 15 mai.	Doux.	1.079	5.509
Fréquin blanc.	Fin avril.	Doux.	1.080	4.130

Pommes a cidre. — *Fruits de deuxième saison.*
(*Courant de novembre.*)

NOMS DES FRUITS	ÉPOQUE de floraison	PRINCIPE	DENSITÉ	TANNIN
Amère de Berthecourt.	Juin.	Amer.	1.078	5.509
Barbarie..............	1er au 10 mai.	Doux amer.	1.080	5.509
Fréquin rouge........	15 mai.	Amer.	1.087	5.883
Gros Muscadet........	15 mai.	Doux amer.	1.067	2.410
Jaunet de Gournay....	10 au 15 mai.	Doux.	1.065	3.443
Martin Fessard.......	1er au 10 mars.	Amer.	1.082	6.955
Médaille d'Or.........	Juin.	Amer.	1.102	5.509
Pomme de Cat........	25 avril au 5 mai	Doux.	1.080	1.377
Pomme Godard.......	1er au 15 mai.	Doux sucré.	1.080	6.000
Rouge bruyère........	1er au 15 mai.	Doux amer.	1.080	7.000
Rosine...............	Fin mai.	Doux.	1.083	2.000
Pomme à tannin......	Fin mai.	Amer.	1.090	10.330

Pommes a cidre. — *Fruits de troisième saison.*
(*Du 15 novembre à fin décembre*).

NOMS DES FRUITS	ÉPOQUE de floraison	PRINCIPE	DENSITÉ	TANNIN
Ambrette........	15 au 30 mai.	Doux.	1.080	1.377
Argile grise......	1er au 10 mai.	Doux sucré.	1.083	5.509
Bramtot.........	10 au 15 mai.	Légèrement amer	1.096	6.000
Bédan..........	15 au 30 mai.	Doux sucré.	1.080	5.509
— des Parts....	15 au 30 avril.	Doux amer.	1.084	5.000
Delaplace........	15 au 20 mai.	Doux sucré.	1.080	3.443
Fréquin-Audièvre....	15 au 30 mai.	Doux amer.	1.078	5.509
Galopin.........	1er au 15 mai.	Doux.	1.083	1.377
Moulin à vent......	1er au 10 mai.	Doux.	1.075	2.755
Or Milcent........	1er mai.	Doux.	1.072	4.198
Peau de vache nouvelle.	Fin mai.	Doux.	1.076	5.509
Hauchecorne......	Mai.	Doux.	1.080	5.600
Michelin.........	Fin mai.	Doux.	1.083	3.443

Cerisier (*Ceracus avium*, famille des Rosacées). — Le cerisier est un arbre de nos climats.

A l'exception des sols froids argileux ou trop secs, le cerisier vient dans presque toutes les contrées de la France; il a besoin de beaucoup d'air et de lumière, il redoute cependant les expositions trop brûlantes.

Les fruits sont très recherchés pour la consommation, qui en est faite à l'état frais, ou conservés sous des formes diverses.

Certaines variétés sont plus spécialement cultivées pour la fabrication des liqueurs et plus particulièrement du kirsche-wasser.

On greffe les variétés sur les merisiers, sur le cerisier franc et le bois de Sainte-Lucie ou Mahaleb; sur ce dernier sujet, l'arbre vient moins grand, mais réussit encore dans les sols calcaires, arides, rocailleux.

CERISIERS POUR PLEIN VENT.

NOMS DES VARIÉTÉS	MATURITÉ	
Anglaise hâtive	Mi-juin.	Cerise douce.
Archduke	Juillet-août.	— douce.
Belle de Sceaux	— —	— acidulée.
De Montmorency, à courte queue	Juillet.	— acidulée.
— de Bourgueil	Juin.	— acidulée.
Elton	Juin-juillet.	— (guignes).
Gros cœuret	Juillet.	— (bigarreau).
Griotte du Nord (bonne pour confire à l'eau-de-vie)	Juillet-août.	— (Griottier).
Guigne hâtive de Mai	Mai.	— (guigne).
Impératrice	Mi-juin.	— douce.
Napoléon	Mi-juillet.	— (bigarreau).
Noire à chair ferme	Juillet-août.	— (bigarreau).

Cerises à Kirsch. — Les variétés les plus cultivées dans l'Est sont : la cerise Bechot, fruit noir; la cerise Château, fruit noir;

la cerise Lignon, fruit noir, et la cerise Tinette, fruit rouge.

Prunier (*Prunus domestica*, famille des Rosacées). — Le premier prunier comestible a été introduit de l'Asie de temps immémorial.

Le prunier est un des arbres fruitiers les plus résistants aux différentes natures du sol. A l'exception des terrains trop argileux ou trop humides, à peu près tous les terrains lui conviennent; aussi rencontre-t-on des pruniers dans toutes les contrées de la France.

Le prunier demande l'abri des grands vents, et ses fleurs redoutent un peu les gelées printanières. Les sujets greffés sur prunier Saint-Julien sont préférables ; toutefois, pour les terrains calcaires, on utilise avantageusement les sujets greffés sur le Mirobolan. On choisira les variétés à planter selon que les fruits seront consommés frais, en préparations diverses, ou séchés pour pruneaux ; ces fruits peuvent aussi être soumis à la distillation pour obtenir de l'eau-de-vie.

PRUNIERS. — *Choix des variétés pour table.*

NOMS DES VARIÉTÉS	MATURITÉ
De Monsieur	Fin juillet.
Précoce de Tours	Fin juillet.
De Montfort	Juillet-août.
Kirke's	Mi-août.
Mirabelle de Metz	Août.
Prune Pêche	Juillet.
Prune Reine des Mirabelles	Août.
Reine Claude dorée	Août.
— — verte	Août.
— — violette	Septembre.
Tardive musquée	Mi-septembre.

PRUNIERS. — *Choix des variétés pour pruneaux.*

NOMS DES VARIÉTÉS	MATURITÉ
Couetsche ordinaire.	Fin septembre.
Damas de Tours.	Août-septembre.
D'Agen.	— —
Fellemberg.	Fin septembre.
Perdrigon violet.	Août-septembre.
Sainte-Catherine.	Septembre.

PRUNIERS. — *Choix des variétés pour séchage.*

NOMS DES VARIÉTÉS	MATURITÉ
Couetsche de Lorraine ou d'Allemagne.	Août.
Perdrigon blanc.	Août.
— violet.	Août.

Noyers (*Juglans regia*, famille des Juglandées). — Le noyer est originaire des contrées tempérées de l'Europe et de l'Asie.

Le noyer est un des arbres les moins difficiles sur la nature du terrain; il ne redoute que les sols froids, les argiles compactes et les situations exposées aux gelées printanières, qui détruisent ses jeunes pousses, au moment de la floraison. C'est surtout dans le centre de la France, la Drôme et la Corrèze que le noyer est cultivé.

Les variétés sont greffées sur le noyer ordinaire ou sur le noyer noir.

Le bois des vieux noyers est très recherché en ébénisterie.

Les noix sont utilisées en consommation à l'état frais, ou préparées diversement, ou servent à la fabrication de l'huile.

Il est consommé, seulement dans Paris, près de 8 millions de kilogrammes de noix sèches et 3 millions de kilogrammes de noix vertes.

Un noyer en plein rapport peut donner 80 kilogrammes de noix.

Cent kilogrammes de noix peuvent produire 18 kilogrammes d'huile.

Choix des Variétés. — Noyer Chaberte, tardif, recherché pour la fabrication de l'huile.

Noyer Barthère.

Noyer commun.

Noyer commun à coque tendre.

Noyer fertile.

Noyer Mayette.

Noyer tardif de la Saint-Jean. Sa végétation tardive le rend moins sujet aux gelées du printemps.

Châtaignier (*Castanea vesca*, famille des Quercinées). — Le châtaignier est originaire des contrées tempérées de l'Europe ; il aime les terrains sablonneux, ferrugineux, granitiques, un peu frais et profonds.

Il redoute les sols calcaires. Il est d'une reprise capricieuse et doit être planté jeune et en parfait état.

Il prospère dans les pays de montagne, du centre de la France et de l'ouest ; les contrées froides et pluvieuses lui sont contraires. L'orientation d'est lui est favorable.

Les variétés de châtaigniers à gros fruits nommés communément marrons sont multipliées par la greffe sur franc.

Les fruits venus sur les arbres placés dans les terrains plutôt secs sont de meilleure qualité.

La consommation en est faite sous le nom de châtaignes ou de marrons, selon la grosseur du fruit, sous des formes très variées, et constitue une partie de la nourriture des habitants de certaines contrées.

Un arbre en plein rapport produit de 50 à 60 kilogrammes de châtaignes.

Choix des Variétés. — Châtaignier ordinaire.

Châtaignier marron de Lyon.

Châtaignier franc du Limousin.

Châtaignier de Lude.

Il en existe de nombreuses variétés locales.

Les belles châtaignes vendues à Paris sous le nom de marron du Luc n'appartiennent pas à une variété spéciale, mais proviennent d'une sélection de beaux fruits de diverses variétés.

§ IV. — PRODUCTION.

La production des arbres fruitiers, qui est variable selon les milieux, peut être évaluée, d'après M. Hardy, aux moyennes suivantes :

Un arbre fruitier en plein vent, à sa vingtième année de plantation, peut rapporter :

Le pommier, 20 doubles décalitres de pommes à 0 fr. 80 l'un, soit 16 fr.

Le poirier, 10 doubles décalitres à 1 fr. 25 l'un, soit 12 fr. 50.

Le cerisier, 70 kilogrammes de fruits à 0 fr. 20, soit 14 francs.

Le prunier, 80 kilogrammes de prunes à 0 fr. 15, soit 12 francs.

Le noyer, 80 kilogrammes de noix à 0 fr. 30, soit 24 francs.

Le châtaignier, 60 kilogr. de châtaignes à 0 fr. 30 le kilo, soit 18 fr. [1].

Au sujet de ces sortes de plantations, M. Jamin dit : « On peut estimer en général qu'un arbre fruitier de plein vent rapporte, les années de produit, la valeur du terrain qu'il occupe et ses frais annuels de culture. »

Enfin, de nombreuses observations permettent d'évaluer à 210 litres de cidre le produit moyen annuel de chaque arbre, poirier ou pommier, âgé de quinze à quatre-vingt-dix ans.

1. — Voir sur ce sujet le *Traité de culture fruitière, commerciale et bourgeoise* de M. Ch. Baltet.

Dans la région de l'Est, un arbre fruitier peut rapporter, de sa quinzième à sa vingt-cinquième année, en moyenne 4 francs, soit en dix ans la somme de 40 francs. A partir de sa vingt-cinquième année, il rapporte en moyenne de 12 à 16 francs (souvent de 25 à 30 francs), soit pour quinze années la somme de 144 à 180 francs.

Total : 184 à 220 francs.

Ces arbres peuvent rapporter en abondance jusqu'à la soixante-dixième année.

A l'âge de quinze ans, ils auront déjà rapporté plus de quatre fois les frais de plantation et d'entretien.

En outre, le bois, au moment de l'abattage, sera vendu plus cher que celui des forestiers, et les racines, moins développées, de ces arbres ne seront pas préjudiciables aux cultures voisines.

En résumé, les plantations d'arbres sur les routes peuvent incontestablement être une source de revenus importants pour l'État ou pour les communes, à la condition d'être bien faites et entretenues.

Il existe dans l'État belge, d'après une statistique faite en 1894, une longueur de 4,630,675 mètres de route, plantée de 711,511 arbres, dont la valeur a été évaluée à 10,632,847 francs.

D'après une statistique officielle, la récolte des fruits à pépins ou à noyaux, sur les routes du Wurtemberg, a produit en 1878 une somme d'environ 1,100,000 francs.

D'après ces données, on pourrait, pour la France, évaluer la production de plantations fruitières analogues sur ses routes à un rendement annuel de **300 millions de francs.**

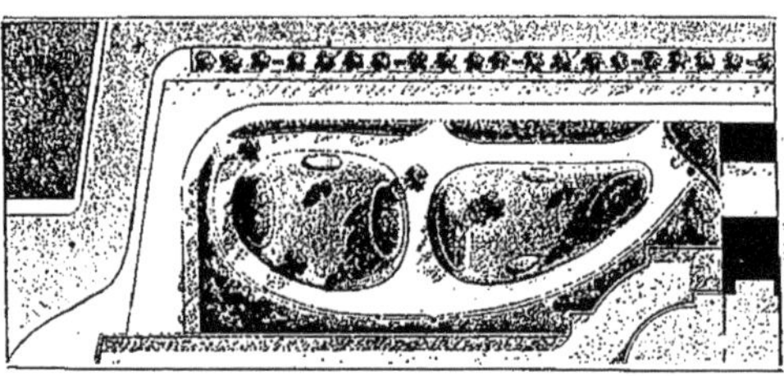

Square des Invalides.

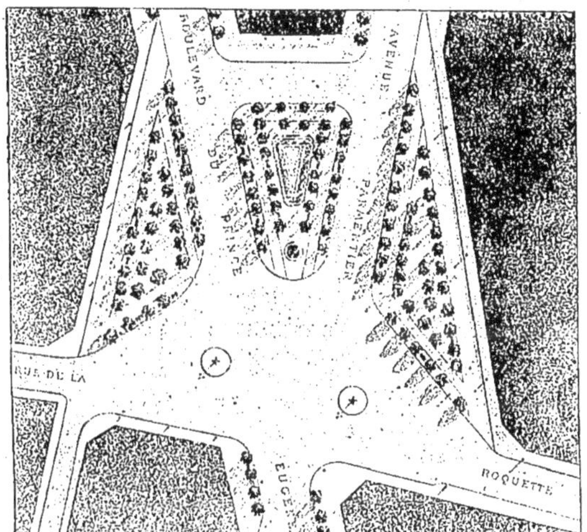

Place du Prince-Eugène.

TROISIÈME PARTIE

PROMENADES

ET PLANTATIONS

PROMENADES
ET PLANTATIONS

CHAPITRE I

OUTILS ET INSTRUMENTS

§ 1. — OUTILS ET INSTRUMENTS DE PLANTATION.

Les principaux outils et instruments utilisés pour la préparation et la culture du sol, la plantation des arbres, sont les suivants : bèche (fig. 228), pelle (fig. 229 et 230), tournée (fig. 231), piémontoir (fig. 232), chariot de transplantation.

Bèche, Pioche, Tournée, Pelle, Piémontoir. — La bèche, la pioche (fig. 233), la tournée, la pelle, le piémontoir sont les outils qui servent à la manipulation, à la culture du sol, au creusement des tranchées et des trous nécessaires pour la déplantation et la replantation des arbres.

Ces outils doivent être bien faits, en métal de bonne qualité. La bèche particulièrement doit être bien aciérée; le manche, solide, doit être, pour la force et la longueur, en rapport avec la force de l'outil et la taille de l'ouvrier.

Chariots de Transplantation. — Les chariots utilisés par la ville

Fig. 228. — Bêche. Poids environ, 2 k. 500; longueur totale, 1^m,20 à 1^m,40 (selon la taille de l'ouvrier).

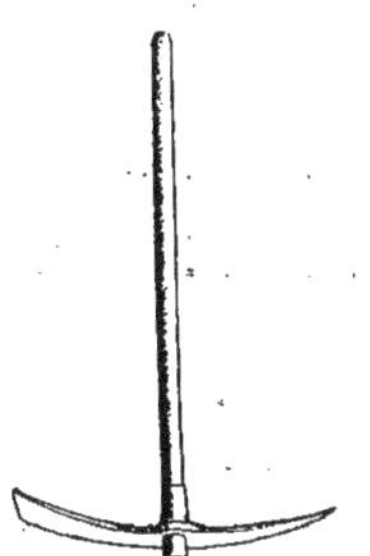

Fig. 231. — Tournée. Poids, 3 k. 500 à 4 kilogs.

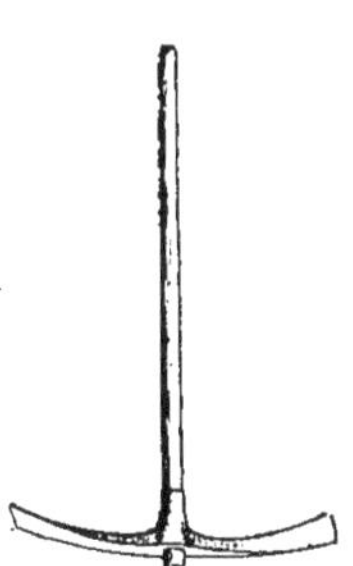

Fig. 232. — Piémontoir. Poids, 4 k. 500 à 5 kilogs.

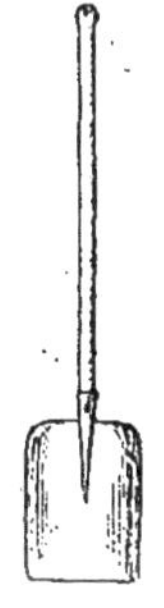

Fig. 229. — Pelle droite, dite de jardinier. Poids, 2 k. 500.

Fig. 230. — Pelle ronde, dite de terrassier. Poids, 2 k. 500.

Fig. 233. — Pioche. Poids, 2 k. à 2 k. 500.

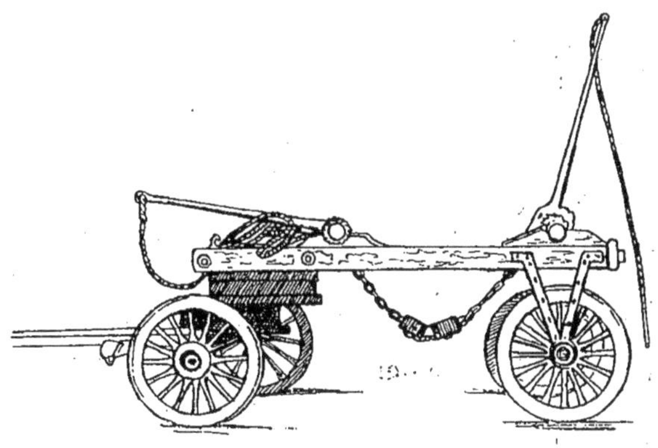

Fig. 234. — Chariot à treuils et à leviers d'avant et d'arrière.

de Paris se composent d'un bâti ordinairement en bois ou en fonte muni de deux paires de roues formant l'avant-train et l'arrière-train.

L'avant-train est muni d'un coffre dans lequel on enferme une partie des accessoires et outils :

Les cordages, au nombre de six au moins, ayant de 6 à 8 mètres de long, 4 pour les haubans, 2 pour la motte;

Quatre pinces pour aider à la manœuvre du chariot;

Quatre cales pour les roues;

Deux madriers et les branchages nécessaires pour l'entourage de la motte;

Un cric permettant de soulever les roues en cas d'accident.

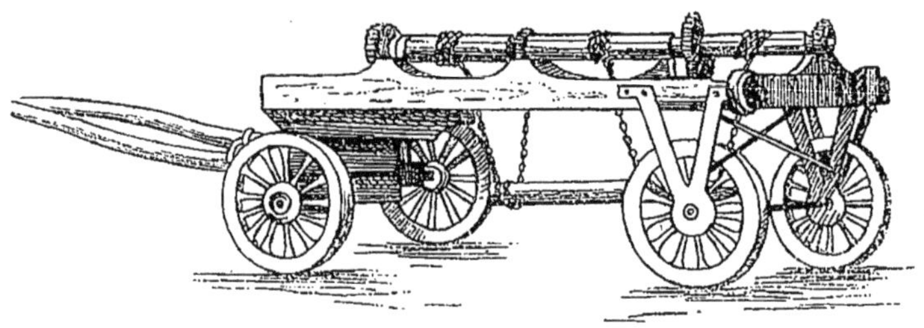

Fig. 235. — Chariot à manivelles latérales.

Deux plats-bords sont nécessaires pour amener le chariot sur la tranchée : dans quelques cas, deux autres plats-bords sont utiles pour permettre la circulation sur la terre non assez ferme.

La manœuvre du chariot sur les plats-bords se fait toujours à bras d'hommes; un ouvrier dirige le chariot à l'aide des brancards, les autres ouvriers actionnent le roulement par des pesées faites à la demande aux roues à l'aide de leviers.

Il existe des chariots de différentes dimensions, qui sont utilisés en raison du diamètre de la motte de l'arbre qu'on veut transplanter.

Leur constitution diffère un peu quelquefois dans les détails : les uns sont construits de manière à faire l'enlèvement de l'arbre à l'aide de treuils placés l'un à l'avant et l'autre à l'arrière et manœuvrés à l'aide de leviers en bois ou en fer (fig. 234); les autres, d'une manœuvre plus facile, moins dangereuse, ont leurs treuils placés parallèlement au grand axe du chariot et sont mis en mouvement par des manivelles placées sur le côté (fig. 235 et 236).

Les chariots les plus utilisés par la ville de Paris et lui appartenant sont numérotés de 1 à 16 et ont les dimensions suivantes :

CHARIOTS. — *Dimensions.*

NUMÉROS	LARGEUR du chariot	DIAMÈTRE de la motte	CIRCONFÉRENCE de l'arbre de 1m,00 du colet
1	2m,50	2m,45	1m,50
2	2m30	2m,20	1m,30
4	2m,00	1m,80	1m25
7	1m,60	1m,50	0m60 à 0m,70
9	1m,50	1m,40	0m,50
11	1m,40	1m,20	0m,40
16	1m,15	1m,05	0m,30

Traîneau. — Sur les emplacements où l'emploi des chariots ordinaires n'est pas possible, on utilise très avantageusement un chariot-traîneau imaginé par M. Marcel et décrit ainsi qu'il suit par E. André dans le journal *la Revue horticole*, en 1884 :

Ce chariot a 2m,20 de longueur sur 1m,75 de largeur. Il est formé de quatre traverses assemblées et tenues par quatre boulons ; deux autres se placent dessus dans le sens de la longueur : elles servent à tenir la motte ; si le terrain est sablonneux, on en met quatre.

Les rouleaux sont traversés par une tige de fer qui sert d'essieu et sont frettés à chaque extrémité.

Pour placer l'appareil sous l'arbre, le moyen est simple : il consiste à creuser une tranchée circulaire d'environ 1m,20 de profondeur.

On dégage ensuite le sol horizontalement sous la motte, de manière à laisser l'arbre sur un pivot de terre ; on cercle ensuite la motte avec deux cordes sous lesquelles on a eu soin de passer des branches d'arbre ou des voliges, et on serre en tordant les cordes avec un bâton.

Fig. 236. — Chariot transportant un gros arbre. Marronnier.

On place ensuite le chariot en commençant par les deux barres longitudinales, puis avec un cric on soulève successivement les deux côtés pour y placer les rouleaux et les madriers ; enfin on fait tomber avec la bèche le pivot de terre, et l'arbre se trouve ainsi complètement séparé du sol. On l'attache avec des cordes aux angles du chariot, et dès lors on est prêt à rouler (fig. 237).

Fig. 237. — Traîneau pour transplantation d'arbre en motte.

Si la place est restreinte et qu'on ne puisse pas ou ne veuille pas prolonger la tranchée, on lève tour à tour les deux bouts en remplissant de terre jusqu'à hauteur du trou. On peut déplacer aisément avec cet appareil des arbres qui mesurent $1^m,50$ de circonférence avec des mottes de 3 mètres de diamètre.

Chariot à deux Roues pour Transplantation à Racines nues. — Deux grandes roues de $1^m,75$ de diamètre réunies par un essieu auquel est adapté un timon de 3 mètres de longueur (fig. 238).

Ce chariot est utile pour le transport d'arbres déjà forts transplantés à racines nues et ne pouvant être portés à bras d'hommes.

§ II. — OUTILS ET INSTRUMENTS UTILISÉS POUR LA TAILLE, L'ÉLAGAGE ET LE TUTEURAGE DES ARBRES.

Principaux Outils et Instruments. — Les principaux outils et instruments utilisés sont les suivants :

Serpettes (fig. 239), sécateurs, serpes, échenilloirs, croissants, scies, haches, émondoirs, échelles, tuteurs, fil de fer, colliers, paillons, tresses, tenailles, avant-pieux, ceintures, cordages, étriers.

Qualités. — Les outils qui servent aux opérations de taille et d'élagage doivent être bien faits, en bon métal parfaitement travaillé, et leur tranchant doit toujours être entretenu en état de faire des coupes, des plaies très nettes.

Ils doivent être bien en main, c'est-à-dire avoir un manche ou une poignée qui permette de bien les tenir et de s'en servir avec facilité et sécurité ou assurance.

Serpette. — La lame de la serpette doit former, du talon à la pointe, une courbe régulière et non former une courbe brusque à l'extrémité seulement.

Sécateur. — La lame et le croissant du sécateur doivent avoir une courbe régulière un peu allongée (fig. 240).

En se servant du sécateur, il faut toujours le tenir de manière que le croissant soit du côté de la partie qu'on supprime au rameau, et que dans l'opération de la coupe ce soit la lame qui avance vers le croissant.

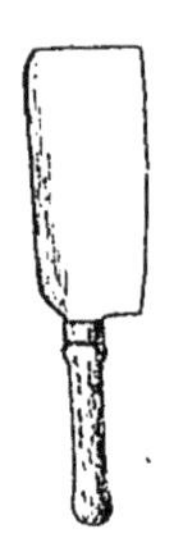

Fig. 242. — Serpe droite.

Fig. 238. — Chariot à deux roues pour transplantation d'arbres déjà forts, à racines nues.

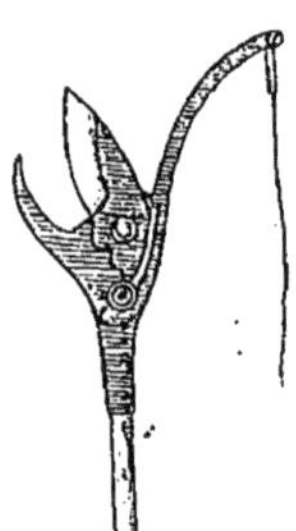

Fig. 245.— Échenilloir à coupe en dessus.

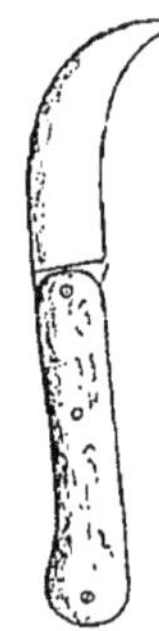

Fig. 239. — Serpette.

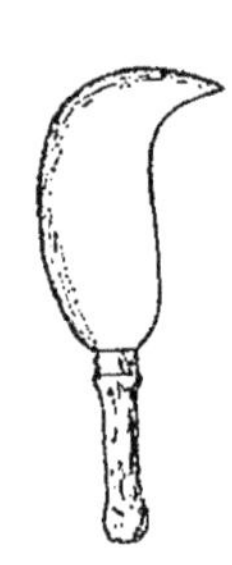

Fig. 243. — Serpe à crochet, dite à fagoter.

Fig. 240. — Sécateur.

Fig. 247.— Croissant, ouverture, $0^m,35$. Poids, 800 gr.

Fig. 246.— Petit croissant, ouverture, $0^m,20$. Poids, 300 gr.

Fig. 244.— Échenilloir à coupe en dessous.

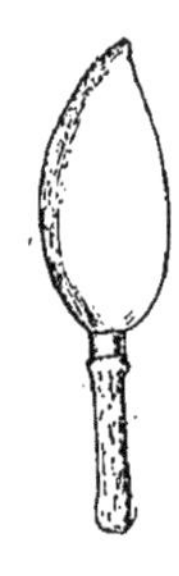

Fig. 241. — Serpe à lame courbe, dite en dos de carpe.

Il est essentiel, pour la bonne exécution des coupes, que les élagueurs soient munis de serpes de bonne qualité et en bon état.

Serpe. — Les meilleures serpes, comme formes, sont celles dont la lame est légèrement courbe, convexe (fig. 241); elle permettra de mieux faire les rapprochements au ras du tronc, en ne donnant que la plus petite largeur possible à la plaie.

SERPES. — *Dimensions et poids les plus employés.*

DÉSIGNATION	POIDS	LONGUEUR
Petites..............	750 grammes	$0^m,24$
Moyennes (les plus employées)...........	950 —	$0^m,26$
Fortes..............	1.200 —	$0^m,28$

Le manche doit avoir une longueur de $0^m,14$ environ et un diamètre de $0^m,03$ à $0^m,04$) (fig. 242 et 243).

Pour les serpes dont on veut pouvoir se servir à deux mains pour les opérations importantes, le manche doit avoir $0^m,18$ environ.

La partie forte, plus épaisse, de la serpe doit être vers le centre de la lame.

Échenilloir. — L'échenilloir est un instrument dont on se sert pour enlever les extrémités des branches qu'on ne peut atteindre directement à la main et surtout dans les opérations d'échenillage.

L'échenilloir à crochet est le plus usité, étant le plus facile à manœuvrer (fig. 244).

L'échenilloir dont la lame est disposée de manière à faire la coupe de la branche par le dessus, fait une section plus nette, mais est d'un emploi moins facile, surtout pour les branches éloignées (fig. 245).

Les manches d'échenilloirs doivent être légers, solides et flexibles; leur longueur varie généralement entre 3 et 7 mètres.

Croissant. — Le croissant est surtout utilisé pour faire l'enlèvement des extrémités des branches et pour faire la taille, la tonte annuelle des rameaux aux arbres soumis aux formes symétriques.

On se sert de croissants de différentes dimensions et poids.

Les plus petits ont environ $0^m,20$ à $0^m,25$ d'ouverture ou diamètre (fig. 246) et les plus grands $0^m,35$ (fig. 247).

Le poids varie entre 300 grammes pour les plus petits et 800 grammes pour les plus grands.

Les manches des croissants, dont la longueur varie entre $2^m,50$ et $6^m,50$, doivent être légers, solides et d'une flexibilité régulière dans toute leur longueur.

On utilise généralement de longs rameaux ou de jeunes tiges de frêne, de châtaignier, de saule ou de sapin.

Scies. — Les scies, scies à couteau, à main ou égohine, dont on peut avoir besoin dans les opérations de taille ou d'élagage, doivent être à lames fortes, plus épaisses du côté des dents que du côté du dos, de manière à circuler librement dans le bois entamé (fig. 248 et 249).

Les dents doivent être disposées de manière à entamer le bois à l'aller et au retour ou seulement dans le mouvement de traction.

Les plaies faites à la scie doivent être ensuite lissées, parées, à l'aide de la serpe ou de la serpette.

Échelles. — Les échelles simples les plus utiles sont celles de 4 mètres et de $6^m,50$ et 8 mètres de longueur [1].

Trois grandeurs d'échelles doubles sont surtout nécessaires : 4 mètres, $6^m,50$ et 8 mètres de hauteur.

Échelles roulantes sur chariot à 4 roues (fig. 250).

Échelles sur chariot à 8 roues.

Ce chariot permet le roulement, le déplacement facile dans le sens perpendiculaire à la voie.

---

1. — Une échelle à coulisse de 4 mètres pouvant s'allonger jusqu'à 8 mètres serait préférable.

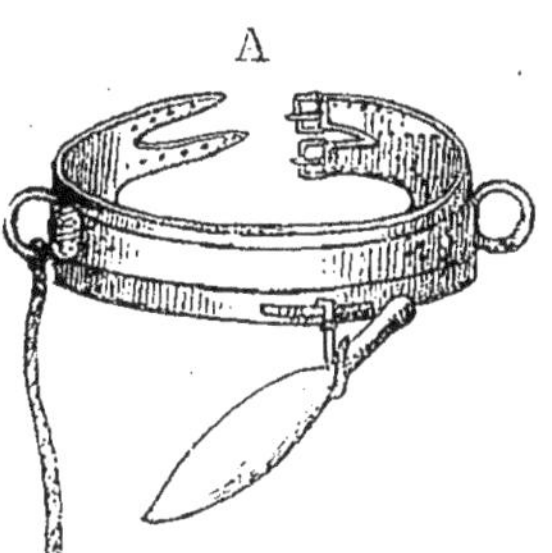

Fig. 251. — Ceinture d'élagage avec la serpe tenue par le porte-serpe.

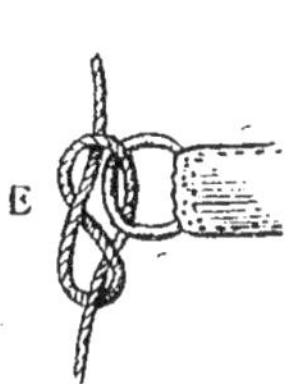

Fig. 254 — Nœud d'arrêt du cordage à l'anneau de la ceinture.

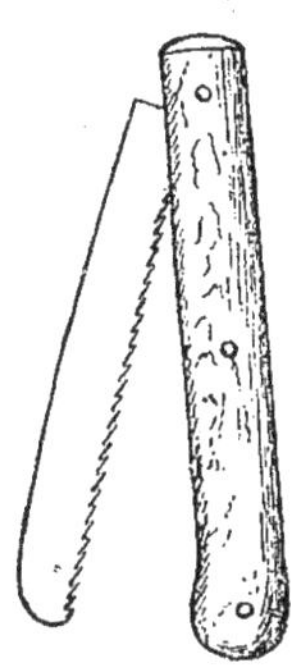

Fig. 249. — Scie à couteau.

Fig. 252. — Porte-serpe détaché.

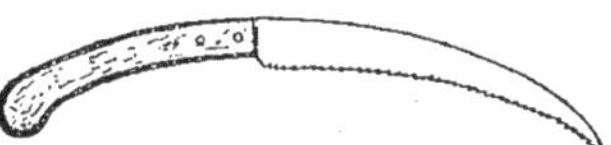

Fig 148. — Scie à main, égohine.

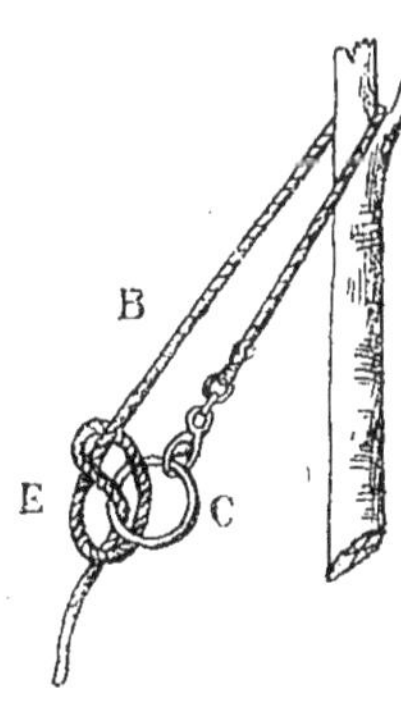

Fig. 253. — *B*, Portion du grand cordage dit de suspension. *C*, Anneau mobile. *E*, Nœud d'arrêt.

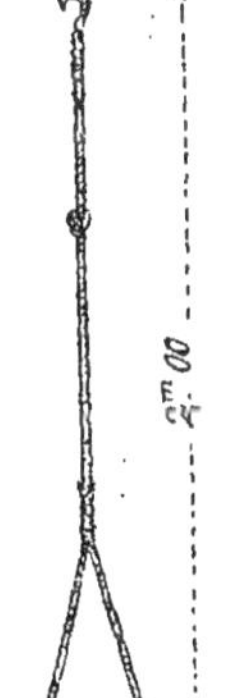

Fig. 255. — Étrier spécial, longueur environ 2 mètres, muni de son crochet, du nœud d'arrêt et de la planchette.

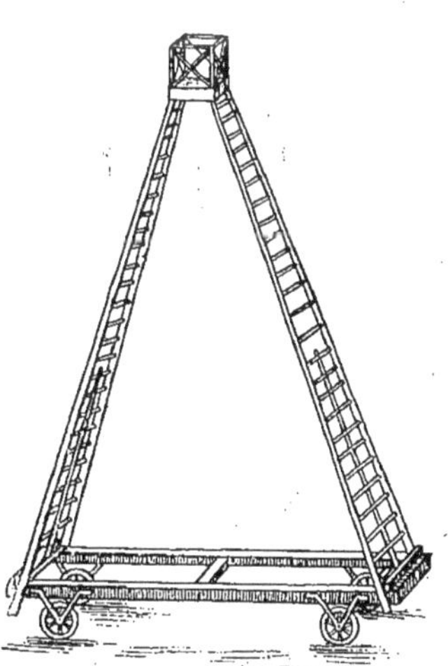

Fig. 250. — Échelle double sur chariot pour faciliter la tonte rapide des arbres soumis aux formes dites à la Française.

Un ouvrier, au commandement de l'élagueur, est spécialement chargé de la manœuvre de l'échelle.

Ceinture d'Élagage. — La ceinture doit être solide et souple, assez large afin de pouvoir bien maintenir l'ouvrier.

Elle est en cuir dit buffle de gendarmerie ; elle est renforcée par une forte lanière en cuir gras dit de Hongrie, après laquelle sont fixés à droite et à gauche, de manière à se trouver sur les hanches, les anneaux d'attaches pour les cordages (fig. 251).

Au milieu, extérieurement, est fixée une petite courroie après laquelle se fixe le porte-serpe (fig. 252).

Dimensions de la Ceinture et des Anneaux.

Longueur totale de la ceinture.	1m,250
Largeur.	0m,120
Lanière de renfort (largeur)	0m,060
Anneaux, diamètre intérieur	0m,060
Anneaux, diamètre extérieur	0m,078

Cordages. — Les cordages ordinairement nécessaires sont : un grand cordage dit cordage de suspension, qui doit être muni à l'une de ses extrémités d'un mousqueton et d'un anneau mobile que l'on arrête à la distance voulue selon le besoin (fig. 253). Un cordage d'attache ou de ceinture qui doit être fixé à l'un des anneaux de la ceinture (fig. 254), et enfin le cordage de pied ou étrier qui, fixé à la ceinture et entourant l'arbre, peut servir de point d'appui pour suppléer aux branches.

Dimension des Cordages

Grand cordage ou cordage de suspension, longueur	6m,000
Diamètre	0m,020
Cordage d'attache ou de ceinture, longueur . . .	2m,000
Diamètre	0m,012
Cordage de pied ou d'étrier, longueur	2m,500
Diamètre	0m,012

Fig. 259. — Émondoir à crochet, à pousser et à tirer.

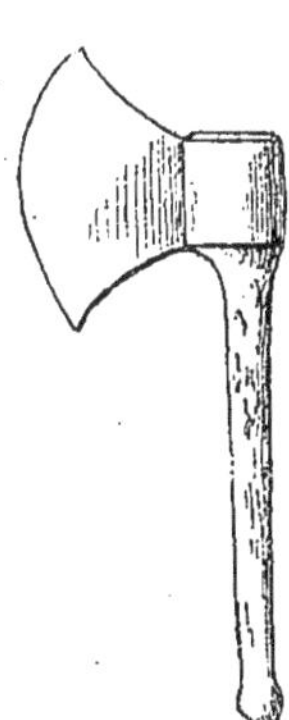

Fig. 257. — Hachette.

Fig. 258. — Émondoir à pousser.

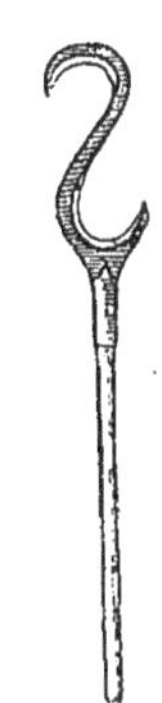

Fig. 260. — Émondoir en S, à tirer et à pousser.

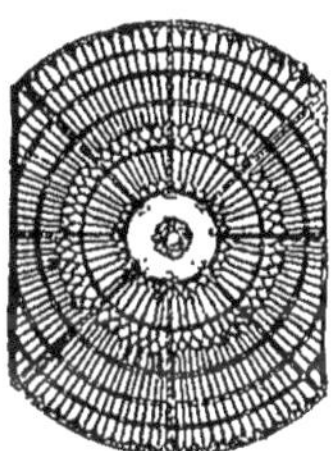

Fig. 262. — Grille en fonte, à pans coupés.

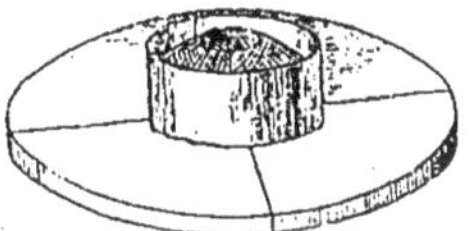

Fig. 263. — Grille pleine, dite Masson. Vue dessus.

Fig. 261. — Grille en fonte, modèle ordinaire, de 1 à 2 mètres de diamètre. Poids, 100 à 150 kilogs, selon les dimensions.

Fig. 256. — Étriers facilitant l'ascension des arbres à tiges nues, hautes, sans branches; sans l'emploi d'échelles ni de griffes.

Fig. 264. — Corset en fer, en deux parties, facilitant la pose.

Étriers. — Des étriers spéciaux sont constitués par un cordage muni d'un crochet en fer à une extrémité et de l'autre d'une planchette fixée horizontalement. Le crochet en fer peut être remplacé par un œillet, et la planchette par un cordage assez gros pour soutenir le pied (fig. 255 et 256).

Hache. — Dans quelques cas, la hache ou la hachette (fig. 257) sont utilisées au lieu de la serpe pour faire l'enlèvement de fortes branches là où la serpe, ne peut pas être utilisée avantageusement.

Émondoir. — L'émondoir sert à faire la suppression des jeunes pousses gourmandes, inutiles, qui se développent sur les tiges déjà fortes habituellement, à la suite d'élagages importants ou de suppressions de branches au ras du tronc (fig. 258-260).

Outils et Instruments accessoires. — Grilles, corsets.

Tuteurs, colliers, paillons, tresse.

Pince, tenaille de treillageur, fil de fer.

Avant-pieu, tarière de sondage.

Tuyaux d'arrosage.

Grilles. — Les grilles en fonte (fig. 261) ont un diamètre de 1 à 2 mètres. Les plus usitées sont celles de 2 mètres de diamètre; au centre se trouve ménagée une ouverture proportionnelle au diamètre des arbres. Cette ouverture est généralement de $0^m,50$ à $0^m,80$.

Grilles à pans coupés pour les emplacements où la largeur indispensable manque (fig. 262).

Grille spéciale dite grille Masson (fig. 263).

Cette grille à dessus plein est utile pour les emplacements où l'on a à redouter un excès d'humidité provenant de l'écoulement de l'eau sur les trottoirs ou des déversements faits par les riverains.

Corsets. — Le corset ordinaire en fer élégi avec cercle du bas en fer cornière pèse environ 16 kilos (fig. 264). Ces corsets sont ordinairement formés de 16 lames dont 8 moins longues.

Des corsets plus forts, d'un plus grand diamètre, sont utilisés pour les gros arbres sur certains emplacements.

Corset-tuteur en bois, même emploi que le corset en fer, mais moins élégant et moins durable.

Tuteurs. — Les tuteurs ordinairement utilisés sont des perches de châtaignier de 5 à 6 mètres de longueur, d'un diamètre, à la base, de $0^m,09$ à $0^m,10$.

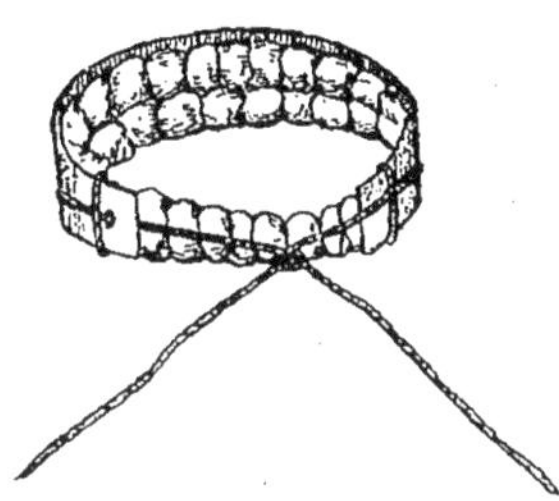

Fig. 265. — Collier pour arbres, dit collier Durand.

Colliers Durand. — Les colliers Durand sont faits avec des plaques de zinc fort, larges de $0^m,025$, garnies à la face intérieure avec de la tresse en jonc. Les attaches de ces colliers se composent de 3 fils de fer numéro 8 tordus (fig. 265). On en utilise de dimensions différentes.

On utilise aussi des colliers faits avec des rondelles de feutre ou de caoutchouc (fig. 266).

Des coussins ou tampons en caoutchouc, en cuir, en paille de jonc, etc., sont utilisés pour préserver la tige des arbres contre tout frottement.

Du fil de fer galvanisé de grosseurs différentes doit être utilisé selon la résistance que doivent avoir les attaches; le plus habituellement on se sert du fil de fer galvanisé numéro 8.

Fig. 266. — Collier pour arbres, en rondelles de feutre.

Avant-pieu en Fer. — L'avant-pieu en fer, d'une longueur de $1^m,40$, sert à préparer les trous dans le sol, pour pouvoir enfoncer le tuteur à la profondeur nécessaire afin qu'il ait la stabilité voulue pour le service qu'il doit rendre (fig. 267).

Dans quelques cas, l'avant-pieu peut servir pour faire les trous utiles pour faciliter l'accès rapide de l'eau ou des engrais liquides jusque dans la partie assez profonde de la terre où se trouvent les racines des arbres. On peut aussi utiliser un avant-pieu en bois dur de force et de dimensions convenables.

Tarière de Sondage. — Cet instrument peut être utilisé avantageusement pour la constatation de l'état de sécheresse ou d'humidité du sol au pied des arbres jusqu'à une profondeur de 1m,50. Il peut aussi être utilisé pour la reconnaissance de la nature du sol.

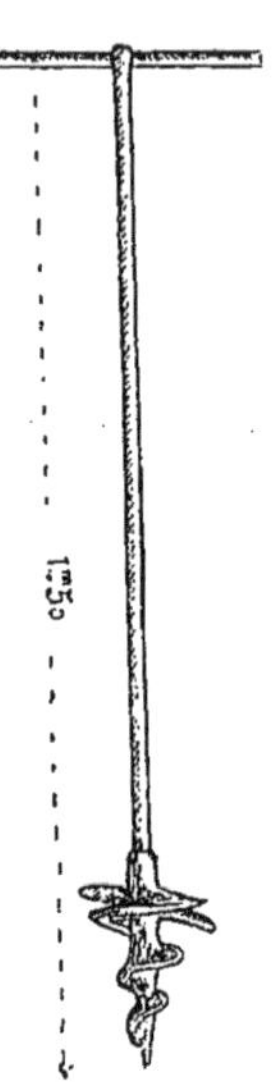

Fig. 268. — Tarière de sondages, facilitant les recherches, concernant la reconnaissance de la nature et de l'état du sol.

Cet outil est d'un emploi facile ne nécessitant pas une large ouverture dans le terrain à étudier.

Il est constitué par une tige en fer d'un diamètre de 0m,02, d'une longueur de 1m,50 environ, terminée en T à sa partie supérieure et munie de lames à hélices à la base ou partie opposée. Les lames les plus larges devant former collerette pour pouvoir retenir et remonter la terre doivent avoir environ 0m,15 de diamètre (fig. 268).

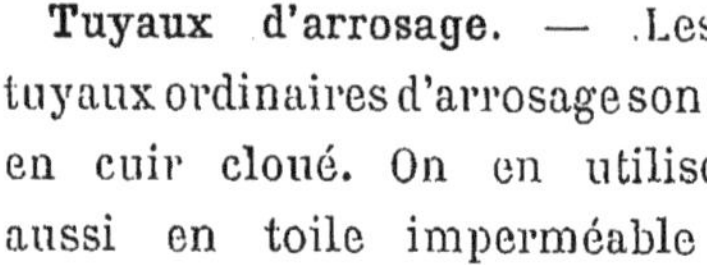

Fig. 267. — Avant-pieu en fer; longueur, 1m,40 environ.

Tuyaux d'arrosage. — Les tuyaux ordinaires d'arrosage sont en cuir cloué. On en utilise aussi en toile imperméable, caoutchoutés, et en fer ou tôle galvanisée, formant chapelet relié avec des bouts de tuyaux en cuir faisant jonction.

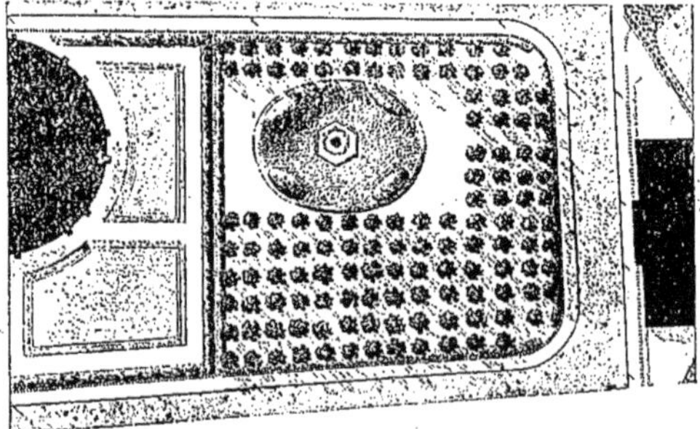

Square Notre-Dame.

CHAPITRE II

PROMENADES, PLANTATION ET JARDINAGE

Dépenses pour Travaux et Fournitures.

(Extrait du cahier des charges et bordereaux des prix de quelques travaux de jardinage, entretien des pelouses, plantation, et de fournitures s'y rattachant[1].)

§ I. — MODE D'EXÉCUTION DES TRAVAUX.

ARTICLE PREMIER

Mode d'exécution des travaux. — L'entrepreneur se conformera, pour le mode d'exécution des travaux, aux conditions stipulées dans le cahier des charges générales applicables aux entrepreneurs du service municipal des travaux de Paris, et aux dispositions spéciales suivantes.

ART. 2

Dans tout travail de déblais pour tranchées de plantations ou autres, l'entrepreneur demeurera responsable des dégradations qui pourraient être commises aux bordures des trottoirs et contre-allées, tuyaux de conduite d'eau, de gaz ou autres, et les frais de réparations seront entièrement à sa charge.

---

1. — Les travaux et fournitures sont périodiquement soumis à des adjudications, d'où il résulte des rabais variables.

Art.

L'entrepreneur fournira à ses risques et périls la terre végétale à employer dans les tranchées ou fosses destinées aux plantations et semis, ainsi que le terrain, le fumier et d'autres engrais prévus au bordereau.

Toutefois, avant d'approcher sur place les terres ou engrais, l'entrepreneur sera tenu de faire connaître les lieux de leur provenance et d'en avoir fait agréer la qualité constatée dans la production d'un ou de plusieurs échantillons.

Les lieux de provenance indiqués ne pourront être changés sans autorisation, et, en cas d'infraction à cette clause, les ingénieurs pourront exiger l'enlèvement des matières et leur remplacement aux frais de l'entrepreneur.

Tous produits non conformes aux échantillons agréés seront rigoureusement refusés et immédiatement remplacés sans préjudice de l'amende encourue.

Le prix de fouille comprend le piochage et tous les jets de pelle nécessaires pour mettre la terre en état d'être chargée en tombereau. Les jets de pelle ne seront comptés, quelle que soit la largeur de la fouille, que lorsque la profondeur dépassera $1^{m},50$.

Les dressements de talus ne seront comptés que s'ils ont été ordonnés expressément.

Il est défendu de décharger des terres végétales ou matériaux sans les ranger ou retrousser immédiatement de manière à dégager les canivaux et à gêner le moins possible la circulation sur les trottoirs ou contre-allées. Ce retroussement devra être fait aussitôt après le déchargement sous peine d'une amende de 3 francs par tas ou par mètre cube.

La même retenue sera faite pour les terres dont la réception aurait été refusée et dont l'enlèvement n'aura pas eu lieu dans les vingt-quatre heures.

A moins d'ordre spécial, il ne sera pas fait de livraison de terre végétale après la fermeture des chantiers. Les infractions à cette clause donneraient lieu à une retenue de 3 francs par mètre cube, et les livraisons ainsi faites pourront être considérées comme dépôts clandestins.

ART. 4

Mesurage des terres végétales. — L'Administration pourra exiger que le cube des terres végétales fournies soit constaté par un métrage régulier préalable.

Cette main-d'œuvre sera à la charge de l'entrepreneur, qui en supportera tous les frais, et il ne lui sera tenu compte que des reprises effectuées pour l'apport définitif des terres dans la fouille.

La constatation du cube des matières emmétrées sera toujours faite dans les vingt-quatre heures de la demande de l'entrepreneur : il sera fait alors la déduction de 1/6 du cube total, pour tenir compte du foisonnement.

Dans le cas où le mesurage sera effectué d'après le volume des tombereaux ou d'après le vide de la fouille remplie, il sera également fait déduction de 1/6 sur le cube constaté pour tenir compte du foisonnement.

Le prix alloué pour le mètre cube de terre végétale rendue dans la fouille comprend implicitement toutes mains-d'œuvres, le répandage et le régalage qui peuvent être nécessaires.

Il sera séparément tenu compte du pilonage lorsque cette main-d'œuvre aura été ordonnée.

ART. 5

Les emmétrages de fumiers, paillis, terreau et gadoue seront faits par les soins de l'Administration, qui se réserve le droit de les tasser comme bon lui semblera, pour activer le tassement. Le cube sera pris après ce tassement.

ART. 6

Terres ou Engrais appartenant à l'Administration. — L'Administration se réserve la faculté d'utiliser les déblais, terres, fumiers, terreaux, etc., lui appartenant ou qui lui seraient donnés, et d'en opérer le transport, soit en régie, soit par l'entrepreneur.

ART. 7

Retenue en cas de Retard. — En cas de retard dans l'exécution des ordres relatifs aux terrassements, enlèvement de terres, à la fourniture des terres, terreaux, fumier, sables, cailloux et gravillons, il sera fait à l'entrepreneur une retenue de 0 fr. 50 par jour et par mètre cube non fourni ou non enlevé en temps opportun.

La même retenue sera faite pour les terres végétales refusées et dont l'enlèvement n'aurait pas été effectué dans les vingt-quatre heures.

ART. 8

Abatage d'Arbres. — Les arbres seront abattus dans l'intérieur des bois de Boulogne, de Vincennes, et sur les avenues en dépendant, par les soins de l'Administration ; sur les autres promenades publiques, par l'entrepreneur ou lui dûment appelé au récolement et au cubage des arbres à abattre.

ART. 9

Constatation du Cube des Arbres. — Le cube des arbres s'obtiendra en mesurant leur hauteur à partir du sol jusqu'à la fourche formée par les deux plus grosses branches. La section moyenne sera prise au milieu de cette hauteur. Il ne sera fait aucune déduction, quel que soit l'état intérieur du tronc de l'arbre.

L'entrepreneur devra fournir des échelles et instruments nécessaires au mesurage; il y sera, à son défaut, pourvu d'office et à ses frais.

L'état des arbres à abattre sera notifié à l'entrepreneur, qui aura trois jours pour présenter ses observations. Passé ce délai, l'état sera considéré comme accepté.

Les observations formulées seront examinées par l'ingénieur en chef, qui prononcera définitivement.

ART. 10

Mesures de Précautions à prendre relativement à l'Abatage. — L'entrepreneur devra, dans l'opération de l'abatage, employer toutes les précautions nécessaires pour ne causer aucun accident et ne porter aucun dommage, soit aux personnes, soit aux propriétés, soit aux arbres voisins.

Il se conformera notamment aux dispositions suivantes. Avant de commencer la fouille au pied de l'arbre, toutes les branches devront être abattues, et le tronc restant devra être attaché aux arbres voisins par des haubans dont la solidité aura été reconnue par les agents de l'Administration ; la circulation sera d'ailleurs interrompue au moyen de cordes sur la partie du sol où les branches peuvent tomber et dans toute l'étendue de la trajectoire de l'arbre dans sa chute. Les haubans de retenue ne seront lâchés qu'au dernier moment.

L'opération de l'abatage ne pourra être faite qu'en plein jour et en présence des agents de l'Administration, qui veilleront à ce que les mesures de police soient strictement observées et arrêteront au besoin l'opération.

L'entrepreneur demeure toutefois personnellement responsable de tous dommages et accidents.

ART. 11

Enlèvement du Bois. — Les arbres abattus ainsi que les branches seront immédiatement transportés hors de la voie publique, des promenades ou cimetières, sans qu'il soit permis à l'entrepreneur de les débiter sur place.

Leurs racines seront complètement extirpées dans un rayon de 2 mètres au moins et $1^{m},20$ de profondeur ; ces racines devront également être enlevées sans délai.

Tout dessouchement incomplet sera effectué en régie aux frais de l'entrepreneur.

Les racines extirpées, l'entrepreneur devra remettre les terres en place ou les enlever, selon les ordres qui lui seront donnés.

Dans les parties, en dehors du trou des plantations, les remblais devront être exécutés par couches successives et fortement pilonnées.

Les dalles, bordures et pavés qui existaient seront ensuite remis en place, dans l'ordre qu'ils occupaient avant la démolition. Ce blocage, destiné à permettre au public d'attendre que la réparation définitive du sol puisse être effectuée, devra être fait avec le plus grand soin; le relief du sol devra être, après ce blocage, ce qu'il était avant les travaux.

Les excavations devront être comblées au fur et à mesure de l'extirpation des racines et au plus tard dans les vingt-quatre heures; celles qui ne pourront être fermées avant la nuit seront éclairées, entourées et gardées, au besoin, aux frais de l'entrepreneur. Si, à la nuit tombante, l'entrepreneur ne fait pas entourer et éclairer les excavations, les agents de l'Administration pourront faire ce travail d'office et à ses frais. Une amende de 5 francs sera infligée à l'entrepreneur par nuit et par trou d'arbre ou par longueur de 10 mètres de tranchées non éclairées ou non barrées.

Art. 12

Retenue en cas de Retard dans l'Abatage des Arbres. — L'opération de l'abatage des arbres sera toujours poussée avec la plus grande activité.

Tout arbre dont l'abatage sera commencé devra être complètement abattu dans le courant de la journée, le tronc enlevé, les bois rangés et le sol nivelé avant la nuit.

L'entrepreneur subira une retenue de 1 franc par jour pour chaque arbre non abattu et de 10 francs pour tout défaut de rétablissement du sol. Si, dans le courant de l'année, il y a lieu d'ordonner des abatages partiels, l'entrepreneur sera soumis pour cette opération aux closes et conditions qui précèdent.

ART. 13

Reprise du Bois. — L'entrepreneur prendra à son compte, à raison de 15 francs le mètre cube sans rabais, le bois des arbres dont le mesurage aura été fait comme il est dit ci-dessus. On lui abandonnera gratuitement le bois des branches de ces mêmes arbres. Moyennant la cession du bois dans les conditions ci-dessus fixées, l'entrepreneur sera tenu d'exécuter à ses frais toutes les opérations relatives à l'abatage des arbres, et les sommes provenant de l'application de ce prix de 15 francs seront, après approbation de M. le préfet d'état estimatif, versées à la caisse municipale.

L'entrepreneur supportera d'ailleurs tous les frais d'octroi ou autres analogues qui pourraient être exigés.

§ II. — ENTREPRISE DE PLANTATIONS D'ARBRES AU CHARIOT OU EN BAC.

ARTICLE PREMIER

Le présente entreprise a pour objet la transplantation au chariot des arbres et arbustes de toute grosseur et de n'importe quelle essence pris sur un point quelconque de Paris ou de l'extérieur, quel qu'en soit l'éloignement, et amenés sur un point quelconque des voies plantées de Paris ou des bois, parcs, squares, préaux d'écoles ou de lycées et cimetières appartenant soit à la ville de Paris, soit au département de la Seine, et dépendant du service des promenades aussi bien en dehors qu'en dedans des fortifications.

Mode d'exécution des travaux

ART. 2

Arrachage et Plantation des Arbres. — Les arbres devront être arrachés avec le plus grand soin en ménageant le plus possible les racines et en conservant une motte dont le diamètre sera au minimum de $1^m,20$ pour un arbre de $0^m,30$ à $0^m,45$ de circonférence à 1 mètre du collet, de $1^m,40$ pour un arbre de $0^m,46$ à $0^m,60$ de circonférence, de $1^m,70$ pour un arbre de $0^m,61$ à $0^m,90$ de circonférence, de $2^m,20$ pour un arbre de $0^m,92$ à $1^m,20$ de circonférence, de $2^m,50$ pour un arbre de $1^m,22$ à $1^m,50$ de circonférence.

Les branchages employés à la confection des mottes devront être placés aussi serrés que possible pour éviter la désagrégation des terres pendant le transport, qui devra être opéré avec les plus grandes précautions.

La plantation sera faite avec tous les soins convenables, et les racines seront toujours rafraîchies par une taille en biseau avant le remblai des trous.

Les fouilles pour l'ouverture des trous tant pour l'arrachage que pour la plantation seront entièrement à la charge de l'entrepreneur, qui devra toujours combler ces fouilles avec le plus grand soin en pilonnant et arrosant les terres de manière à éviter les tassements, que le sol soit meuble ou non.

L'entrepreneur devra mettre soigneusement de côté les matériaux et les terres provenant de fouilles ouvertes par lui et les relever en tas prismatiques afin d'éviter qu'il ne se perde des matériaux dans les terres et pour en faciliter l'emmétrage.

Il devra combler tous les soirs les trous sur les emplacements des arbres enlevés.

Lorsque les travaux seront exécutés dans un square, un jardin ou un établissement communal ou départemental, les terres de déblai seront déposées dans les allées sur un point abordable aux tombereaux. Il ne sera accordé aucune plus-value dans le cas où, soit pour l'enlèvement de l'arbre, soit pour la mise en place par suite de la disposition ou de la nature du sol et les difficultés d'approche en résultant, le chariot aurait dû être manœuvré à bras d'homme avec emploi des crics, leviers et plats-bords jusqu'à une distance de 15 mètres.

ART. 3

Apport de la Terre végétale et Enlèvement des Déblais. — La terre végétale nécessaire au remplissage des trous, soit avant, soit pendant la plantation, sera approvisionnée par l'Administration, et les déblais seront enlevés également par ses soins.

L'entrepreneur devra seulement relever en tas et emmétrer ces terres comme il est dit à l'article précédent.

Lorsque les travaux seront exécutés sur une voie publique, ces tas seront toujours établis dans les lignes d'arbres et au milieu des intervalles.

ART. 4

Garantie de Reprise. — Moyennant les prix portés à la série, l'entrepreneur sera responsable pendant deux ans de la reprise des arbres et arbustes et touffes d'arbustes qu'il aura transplantés; il devra conséquemment les entretenir et les remplacer, s'il y a lieu, à ses frais, l'Administration fournissant les sujets pour les remplacer.

L'entretien consistera dans les arrosages nécessaires et dans le maintien de la tige de l'arbre dans une position verticale. L'administration mettra gratuitement à la disposition de l'entrepreneur le matériel nécessaire pour l'entretien des arbres transplantés.

ART. 5

BORDEREAU DES PRIX.

NUMÉROS d'ordre	LOCATIONS DE CHARIOTS	PRIX d'application
		fr. c.
	Locations de chariots quelles qu'en soient les dimensions, l'heure	» 50
	Main-d'œuvre et ouvrages.	
1	Arbre de $0^m,30$ à $0^m,45$ de circonférence à 1 mètre du collet avec une motte de $1^m,20$ diamètre transporté jusqu'à 2,500 mètres de distance moyenne et planté avec tous les soins convenables.	25 »»
2	Plus-value pour chaque distance de 100 mètres parcourue en plus.	» 15

NUMÉROS d'ordre	LOCATIONS DE CHARIOTS	PRIX d'application
		fr. c.
3	Arbre de 0m,46 à 0m,60 de circonférence à 1 mètre au-dessus du collet avec une motte de 1m,40 de diamètre arraché et transporté jusqu'à une distance moyenne de 2,500 mètres et planté avec tous les soins convenables.	30 »»
4	Plus-value pour chaque distance de 100 mètres parcourue en plus	» 20
5	Arbre de 0m,61 à 0m,90 de circonférence à 1 mètre au-dessus du collet avec une motte de 1m,70 de diamètre arraché et transplanté à une distance moyenne de 2,500 mètres et planté avec tous les soins convenables	45 »»
6	Plus-value pour chaque distance de 100 mètres parcourue en plus.	» 20
7	Arbre de 0m,92 à 1m,20 de circonférence à 1 mètre au-dessus du collet avec une motte de 2m,20 de diamètre arraché et transporté à une distance moyenne de 2,500 mètres et planté avec tous les soins convenables.	70 »»
8	Plus-value pour chaque distance de 100 mètres parcourue en plus.	» 20
9	Arbre de 1m,22 à 1m,50 de circonférence à 1 mètre du collet avec une motte de 2m,50 de diamètre arraché et transporté à une distance moyenne de 2,500 mètres et planté avec tous les soins convenables	90 »»
10	Plus-value pour chaque distance de 100 mètres parcourue en plus.	» 30
11	Plus-value pour chaque distance de 15 mètres et d'au moins 10 mètres dans les cas de difficultés d'approche mentionnées dans le dernier paragraphe de l'article 2 du cahier des charges	1 »»
	Touffes d'arbustes et d'arbres verts résineux enlevés en bac compris fournitures de tous accessoires et	

NUMÉROS d'ordre	LOCATIONS DE CHARIOTS	PRIX d'application fr.	c.
	transport à une distance moyenne de 1,000 mètres plantés avec tous les soins convenables.		
	NOTA. — Sera assimilé aux touffes tout arbre enlevé ayant moins de 0m,30 de circonférence et une motte de moins de 1 mètre de diamètre.		
12	Pour un bac de 0m,40 à 0m,60 de diamètre. . . .	10	»»
13	— de 0m,61 à 0m,90 —	15	»»
14	Plus-value pour chaque distance de 100 mètres parcourue en plus.	»	10
	NOTA. — Lorsque les arbres seront déplacés sur les lieux mêmes sans transport au delà de 20 mètres, les prix ci-dessus sont réduits, savoir : Le nº 1 de 7 fr., le nº 3 de 10 fr., le nº 5 de 15 fr., le nº 7 de 20 fr., le nº 9 de 40 fr.		

§ III. — PRIX DE QUELQUES TRAVAUX DE JARDINAGE. — ENTRETIEN DES PELOUSES. — JOURNÉES. — FOURNITURES. — OUTILS. — INSTRUMENTS ET ACCESSOIRES DIVERS.

ARTICLE PREMIER *Travaux.*	fr.	c.
Labour à la bèche de 0m,15 à 0m,20 de profondeur pour l'établissement de pelouses, bordures en gazon, compris règlement du sol, enlèvement et mise en tas à bord des routes des racines et pierrailles, le mètre carré	»	05
Défoncement du sol à entaille ouverte de 0m,30 de profondeur, compris brisement de mottes, le mètre superficiel.	»	12
Plus-value par 0m,10 de profondeur	»	04

	fr.	c.
Binage compris ratissage et enfouissement des herbes :		
Premier binage de l'année, le mètre carré.	»	02
Les autres binages.	»	01
Dressement de talus, règlement de forme, y compris plus-value pour une fouille de moins de $0^m,20$ d'épaisseur moyenne, le mètre carré.	»	05
Ratissage y compris le ramassage des pierres et leur mise en tas, le mètre carré.	»	02
Ratissage simple d'allée sablée ou de terrain pour enfouir les graines, le mètre carré.	»	05
Régalage de déblais, le mètre cube	»	05
Répandage de sable, le mètre cube	»	25
Répandage de sable sur contre-allée ou trottoir avec distribution à la brouette, le mètre cube.	»	60
Trous d'arbres carrés ou circulaires de :		
$0^m,25$ de surface et $0^m,50$ de profondeur, le trou	»	10
$0^m,65$ — $0^m,60$ — —	»	25
$0^m,65$ — $0^m,80$ — —	»	35
$1^m,00$ — $0^m,80$ — —	»	50
$1^m,00$ — $1^m,00$ — —	»	65
$2^m,25$ — $1^m,00$ — —	1	50
$4^m,00$ — $1^m,00$ — —	2	75
Jet de pelle, charge en brouette, en tombereau, en rejet dans la fouille, le mètre cube	»	25
Transport à la brouette à une distance de 30 mètres en plaine et de plus de 20 mètres sur une rampe de $0^m,06$, le mètre cube.	»	20
Pilonnage par couche de $0^m,10$ de sable, de déblai ou de remblai, le mètre cube	»	20
Les remblais de terre sont comptés suivant le cube de la tranchée, c'est-à-dire avec une réduction de 1/6 sur le volume de la terre transportée.		
ART. II		
Gazons. — Pelouses.		
Semis de pelouses comprenant le répandage de la graine, passage au râteau et roulage, l'hectare	200	»»

	fr.	c.
Découpure de bordure sans galerie, en terre ou en gazon, le mètre linéaire	»	03
Découpure de bordure, avec galeries	»	05
Fauchage de gazons (à la tondeuse ou à la faux), l'hectare. La coupe	42	»»
Le fauchage et le tondage, le ratissage et le ramassage des herbes de tout jardin dont les parties gazonnées auront une surface de moins de 3 ares seront payés, la pièce	3	50
Le même travail pour une surface de moins de 20 ares, l'are	»	80
Le même travail pour une surface de moins de 30 ares, l'are	»	56
Le même travail pour les jardins dont les gazons auront plus de 30 ares, l'are	»	42
La journée de 10 heures d'un faucheur, muni de ses outils	6	50

Conditions d'exécution.

Les fauchages comprennent non seulement les pelouses proprement dites, mais encore les filets bordant les massifs et plates-bandes et les parties des gazons s'étendant tant à l'intérieur des massifs qu'au pourtour des arbustes.

Après chaque coupe, les herbes devront avoir la même hauteur, c'est-à-dire présenter un tapis uniforme, exempt d'ondulations provenant soit du raccord des lignes suivies par les ouvriers, soit des coups de faux coupant l'herbe trop près.

Le long des clôtures, galeries d'allées, ainsi que dans l'intérieur des massifs d'arbres et d'arbustes, les herbes seront abattues avec le même soin, en employant soit le volant, soit la serpette, si cela est nécessaire.

L'Administration pourra, si elle le juge à propos, substituer au fauchage à la faux le tondage à la machine. Dans ce cas, les coupes devront être répétées assez fréquemment pour que le gazon soit maintenu très court et n'ait jamais plus de 7 centimètres de hauteur [1].

1. — En général, dans Paris, pour avoir de très beaux gazons toute l'année en bon état, là où le sol est favorable et les arrosages suffisants, il faut faire environ douze à quinze coupes par an (au parc Monceau, où les pelouses sont bien tenues, il est fait en moyenne quatorze coupes par an).

Le tondage ne pourra être fait qu'à l'aide de machines agréées par l'Administration. Les coupes devront être répétées assez fréquemment pour que le gazon soit maintenu très court et n'ait jamais plus de 7 centimètres de hauteur.

Les herbes, résultant du fauchage à la faux ou du tondage, devront être enlevées au fur et à mesure qu'elles seront coupées et ne pourront, en aucun cas, rester sur place plus de douze heures après Celles coupées le samedi devront être enlevées immédiatement, afin qu'il n'en reste aucune trace le dimanche; elles devront être parfaitement ramassées, au moyen d'un rateau fin après le fauchage, et au balai après le tondage, de façon à éviter l'emploi des ouvriers jardiniers de l'Administration pour la mise en état des pelouses.

Les herbes seront portées à bras d'homme sur les voies carrossables et déposées directement dans des voitures ou brouettes; après l'achèvement du fauchage et l'enlèvement des herbes, les allées et routes seront parfaitement balayées et ratissées par l'entrepreneur, de manière à faire disparaître toute trace de l'opération effectuée.

Le temps de fauchage, y compris l'enlèvement des herbes, sera calculé à raison d'un jour au minimum par hectare.

§ IV. — FOURNITURES.

Article premier

		fr.	c.
Journées d'ouvriers	Chef d'atelier, l'heure.	1	01
	Compagnon	»	91
	Jardinier	»	60
Chevaux et voitures	Tombereau, l'heure.	»	22
	Cheval et voiture ou tombereau.	1	»»
	Avec le conducteur.	1	55
Journées de voitures compris conducteurs.		»	»»
Charrette ou tombereau à 1 cheval, la journée.		15	50
— — 2 chevaux, —		21	»»
Gravillons pour allées, le mètre cube		11	50

	fr.	c.
Sables dragués de berge, le mètre cube.	6	50
— de plaines, —	5	50
Terre végétale, rendue dans la fouille ou à pied-d'œuvre régulièrement emmétré, le mètre cube.	4	50
Terreau consommé de maraîcher à pied-d'œuvre et emmétré, le mètre cube.	7	»»
Fumier consommé, rendu à pied-d'œuvre et emmétré, le mètre cube	7	50
Paillis provenant de couches de maraîcher, le mètre cube. . .	6	»»

Art. II

Grilles et corsets.

	fr.	c.
Grilles en fonte, diamètre de 1 à 2 mètres, le kilo.	»	20
Le prix d'une grille ordinaire du poids de 120 à 150 kilogr. varie généralement de 20 à 30 francs suivant son poids.		
Corset en fer élégi avec cercle du bas en fer cornière pesant 16 kilos imprimé au minium et peint en vert anglais au minium, à 2 couches . . . . Le corset.	10	50
Chaque kilogramme en plus ou en moins.	»	60
Corset tuteur en bois de 2m,50 de hauteur, peints à deux couches . . . . La pièce.	4	50

Outils et instruments.

	fr.	c.
Bêche de 0m,25 sur 0m,18 à douille ouverte en fer aciéré, emmanchée.	3	45
Bêche en acier de Sedan, emmanchée.	3	75
Manche de 1m,20 sur 0m,035 en frêne.	»	80
Brouette coffre de 0m,56 longueur sur 0m,48 de largeur, 0m,30 dans la plus grande hauteur mesurée intérieurement. . . .	15	»»
Croissant d'élagueur, acier fondu	4	25
Manche en frêne, le mètre.	»	50
Échenilloir à douille acier fondu	7	»»
Manche en frêne, le mètre	»	50
Echelle simple de 5 mètres, le mètre.	3	25
— — de 7 — —	3	50
— double de 5 — —	4	50
— — de 8 — —	5	»»

	fr.	c.
Pelle ronde en fer de 0m,36 sur 0m,32 non emmanchée . . .	3	50
Manche coudé de 1m,10 sur 0m,35 en frêne	1	50
Pioche piémontoir de 0m,90 de longueur, 0m,20 d'acier à chaque bout, poids moyen 4 à 5 kilos, le kilo.	1	80
Pioche plate en fer et acier forgé de 0m,30 de largeur, 1re qualité.	4	»»
Manche de 1m,10 en frêne.	»	50
Râteau à tête en bois de 0m,50, 18 dents de 0m,10, emmanché .	2	60
Râteau à tête en fer de 0m,45, 14 dents de 0m,08, emmanché.	3	85
Sécateurs de 0m,16.	4	25
Serpes d'élagueur, fer aciéré, avec manche.	4	50
Serpettes de jardinier acier fondu, manche buffle.	3	50
Ces fournitures sont soumises à un rabais variant de 10 à 40 %.		

Tuteurs et attaches

Tuteur pour arbres.		
Ces tuteurs sont ordinairement des perches de châtaignier.		
Perche pour tuteur de 2 à 4 mètres de longueur, la pièce. . .	1	»»
— de 4 à 5 mètres — — . .	1	50
— de 5 à 6 mètres — — . .	2	25
— de 6 à 7 mètres — — . .	5	»»
Tuteur perche de 1m,50 et de 0m,08 de circonférence la botte de 100	20	»»
— 1m,20 et de 0m06 — —	16	»»
Colliers n° 1 de 0m,03 à 0m,10 de pourtour, le cent	15	»»
— n° 2 de 0m,11 à 0m,24 — —	20	»»
— n° 3 de 8m,20 à 0m,35 — —	25	»»
Coussins tampons en jonc double tresse de 30/15, 2 ligatures en fil de fer n° 4, longueur 0m,10 le millier.	18	»»
Tresses en paille de jonc ayant 0m,04 de hauteur sur 0m,02 d'épaisseur, le mètre linéaire.	»	15
Fil de fer galvanisé pour attache, n° 7, le kilo.	»	655
— — — n° 8 —	»	64
— — — n° 9 —	»	625
— — — n° 14 —	»	55

Appareils d'arrosage

Appareil d'arrosage à la lance avec jonction en caoutchouc et chariot à traverses en bois ou en fonte malléables (système

	fr. c.
Sohy), le mètre linéaire.	5 50
Appareils d'arrosage avec jonction à rotule, tube en fer étiré (système Sohy).	8 50
Tuyaux en cuir cloué de 0,004 à 0,005 d'épaisseur et de 0,041 de diamètre intérieur, non compris le raccord, le mètre linéaire	8 20
Tuyaux en toile imperméable de 0,54 de diamètre intérieur renforcé, le mètre.	1 25
Demi-raccord femelle de 0,041 en cuivre pesant 0,530, pour fourniture seulement.	2 20
Pose.	» 55
Demi-raccord mâle de 0,041 en cuivre pesant 0,440, pour fourniture seulement.	1 80
Pose.	» 45
Tuyaux de drainage	le mille
Tuyaux de drainage de 30cm de long. et de 34mm de diam. intr	28 »»
— 32 — 40 —	36 »»
— 32 — 50 —	47 »»
— 32 — 60 —	58 »»
— 32 — 70 —	73 »»
— 32 — 80 —	115 »»
— 32 — 90 —	130 »»
— 32 — 100 —	145 »»
— 32 — 120 —	165 »»
Coudes de 0m,034 à 0m,060 d'épaisseur, 0m,012 de diam., le 1000.	400 »»
— de 0m,070 à 0m,120 — 0m,015 — —	500 »»
Coudes en T de 0m,034 à 0m,060 d'épaisseur, le 1000.	500 »»
— T de 0m,070 à 0m,120 — —	750 »»
Bouchons en terre cuite pour les colonnes de tuyaux de drainage, la pièce.	» 10

§ V. — JURISPRUDENCE (pour les Plantations).

L'article 671 du Code rural, modifié par la loi de 1881, s'exprime ainsi :

« Il n'est permis d'avoir des arbres et des arbrisseaux ou arbustes près de la propriété voisine qu'à la distance prescrite par les règlements particuliers actuellement existants ou par des usages constants et reconnus et, à défaut de règlements et d'usages, qu'à la distance de 2 mètres de la ligne séparative des deux héritages pour les plantations dont la hauteur dépasse 2 mètres et la distance d'un demi-mètre pour les autres plantations. »

La loi ne fait donc que deux distinctions, quelle que soit l'essence des arbres employés aux plantations :

« Ou ils auront moins de 2 mètres, ou ils dépasseront cette hauteur. »

Les distances de $0^{m},50$ et 2 mètres seront prises de la limite divisoire jusqu'au centre du pied de l'arbre ou de l'arbuste.

« Art. 672. — Dans le cas où les arbres ou arbrisseaux ne sont pas plantés à la distance légale, le voisin peut exiger l'arrachage des arbres ou leur réduction à la hauteur de 2 mètres, à moins qu'il n'y ait titre, destination de père de famille ou prescription trentenaire.

« Si les arbres meurent ou s'ils sont coupés ou arrachés, le voisin ne peut les remplacer qu'en observant les distances légales.

« Art. 673. — Celui sur la propriété duquel avancent les branches des arbres du voisin peut contraindre celui-ci à les couper. Les fruits tombés naturellement de ces branches lui appartiennent. Si ce sont les racines qui avancent sur son héritage, il a le droit de les couper lui-même.

« Le droit de couper les racines ou de faire couper les branches est imprescriptible.

« Les arbres, arbustes ou arbrisseaux de toutes espèces peuvent être plantés en espaliers de chaque côté du mur séparatif sans que l'on soit tenu d'observer aucune distance, mais ils ne pourront dépasser la crête du mur. Si le mur n'est pas mitoyen, le propriétaire seul a le droit d'y appuyer ses espaliers. »

FIN

Place du Châtelet.

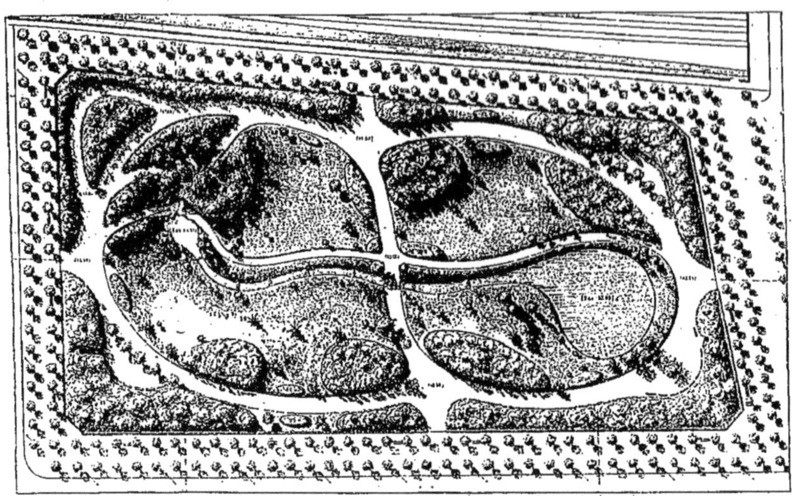

Square des Batignolles.

TABLE ALPHABÉTIQUE

DES MATIÈRES, DES NOMS ET DES FIGURES[1]

1. — Les chiffres qui précèdent les mots, indiquent les numéros des figures ; ceux qui les suivent se rapportent aux numéros des pages.

FIN DE LA TABLE ALPHABÉTIQUE

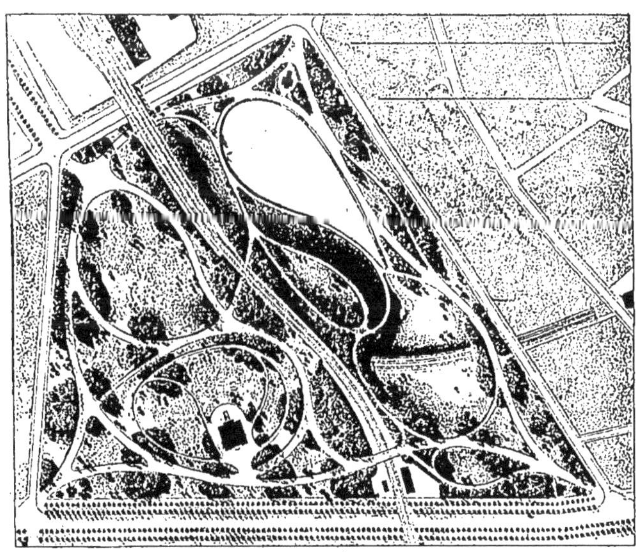

Parc Montsouris.

8 12-5. — Tours, Imprimerie E. Arrault et Cie

EXTRAIT DU CATALOGUE

HORTICULTURE — FORÊTS — AGRICULTURE — SCIENCES

Les Promenades de Paris. — Histoire, Description des embellissements. Dépense de création et d'entretien des bois de Boulogne et de Vincennes, Champs-Elysées, Parcs, Squares, Boulevards, Places plantées par A. ALPHAND (*Inspecteur général au Corps des Ponts et Chaussées*). — 2 volumes in-fol., 80 gravures sur acier, 23 chromo, litographies, et 487 gravures sur bois . . . **500** fr. Sur hollande . . . . . . **1 000** fr.

L'Art des Jardins, par A. ALPHAND (*directeur général des travaux de la Ville de Paris*). Etude historique, composition des Jardins, plantations, décoration artistique des Parcs et des Jardins. — Traité pratique et didactique. — 3ᵉ édition. Ouvrage in-4ᵒ, 512 illustrations représentant : plans, kiosques, ponts tracés, architecture et la flore ornementale. — **20** fr., — en reliure, **25** fr., — sur hollande, **30** fr. ; — sur japon **40** fr.

Arboretum et Fleuriste de la Ville de Paris. — Description, culture, usage de tous les arbres, arbrisseaux, plantes herbacées et frutescentes de plein air et de serre employées dans l'ornementation des Parcs et des Jardins, par A. ALPHAND. Un vol. in-folio . . . **50** fr.

Les Orchidées. — Histoire, botanique, commerce, culture, maladies, emploi, description, avec liste des espèces cultivées, par DE PUYDT. Un volume, 242 vignettes et 50 chromos, **30** fr. ; — relié, ... **35** fr.

Les Plantes à Feuillage coloré. — Les plus remarquables pour décoration des parcs, jardins, serres et appartements, par CHARLES NAUDIN (*membre de l'Institut*). Deux volumes, 121 chromotypographies et 120 vignettes. — 4ᵉ édition, **60** fr. ; — reliés . . . . **70** fr.

Le Livre d'Or des Roses. — Recueil des espèces et des variétés les plus estimées, cultivées en France et à l'étranger. Dessinées par Mˡˡᵉ KERMABON, d'après nature, dans les cultures de M. MARGOTTIN fils. Ouvrage de grand luxe par PAUL HARIOT — paraissant en fascicules grand in-folio, avec 60 chromos et nombreuses illustrations dans le texte ; — Préface par CHARLES NAUDIN (*membre de l'Institut*). (*Sous presse.*)

Les Plantes alpines. — Station, culture, emploi, description des espèces indigènes et exotiques par B. VERLOT. Un volume, 50 chromotypographies et 78 grav., 2ᵉ édit., **30** fr ; — relié . . . . **35** fr.

Les Fougères et les Sélaginelles. — Les plus remarquables pour décoration des serres, parcs, jardins et salons, par A. RIVIÈRE, ANDRÉ, ROZE. Deux volumes, 156 chromos et 239 vignettes ; **60** fr. ; — reliés . . **70** fr.

Traité pratique des Champignons. — Flore mycologique de la France ; description des espèces comestibles, vénéneuses, suspectes, et des champignons employés dans le commerce, l'industrie et la médecine, par l'abbé J. MOYEN (*professeur d'Histoire naturelle*). Un fort volume de 850 pages in-8ᵒ divisé en 2 parties, avec 334 vignettes et Atlas de 20 planches en chromo. Relié en toile . . . **12** fr.

Les Maladies des Plantes cultivées, des arbres fruitiers et forestiers, occasionnées par le sol, l'atmosphère, les parasites, etc. — D'après Tulasne, Barry, Berkeley, Hartig, Sorauer, etc. ; par A. D'ARBOIS DE JUBAINVILLE (*conservateur des Forêts*) et J. VESQUE (*préparateur au Muséum*). Un volume, 48 vignettes et 7 planches en couleur . . . . **4** fr.

Les Plantes médicinales et usuelles de nos champs, jardins, forêts. — Descriptions et usages des plantes comestibles, suspectes, vénéneuses, employées dans la médecine, dans l'industrie et l'économie domestique, par H. RODIN (*membre de la Société botanique de France, lauréat, etc.*). 8ᵉ édition. Un volume avec 200 gravures. Relié . . . . . . **4** fr.

Les Ravageurs des Vergers et des Vignes. — Histoire naturelle, mœurs, dégâts, moyen de les combattre, avec une étude sur le phylloxera, par H. DE LA BLANCHÈRE. Un volume, 100 vignettes. . . **3** fr. **50**

Les Palmiers. — Botanique, description, emploi, culture. Index général des noms et synonymes de toutes les espèces connues, par OSWALD DE KERCKOVE DE DENTERGHEM — 2e *édition*, avec 40 chromos imprimés par la Maison Lemercier, in-8°, 228 gravures, **30** fr. ; — relié . . . **35** fr.

Les Palmiers utiles et leurs alliés. —Descriptions, Propriétés, Produits, Usage et Emploi dans l'Alimentation, l'Agriculture, la Médecine, les Arts et l'Industrie, par JULES GRISARD et M. VANDEN-BERGHE. — Un volume, 16 chromos et 120 vignettes. **25** fr.

L'Olivier. — Histoire, Botanique, Physiologie, Culture, Produits, Usage, Commerce, Distribution géographique et Bibliographie de l'Olivier, par A. COUTANCE. Un volume in 8°, 190 gravures . . . . **15** fr.

A travers Champs! — Botanique populaire pour tous. — Histoire des principales familles végétales, par Mme LE BRETON, revue par J. DECAISNE (*membre de l'Institut*). 2e édition. Un volume, 746 gravures, **7** fr. ; relié . . . . **10** fr.

L'Esprit des Fleurs. — Symbolisme et Science, par Mme EMMELINE RAYMOND. Un volume in-4° formant un *Langage des Fleurs*. 64 chromos, représentant 400 planches. Le texte est en 5 couleurs. **15** fr. ; relié, **20** fr.

Flore pittoresque de la France. — Botanique illustrée contenant : Anatomie, Physiologie, Classification et Description de toutes les Plantes françaises, indigènes et cultivées. Suivie de 4 études agricole, horticole et forestière. Ouvrage in-4°, 1000 gravures, une Carte agricole de la France et Atlas avec 80 chromos, par GUSTAVE HEUZÉ (*inspecteur général de l'Agriculture*), BOUQUET DE LA GRYE (*conservateur des Forêts*), STANISLAS MEUNIER, J. PIZETTA, et B. VERLOT. 3e édition, **35** fr. ; — relié . . . . **40** fr.

Le Brome de SCHRADER, par A. LAVALLÉE. — 4e édition, in-18 avec 2 planches sur acier. . . . . **1** fr. **50**

La Vigne dans le Bordelais. — Commerce, Culture, Histoire naturelle, etc., par AUGUSTE PETIT-LAFITTE (*professeur de l'Agriculture*). Un volume avec 75 gravures . . **12** fr.

Revue des Eaux et Forêts. — (Annales forestières), paraissant depuis 1842 :

Ire PARTIE : **Journal des Intérêts forestiers.** — Economie forestière, Exploitation, Statistique, Mercuriales, Reboisement, Régime des Eaux, Pisciculture, Chasse, Louveterie, Métallurgie, etc.

IIe PARTIE : **Répertoire de Législation et de Jurisprudence forestières.**

Prix de l'abonnement : **15** fr. par an pour la France. Avec l'Annuaire des Eaux et Forêts, **18** fr. — Pour l'étranger . . . . **20** fr.

Table de la Revue des Eaux et Forêts. Un volume contenant par ordre alphabétique les matières et les noms d'auteurs de la 1re série (Années 1862 à 1885). — Prix. **6** fr.

Semer et Planter (*Le Propriétaire-Planteur*). Choix des terrains semés. — Plantations forestières et d'agrément. — Entretien des massifs. — Elagage, description et emploi des essences forestières, indigènes et exotiques, etc. — Traité pratique et économique du reboisement et des plantations des parcs et jardins, par D. CANNON. — 2e édition, illustrée de 380 gravures Un vol. in-8 broché. Prix . . . . **6** fr.

Les Arbres verts ou Conifères, par MM. VEITCH et fils. — Ouvrage de luxe in-8°, orné de nombreuses gravures. Traduction par SCHNEIDER, revue par M. DOUMET-ADANSON. (*Sous presse.*)

Les Ravageurs des Forêts et des arbres d'alignement. — Histoire naturelle, mœurs, dégâts des insectes, moyens de les combattre et de restaurer les plantations, par H. DE LA BLANCHÈRE et par EUG. ROBERT. 6e édition. — Un vol. avec 162 gravures, relié . . . . **4** fr

L'Aménagement des Forêts. — Traité pratique de la conduite des exploitations de forêts en taillis et en futaie, par ALFRED PUTON (*directeur de l'Ecole forestière*). 2e édition, avec gravures. Relié. . . **3** fr. **50**

Les Conifères. — Traité pratique des arbres verts ou résineux, indigènes et exotiques, par C DE KIRWAN (*inspecteur des Forêts*). Deux vol., 106 gravures. Reliés . . **5** fr.

Aménagements des Futaies, par L. BRENOT (*Ancien élève de l'École forestière*). Prix . . . . **1** fr.

Reboisement et Gazonnement des Montagnes. — Traité pratique, par P. DEMONTZEY. 2e édition. Un fort volume in-8°, 105 gravures . . **15** fr.

Graines résineuses. — Achat, récolte et préparation de graines employées dans l'Administration des Forêts par ANDRÉ THIL (*Inspecteur adjoint des Forêts*). — Prix . . **2** fr.

Les Oiseaux utiles et nuisibles aux forêts, champs, jardins, vignes, etc, par H. DE LA BLANCHÈRE (*ancien élève de l'École forestière*). 5e édition avec 150 vignettes. In-18, relié **4** fr.

Les Animaux des Forêts. — Histoire naturelle, chasse à courre, chasse à tir, entretien, conservation, reproduction. 2e édition, par R. CABARRUS. — Un volume illustré de 87 gravures. Relié . . . . . **2** fr **50**

Guide du Forestier — Résumé complet des règles de la culture, et de la surveillance des forêts, par A BOUQUET DE LA GRYE. 8e édition en 2 volumes . . . . **5** fr.
Tome Premier: LA SYLVICULTURE, avec 70 gravures, relié . . . . . **2** fr. **50**
Tome Second : SURVEILLANCE DES FORÊTS, relié . . . . **2** fr. **50**

Code Forestier. — Recueil des lois, décrets, ordonnances, avis du Conseil d'État et règlements en matière de Forêts, chasse, louveterie, dunes et reboisement, par A. PUTON. Un volume in-18, relié toile avec supplément par GUYOT . . 5 fr.

Code forestier. — Supplément, allant de 1882 à 1894, par CH. GUYOT. Un vol. relié en toile vendu séparément . . . . **1** fr. 50

Nos Arbres. — Leurs descriptions et leur emploi, par le marquis de CHEVAILLE et C. KERWAN. — 1 vol. grand in-8, orné de nombreuses gravures en couleur, par ALLONGÉ, et 200 vignettes dans le texte.

La Maison du Garde. — Notions d'Hygiène, d'Économie domestique et d'Agriculture, par E. POUCIN (*Conservateur des Forêts*). — Un volume, avec 142 gravures. Relié **3** fr. **50**

L'Art de Planter. — Traité pratique de l'art d'élever en pépinière et de planter les arbres forestiers, fruitiers et d'agrément; revu par L. GOUET (*directeur de l'Etablissement d'arboriculture aux Barres*). 3e édition, avec 16 gravures, Relié . . . . **3** fr. **50**

Nouveau Carnet de Chasse *illustré*, augmenté du *Manuel du jeune Chasseur au chien d'Arrêt.* — Méthode sûre et prompte pour faire rapporter un chien d'arrêt à terre et à eau, manière de le conduire, manière de devenir bon tireur, par M. CHATIN — 3e édition avec 37 vignettes. Relié. . . . . **1** fr.

Le Chien. — Description des races, croisement, élevage, dressage, maladies et leur traitement, d'après STONEHENGE, YOUATT, MAYHEW, BOULEY, HAMILTON-SMITH. — 2e édition. Un vol. orné de 126 vignettes. imprimé avec luxe, sur papier teinté, relié en toile grise à biseaux avec fers spéciaux, tranches en couleur **5** fr.

Les Chiens d'Arrêt. — Races anglaises. — Dressage. — Hygiène, par PAUL CAILLARD. Avec 12 aquarelles dessinées d'après nature par O. DE PENNE, et 40 vignettes par TAVERNIER et O. DE PENNE. — Un volume in-folio oblong, texte imprimé en noir et bistre ; les aquarelles sont mises sur pierre par MM. MESNARD et GAULARD; elles sont torchonées, et montées sur bristol blanc. En carton de luxe, sous couverture imitant le cuir de crocodile. Prix **40** fr. Relié à coins . . . . **60** fr.

Manuel de Cubage et d'estimation des bois en futaies, taillis, arbres abattus ou sur pieds. Notions pratiques sur le débit, la vente et sur la fabrication de tous les produits des forêts ; tarif de cubage des bois en grume ou équarris. Table de conversion, par A. GOURSAUD (*inspecteur des Forêts*). — 4e édition. Un volume relié . . . . **1** fr **50**

Guide du Chasseur devant la Loi. — Recueil des lois, ordonnances et circulaires ministérielles, avec les dispositifs de toutes les décisions concernant la chasse, par F. TECHENEY. Un volume, 270 pages, relié . . . . 2 fr 50

Le Gibier Plume ou les Oiseaux de Chasse. — Description, mœurs, acclimatation, chasse, par le Marquis de CHERVILLE. 3ᵉ édition, avec traité sur le Fusil. Superbe volume, avec 34 chromo et 64 vignettes, par E. DE LIPHART, **12** fr.; — relié . . . **15** fr.

Le Gibier Poil ou les Quadrupèdes de la Chasse. — Description, mœurs, acclimatation, chasse, avec traité du *Chien courant*, par le Marquis DE CHERVILLE. 3ᵉ édition Publication avec 30 eaux-fortes sur zinc, en couleurs, et 70 vignettes par KARL BODMER. Broché, **12** fr. ; relié, **15** fr. Les deux volumes (*Gibier Plume* et *le Gibier Poil*) pris ensemble, brochés, **20** fr. ; — reliés . . . . **24** fr.

Dans les Bois. — 4ᵉ édition par LOUIS ENAULT. Un volume petit in-4°, imprimé sur papier teinté Broché, **4** fr. ; édition sur papier de Hollande . . . . **8** fr.

Œuvres agronomiques et forestières de Varenne de Fenille. — Etudes précédées d'une notice biographique, par PHILIBERT LE DUC (*inspecteur des forêts*) . . . . **10** fr.

La Pustule maligne. — Charbon, Sang de rate, par CH. BABAULT (Docteur médecin), in-12, relié . . **5** fr.

Les Premiers pas dans l'Agriculture. — Le culture, la vie pratique et légale à la campagne, par J. CASANOVA. Un vol. relié, prix . . **1** fr.

Chimie et Géologie agricoles. — D'après JOHNSTON et CAMÉRON, par STANISLAS MEUNIER (*professeur au Museum*) Un volume, 200 vignettes, relié . . . . **3** fr. **50**

La Terre végétale. — De quoi elle est faite ; comment on l'améliore. — Guide pratique de géologie agricole, par STANISLAS MEUNIER *professeur au Museum*) Un volume avec vignettes et une carte agricole de la France. . . . . **3** fr.

Dictionnaire vétérinaire. — Hygiène, médecine, pharmacie, chirurgie, multiplication, perfectionnement des animaux domestiques, par L. FELIZET. Introduction par J.-A. BARRAL. — 2ᵉ tirage relié. . . . **3** fr. **50**

Traité pratique d'Analyse chimique à l'aide des méthodes gravimétriques. — D'après THORPE, par STANISLAS MEUNIER. Un volume, 111 vignettes, relié. . . . . **5** fr.

Traité pratique d'Analyse chimique à l'aide des méthodes volumétriques. — D'après F. SUTTON, par ED. FINOT et A. BERTRAND. Un volume, 95 vignettes ; relié . . . **5** fr. Les deux **Traités d'Analyses,** pris ensemble . . . . **8** fr.

Le Chalumeau. — Analyses qualitatives et quantitatives. — D'après KERL, et avec additions d'après BERZELIUS, PLATTNER, BUNSEN, MERZ-H. ROSE. — Suivies d'un tableau et d'un appendice pour les applications minéralogiques, par EDOUARD JANNETTAZ, *du Muséum*. Un volume avec vignettes. . . . . **3** fr. **50**

Les Hommes de Cheval. — Les grands Maîtres, l'équitation savante, les écuyers de Cirque, les Hommes de Cheval, les Cavaliers, les Steeple-Chasers. — Publication illustrée de 160 Portraits et de Chromo-typographies formant un traité complet de l'équitation, depuis Baucher jusqu'à nos jours, par le baron DE VAUX. — Précédé d'une lettre du général L'Hotte et du colonel Guérin, traitant de l'instruction équestre, de la gymnastique, de l'escrime, du ménage, etc. — Exemplaire sur parchemin, 500 fr.; — 80 exemplaires sur vélin, teinté de *Hollande*, avec portraits en deux états : 100 fr.; — 40 exemplaires sur *peau d'âne*, avec portraits en deux états : 75 fr.; — 970 exemplaires sur simili-japon, avec portraits en bistre, 60 fr.; — relié . . . . **75** fr.

Les Chevaux de Course. — Pedigree, Description et Historique des étalons pur-sang anglais et français, depuis 1764 à 1887, par S.-F. TOUCHSTONE (de la *Vie sportive*). Avec 60 portraits d'après nature, ou d'après Harry-Hall, par V.-J. COTLISSON et LE NAIL. — Un volume in-folio oblong, avec 300 pages de textes et 60 planches en chromo. — Le texte est orné de 182 illustrations par CRAFTY, LE NAIL, COTLISSON, etc. **60** fr. Relié . . . . **75** fr.

A travers la Tunisie. — Etudes faites à la suite d'une Mission accordée par M. le Ministre de l'Agriculture à M. L. BARABAN (*Inspecteur des Forêts*). — Mœurs du pays, Histoire naturelle, Flore, Géologie, etc. Un volume, avec vignettes et carte. Prix . . . . **12** fr.

L'Algérie. — Organisation politique et administrative. — Justice, Sécurité, Instruction publique, Travaux publics, Colonisation française et européenne, agriculture et forêts, propriété et état civil des indigènes, par HENRI PENSA, préface par E. COMBES (*Ministre de l'Instruction publique*). — Un volume broché avec carte. Prix . . . . **10** fr.

A travers le Japon. — Climat, Géologie, Hydrographie, Régions, Administration, Description et Emploi des essences résineuses et feuillues, par L. USSÈLE (*Inspecteur des Forêts*). Ouvrage de luxe publié à la suite d'une mission du Ministère de l'Agriculture. Un volume in-8, imprimé à 500 exemplaires seulement, sur papier japonais, orné de 90 vignettes et carte ; les illustrations sont faites d'après des dessins japonais rapportés par l'auteur et d'après des photographies prises par M. Ussèle. — Prix de l'ouvrage. . . . . **20** fr.

Au Hasard du Chemin. — Voyage de jeunes naturalistes de la Manche aux Alpes. Etudes pittoresques de nos Bêtes, Plantes et Pierres. Leur description, station, classification, mœurs, usages, récolte et conservation, par M. et Mme STANISLAS MEUNIER. — Un volume, 400 pages avec 666 gravures.

Il y a deux éditions : l'édition de luxe avec 20 chromos et planches hors texte, dessinées par ALLONGÉ. **20** fr. Relié . . . . **25** fr. Edition sans planches. . . . **15** fr.

Le Monde microscopique des Eaux, par JULES GIRARD. — *La Vie animale dans l'eau.* — *Les végétaux microscopiques.* — *La Micrologéologie.* — Un volume avec 70 gravures. Relié. . . . . **3** fr. **50**

Traité des Eaux. — Droit et administration, par ALFRED PICARD et C. COLSON. — 5 volumes, grand in-8°. Prix . . . . **75** fr.

L'Eau, avec 23 compositions originales faites par A. SEZANNE (*de l'Académie de Bologne*). Texte par ALPHONSE DAUDET, CHARLES YRIARTE, PAUL ARÈNE, HENRI DE PARVILLE. Ouvrage de grand luxe tiré à 525 exemplaires seulement.

Exemplaires avec planches sur cuivre imprimées en couleur fac-simile d'aquarelle, texte en 5 couleurs, **60** fr. ; relié. . . . . **80** fr.

Exemplaires avec planches en noir, texte en 5 couleurs, **30** fr. ; relié . . . . **40** fr.

La Pisciculture fluviale et maritime en France, par JULES PIZZETTA et M. DE BON (*commissaire général de la Marine*). — Un volume, 212 gravures. Relié. . . . . **4** fr.

L'Industrie des Eaux. — Culture des plages maritimes, par H. DE LA BLANCHÈRE. — Préface de COSTE (*membre de l'Institut*). 70 gravures. Relié. . . . . **3** fr.

Le Microscope. — Théorie et applications ; traité illustré d'après HAGER, par PLANCHON et HUGOUNENG. — Introduction par M. PLANCHON (*directeur du Jardin botanique*). — Un volume de 350 vignettes. Relié. . **4** fr.

Les Poissons d'Eau douce et de Mer. — Synonymie, Description, Mœurs, Frai, Pêche, Iconographie des espèces, composant plus particulièrement la faune d'Europe, par H. GERVAIS et R. BOULART (*aides naturalistes au Muséum*). Introduction par PAUL GERVAIS (*membre de l'Institut*). Trois volumes grand in-8°, 850 pages de texte, 130 vignettes et 260 chromo-typographies. — Tome I. *Les Poissons d'eau douce*, **30** fr ; relié, **35** fr. — Tome II. *Les Poissons de mer* (1re partie), **45** fr. ; relié, **50** fr. — Tome III. *Les Poissons de mer* (2e partie), **45** fr. ; relié. . . . **50** fr.

Pathologie des Poissons. — Traité des Maladies, des Monstruosités et des Anomalies des Œufs et des Embryons, par MICHEL GIRDWOYN. Un volume in-fol. 11 planches **20** fr.

Le Cocon de Soie. — Histoire de ses transformations, Description des races civilisées et rustiques, Production et Distribution géographique, Maladies des vers à soie, Physiologie du cocon et du fil de soie, par DUSEIGNEUR-KLÉBER. — 2e édition, in-folio, 37 planches et planisphère séricicole. . . . . **40** fr.

dispositifs de toutes les décisions concernant la chasse, par F. TECHENEY. Un volume, 270 pages, relié . . . . 2 fr 50

Le Gibier Plume ou les Oiseaux de Chasse. — Description, mœurs, acclimatation, chasse, par le Marquis de CHERVILLE. 3e édition, avec traité sur le Fusil. Superbe volume, avec 34 chromo et 64 vignettes, par E. DE LIPHART, **12** fr.; — relié . . . **15** fr.

Le Gibier Poil ou les Quadrupèdes de la Chasse. — Description, mœurs, acclimatation, chasse, avec traité du *Chien courant*, par le Marquis DE CHERVILLE. 3e édition Publication avec 30 eaux-fortes sur zinc, en couleurs, et 70 vignettes par KARL BODMER. Broché, **12** fr. ; relié, **15** fr. Les deux volumes (*Gibier Plume* et *le Gibier Poil*) pris ensemble, brochés, **20** fr. ; — reliés . . . . **24** fr.

Dans les Bois. — 4e édition par LOUIS ENAULT. Un volume petit in-4°, imprimé sur papier teinté Broché, **4** fr. ; édition sur papier de Hollande . . . . **8** fr.

Œuvres agronomiques et forestières de Varenne de Fenille. — Etudes précédées d'une notice biographique, par PHILIBERT LE DUC (*inspecteur des forêts*) . . . . **10** fr.

La Pustule maligne. — Charbon. Sang de rate, par CH. BABAULT (Docteur médecin), in-12, relié . . **5** fr.

Les Premiers pas dans l'Agriculture. — Le culture, la vie pratique et légale à la campagne, par J. CASANOVA. Un vol. relié, prix . . **1** fr.

Chimie et Géologie agricoles. — D'après JOHNSTON et CAMÉRON, par STANISLAS MEUNIER (*professeur au Museum*) Un volume, 200 vignettes, relié . . . . **3** fr. **50**

La Terre végétale. — De quoi elle est faite ; comment on l'améliore. — Guide pratique de géologie agricole, par STANISLAS MEUNIER *professeur au Museum*) Un volume avec vignettes et une carte agricole de la France. . . . . **3** fr.

Dictionnaire vétérinaire. — Hygiène, médecine, pharmacie, chirurgie, multiplication, perfectionnement des animaux domestiques, par L. FELIZET. Introduction par J.-A. BARRAL. — 2e tirage relié. . . . **3** fr. **50**

Traité pratique d'Analyse chimique à l'aide des méthodes gravimétriques. — D'après THORPE, par STANISLAS MEUNIER. Un volume, 111 vignettes, relié. . . . . **5** fr.

Traité pratique d'Analyse chimique à l'aide des méthodes volumétriques. — D'après F. SUTTON, par ED. FINOT et A. BERTRAND. Un volume, 95 vignettes ; relié . . . **5** fr. Les deux **Traités d'Analyses,** pris ensemble . . . . **8** fr.

Le Chalumeau. — Analyses qualitatives et quantitatives. — D'après KERL, et avec additions d'après BERZELIUS, PLATTNER, BUNSEN, MERZ-H. ROSE. — Suivies d'un tableau et d'un appendice pour les applications minéralogiques, par EDOUARD JANNETTAZ, *du Muséum*. Un volume avec vignettes. . . . . **3** fr. **50**

Les Hommes de Cheval. — Les grands Maîtres, l'équitation savante, les écuyers de Cirque, les Hommes de Cheval, les Cavaliers, les Steeple-Chasers. — Publication illustrée de 160 Portraits et de Chromo-typographies formant un traité complet de l'équitation, depuis Baucher jusqu'à nos jours, par le baron DE VAUX. — Précédé d'une lettre du général L'Hotte et du colonel Guérin, traitant de l'instruction équestre, de la gymnastique, de l'escrime, du ménage, etc. — Exemplaire sur parchemin, 500 fr. ; — 80 exemplaires sur vélin, teinté de *Hollande*, avec portraits en deux états : 100 fr. ; — 40 exemplaires sur *peau d'âne*, avec portraits en deux états ; 75 fr. ; — 970 exemplaires sur simili-japon, avec portraits en bistre, 60 fr. ; — relié . . . . **75** fr.

Les Chevaux de Course. — Pedigree, Description et Historique des étalons pur-sang anglais et français, depuis 1764 à 1887, par S.-F. TOUCHSTONE (de la *Vie sportive*). Avec 60 portraits d'après nature, ou d'après Harry-Hall, par V.-J. COTLISSON et LE NAIL. — Un volume in-folio oblong, avec 300 pages de textes et 60 planches en chromo. — Le texte est orné de 182 illustrations par CRAFTY, LE NAIL, COTLISSON, etc. **60** fr. Relié . . . . **75** fr.

A travers la Tunisie. — Etudes faites à la suite d'une Mission accordée par M. le Ministre de l'Agriculture à M. L. BARABAN (*Inspecteur des Forêts*). — Mœurs du pays, Histoire naturelle, Flore, Géologie, etc. Un volume, avec vignettes et carte. Prix . . . . **12** fr.

L'Algérie. — Organisation politique et administrative. — Justice, Sécurité, Instruction publique, Travaux publics, Colonisation française et européenne, agriculture et forêts, propriété et état civil des indigènes, par HENRI PENSA, préface par E. COMBES (*Ministre de l'Instruction publique*). — Un volume broché avec carte. Prix . . . . **10** fr.

A travers le Japon. — Climat, Géologie, Hydrographie, Régions, Administration, Description et Emploi des essences résineuses et feuillues, par L. USSÈLE (*Inspecteur des Forêts*). Ouvrage de luxe publié à la suite d'une mission du Ministère de l'Agriculture. Un volume in-8, imprimé à 500 exemplaires seulement, sur papier japonais, orné de 90 vignettes et carte ; les illustrations sont faites d'après des dessins japonais rapportés par l'auteur et d'après des photographies prises par M. Ussèle. — Prix de l'ouvrage. . . . . . . **20** fr.

Au Hasard du Chemin. — Voyage de jeunes naturalistes de la Manche aux Alpes. Etudes pittoresques de nos Bêtes, Plantes et Pierres. Leur description, station, classification, mœurs, usages, récolte et conservation, par M. et Mme STANISLAS MEUNIER. — Un volume, 400 pages avec 666 gravures.

Il y a deux éditions : l'édition de luxe avec 20 chromos et planches hors texte, dessinées par ALLONGÉ. **20** fr. Relié . . . . **25** fr. Edition sans planches. . . . **15** fr.

Le Monde microscopique des Eaux, par JULES GIRARD. — *La Vie animale dans l'eau. — Les végétaux microscopiques. — La Microgéologie.* — Un volume avec 70 gravures. Relié. . . . . **3** fr. **50**

Traité des Eaux. — Droit et administration, par ALFRED PICARD et C. COLSON. — 5 volumes, grand in-8°. Prix . . . . **75** fr.

L'Eau, avec 28 compositions originales faites par A. SEZANNE (*de l'Académie de Bologne*). Texte par ALPHONSE DAUDET, CHARLES YRIARTE, PAUL ARÈNE, HENRI DE PARVILLE. Ouvrage de grand luxe tiré à 525 exemplaires seulement.

Exemplaires avec planches sur cuivre imprimées en couleur fac-simile d'aquarelle, texte en 5 couleurs, **60** fr.; relié. . . . . **80** fr.

Exemplaires avec planches en noir, texte en 5 couleurs, **30** fr.; relié . . . . **40** fr.

La Pisciculture fluviale et maritime en France, par JULES PIZZETTA et M. DE BON (*commissaire général de la Marine*). — Un volume, 212 gravures. Relié. . . . . **4** fr.

L'Industrie des Eaux. — Culture des plages maritimes, par H. DE LA BLANCHÈRE. — Préface de COSTE (*membre de l'Institut*). 70 gravures. Relié. . . . . **3** fr.

Le Microscope. — Théorie et applications; traité illustré d'après HAGER, par PLANCHON et HUGOUNENG. — Introduction par M. PLANCHON (*directeur du Jardin botanique*). — Un volume de 350 vignettes. Relié. . **4** fr.

Les Poissons d'Eau douce et de Mer. — Synonymie, Description, Mœurs, Frai, Pêche, Iconographie des espèces, composant plus particulièrement la faune d'Europe, par H. GERVAIS et R. BOULART (*aides naturalistes au Muséum*). Introduction par PAUL GERVAIS (*membre de l'Institut*). Trois volumes grand in-8°, 850 pages de texte, 130 vignettes et 260 chromo-typographies. — Tome I. *Les Poissons d'eau douce*, **30** fr ; relié, **35** fr. — Tome II. *Les Poissons de mer* (1re partie), **45** fr.; relié, **50** fr. — Tome III. *Les Poissons de mer* (2e partie), **45** fr.; relié. . . . **50** fr.

Pathologie des Poissons. — Traité des Maladies, des Monstruosités et des Anomalies des Œufs et des Embryons, par MICHEL GIRDWOYN. Un volume in-fol. 11 planches **20** fr.

Le Cocon de Soie. — Histoire de ses transformations, Description des races civilisées et rustiques, Production et Distribution géographique, Maladies des vers à soie, Physiologie du cocon et du fil de soie, par DUSEIGNEUR-KLÉBER. — 2e édition, in-folio, 37 planches et planisphère séricicole. . . . . **40** fr.

8-12-5. — Tours, imp. E. Arrault et Cie, 6, rue de la Préfecture.

www.ingramcontent.com/pod-product-compliance
Ingram Content Group UK Ltd.
Pitfield, Milton Keynes, MK11 3LW, UK
UKHW020604230726
13926UKWH00005B/2191